重新思考

THINK AGAIN

[美] 亚当·格兰特（ADAM GRANT） 著

张晓萌 曹理达 付静仪 译

中信出版集团 | 北京

图书在版编目（CIP）数据

重新思考 /（美）亚当 · 格兰特著；张晓萌，曹理达，付静仪译 . -- 北京：中信出版社，2022.10（2026.1 重印）
书名原文：Think again
ISBN 978-7-5217-4529-0

Ⅰ. ①重… Ⅱ. ①亚… ②张… ③曹… ④付… Ⅲ. ①认知心理学－通俗读物 Ⅳ. ① B842.1-49

中国版本图书馆 CIP 数据核字（2022）第 142443 号

重新思考
著者：　［美］亚当 · 格兰特
译者：　张晓萌　曹理达　付静仪
出版发行：中信出版集团股份有限公司
（北京市朝阳区东三环北路 27 号嘉铭中心　邮编　100020）
承印者：　河北鹏润印刷有限公司

开本：787mm×1092mm 1/16　　印张：18.75　　字数：214 千字
版次：2022 年 10 月第 1 版　　印次：2026 年 1 月第 8 次印刷
京权图字：01-2021-3600　　书号：ISBN 978-7-5217-4529-0
定价：69.00 元

服务热线：400–600–8099
投稿邮箱：author@citicpub.com

目 录

第二部分　人际层面的重新思考

启迪他人心智

第三部分　群体层面的重新思考

创造终身学习者社区

第四部分 结论

序 言

经过一段时间的颠簸飞行，15 个人从美国蒙大拿州上空降落。他们不是跳伞运动员，而是消防特种兵，他们是消防员中的精英，专门负责野外火灾的扑救。现在，他们要去扑灭一天前由闪电引发的森林大火。然而，几分钟后，他们面临的将是拼命逃生。

1949 年 8 月，一个异常炎热的下午，这群消防特种兵降落在曼恩峡谷的山顶附近。在山顶观察了火势之后，他们下山向密苏里河方向前进。他们的计划是在地上挖出一条隔离带，以此控制火势蔓延，把火引到一个没有太多可燃物的地方。

走了 0.25 英里[①]后，领队瓦格纳·道奇发现，大火已经越过了峡谷，正向他们逼来。高达 30 英尺[②]的火焰蹿向空中，速度快到可以在一分钟内蔓延两个足球场。

到当天下午 5 点 45 分，毫无疑问，他们连控制火势都无法

① 1 英里≈ 1.609 3 千米。——编者注
② 1 英尺 =0.304 8 米。——编者注

做到。这时，任务必须从灭火变为逃生，意识到这一点后，道奇立刻带队掉转方向，往山顶跑。消防员们不得不在陡峭的山坡上全速冲刺，穿过岩石上及膝高的草丛。在随后的 8 分钟里，他们跑了大概 500 码[①]，距离坡顶还有不到 200 码。

安全地带近在眼前，但火势蔓延得非常快。道奇接下来的举动让队员们感到迷惑。他放弃与大火赛跑，而是停下来，弯下腰，拿出一盒火柴，一根根点燃，然后丢到草地上。“我们当时想，他肯定是疯了，”道奇的队友事后回忆，“大火都快烧到我们眼前了，队长竟然在我们面前又点了一把火，他到底在想什么？”这位队员当时想：道奇这个混蛋可能想烧死我。所以当道奇向队员挥手喊着“上来！从这边上来！”的时候，自然没有人听他的。

这些消防员没有意识到，道奇当时已经想好了求生策略，他点燃的是逃生之火。烧光前面的草地，也就清除了大火的“燃料”。他随后把水壶里的水倒在手帕上，捂住口鼻，脸朝下，趴在烧过的地方，就这样度过了 15 分钟。当熊熊大火从他上方经过时，他靠着地面附近的氧气活了下来。

令人悲伤的是，全队 15 位消防员，有 12 位在这次火灾中丧生。后来，人们找到其中一名牺牲队员的怀表，被烧化的指针指向下午 5 点 56 分。

为什么只有三位消防员生还？强健的身体可能是一个影响因素：除道奇外的其他两位幸存者，能够以超过山火的速度跑到峡谷的顶端。但是，道奇能活下来却是因为他健康的心智。

---

① 1 码 =0.914 4 米。——编者注

□ □ □

人们在思考何为“心智健康”的时候，通常首先想到的是智力。一个人越聪明，解决复杂问题的能力越强，解决问题的速度也越快。智力一直被视为思考和学习的能力。但是，在一个变化莫测的世界，还有一套更重要的认知工具：重新思考和忘却之前所学的能力。

假设你刚完成一次选择题测试，你发现某道题可能做错了。在时间还很充裕的情况下，你会坚持第一感觉还是会改答案？

大约有 3/4 的学生坚信改答案会影响得分。大型教育服务机构卡普兰（Kaplan）曾经这样提醒考生："如果你决定更改答案，一定要慎之又慎。经验表明，很多改答案的学生反而改错了。"

在尊重经验教训的同时，我更倾向于寻找严谨的证据。有三位心理学家对 33 个研究进行了回顾分析。他们发现，在每一项研究中，大部分情况都是由错改对。这个现象被称为“第一直觉谬误”。

以其中的一项研究为例，心理学家对伊利诺伊州 1 500 名学生考卷上的修改痕迹进行了统计。其中只有 1/4 的情况是由正确答案改成了错误答案，一半是由错误答案改为正确答案。我每年都会在我的班级发现同样的情况：期末试卷的修改痕迹少得惊人，但是那些能够打破执念、重新思考答案的学生，最终成绩会因此提高。

当然，修改后的答案很有可能并非最优解，之所以修改后成绩更好，是因为学生们通常只有在相当确信时才会修改答案，而非随意修改。但是最近的研究指向另一种解释：成绩的提高不在于改了答案，而在于思考是否应该修改的过程。

令我们犹豫不决的，并不是改答案，而是是否“重新思考”本身。在一项实验中，研究人员从几百名大学生中随机选择了一些，对他们进行有关“第一直觉谬误”的介绍。让他们了解转变思维模式的价值，并对何时应该转变给出了建议。然而，在接下来的两项测试中，这些大学生还是没有增加修改答案的次数。

部分原因在于认知惰性。心理学家指出，我们都是心智层面的守旧者：通常情况下，与其和新观念费力搏斗，不如固守旧观念。然而，我们抗拒重新思考还有更深层的原因：质疑自身会令世界变得更加不可预测。质疑让我们不得不承认，一些事实已经改变，昨日是今日非。重新思考我们深信的事物可能会威胁我们的身份，让我们感觉失去了一部分自我。

在人的一生中，重新思考并不总是一件困难的事。对于物质财富，我们满怀热情地想要更新换代。如果衣柜和厨房的样式过时了，我们就会换掉或翻新。但是，如果过时的是知识和观念，我们往往选择坚持己见。心理学家称这为“抓取和冻结”。与怀疑带来的不适相比，我们更喜欢能带来舒适感的信息，而事实上，观念往往比骨骼更早变得脆弱。我们嘲笑那些还在使用 Windows 95 系统的人，而自己还守着 1995 年形成的观念。与倾听那些让我们费力思考的观点相比，我们更喜欢那些让自己觉得舒服的想法。

你可能听过温水煮青蛙的比喻：如果把青蛙放在滚烫的热水中，它马上就会跳出来；但是如果把青蛙放在温水中，逐渐提高温度，青蛙就会死掉。青蛙不会思考自己的状况，意识不到生命正在遭受威胁，就这样慢慢走向死亡。

最近，我对这个广为流传的故事进行了研究，并且有了新的发现：这不是真实情况。

当青蛙被扔进滚烫的水中时，它会被严重烫伤，可能会逃出去，也可能逃不出去。事实上，青蛙在温水中的状态更好：当温度上升感到不舒服时，它会马上从水中跳出来。

没能重新评估危险的并不是青蛙，而是人类。一旦听到并相信这个故事，我们就不再费力去质疑了。

当曼恩峡谷的大火冲过来的时候，消防员必须做出决断。在理想的状况下，他们有足够的时间暂时停下来，分析一下情况，评估他们的可选方案。但当大火就在身后不到100码的时候，他们没有时间停下来思考。“在大火面前，没有时间，也没有树，领队和团队成员无法坐在树荫下来一场柏拉图式的对话，讨论怎么灭火，”学者、前消防员诺曼·麦克莱恩在获奖作品《年轻人与火》（*Young Men and Fire*）一书中写道，“如果苏格拉底是曼恩峡谷山火的消防队长，当他和队员们坐而论道时，他们早就被火烧化了。”

道奇并不是因为思考得慢才得以幸存的。他的幸存得益于他快速重新思考的能力。由于没能从道奇的行为中得到启发，12位消防员付出了生命的代价。他们没能及时对自己的决定做出重新思考。

在极端压力下，人们通常会做出自动的、习得的反应。这是进化产生的适应性：只要你发现自己处在同样的环境中，这些反应就是必要的。如果你是一名消防员，那么你的第一反应是去灭火，而不是再点一把火。如果你在逃生，那么你的第一反应是逃离火场，而不是跑向火场。通常情况下，这些本能反应能救你的命。而道奇之所以能够从曼恩峡谷山火中生还，是因为他超越了这两种本能反应。

没有人教道奇如何点燃逃生之火，他甚至没有听过这个概念，这完全是急中生智的表现。这次大火之后，其他两位生还者也发誓说，他们之前受到的训练并未包括点燃逃生之火等内容。许多一直研究野外火灾的专家都没有意识到：在大火中再烧出一个“洞”是一种逃生方法。

当我和别人说起道奇的逃生方法时，人们通常会惊讶于他的急中生智。“真是个天才！”但人们很快就会由惊奇变为失落，他们认为：这样的灵光一现并非凡人可及，毕竟“四年级的数学作业都能把自己难住”。然而，重新思考并不需要什么特殊的技能或天赋。

在曼恩峡谷火灾中，消防员还错过了一个重新思考的机会，那个机会原本触手可及。道奇在向草地扔火柴之前，命令所有队员放下重型装备。此前，他们背着斧子、锯子、铲子和 20 磅[①]重的背包奔跑了 8 分钟。

如果你在奔跑逃生，那么你的第一反应显然是放下一切影响速度的东西。但对消防员来说，这些装备是工作中不可或缺的。携带和维护装备的意识已经通过训练和经验深深植入他们的思维。直到道奇下达命令，大多数队员才放下这些装备，当时还有一名队员不肯放下铲子，直到另一名队员从他手中夺走。如果能早些扔掉这些装备，队员们是不是就有可能为自己赢得足够的救命时间？

我们永远无法得知这个问题的确切答案。但是，曼恩峡谷火

---

① 1 磅≈ 0.453 6 千克。——编者注

灾并不是一个独立的事件。1990—1995年，有23位参与扑救野外火灾的消防员在逃离山火的过程中殉职，而放下重型装备可能决定了他们的生死。1994年，在科罗拉多州的风暴之王山，大风令山火越过峡谷迅速蔓延。消防员沿着上坡跑向仅200英尺远的岩石地带，到达那里就安全了。但在逃生过程中，14位消防特种兵和野外火灾消防员牺牲了，其中有4名女性、10名男性。

事后，调查人员估算，在没有工具和背包的情况下，全体队员的奔跑速度可以提高15%~20%。一位专家写道："大多数人只要放下装备就能及时跑到安全地带。"美国林务局对此也表示赞同，如果能够"放下背包和工具"，"消防员或许可以在山火到来前抵达山顶"。

当然，我们也可以假定消防员最初只是习惯性地奔跑，没有意识到自己还背着背包和工具。一位科罗拉多州山火的幸存者说："大概上坡跑了300码之后，我才意识到自己的肩上还扛着锯子！"

在决定扔下25磅重的锯子之后，他还是浪费了宝贵的时间："我很荒唐地想找个地方把锯子埋起来，防止它被烧坏……我记得我当时想：我不能相信自己竟然扔掉了锯子。"后来，人们发现一位遇难者，背着背包，手中还紧抓着锯子。为什么那么多消防员本应该扔掉工具求生，却偏偏抓着不放呢？

如果你是一名消防员，那么扔掉工具不仅要求你丢弃自己的习惯或放弃本能，还意味着你必须承认失败和放弃自己的一部分身份。"消防员不是赤手空拳去灭火的，而是要使用工具，这些工具已经成了消防员的显著标志。"组织心理学家卡尔·韦克解释说，"工具是消防员被委以救火任务的首要原因……因此，放弃工具会引发消防员的存在危机：没有了工具，我是谁？"

对很多人来说，山火相对比较罕见。在一刹那做出决定，迫使自己重新思考灭火工具是危险之源，而通过点火铺就安全之路的情况，在大多数人的生活中并不常见。但对所有人来说，重新思考自己的观念是我们面对的共同挑战。

我们都犯了和牺牲的消防员同样的错误，只不过后果没有那么严重，因此这种错误经常被忽略。我们的思维方式变成了习惯，这些习惯会压垮我们，等到开始质疑时已经晚了。比如，刹车时汽车嘎吱作响，你还指望它继续行驶，直到在高速公路上刹车失灵；分析师预测房地产泡沫即将来临，你还相信股市会继续上涨；你认为婚姻还过得去，而另一半正逐渐在情感上疏远你；尽管一些同事被解雇了，你还是觉得自己的工作很稳定。

本书要阐述的就是重新思考的价值。重新思考让道奇灵活地调整了原本的想法，因此救了自己一命。同时，本书也希望你能做到道奇没有做到的事：鼓励更多人拥有同样的灵活性。

你手中可能没有斧子或铲子，但是必然有某些经常使用的认知工具。它们可能是你了解的事物，你做出的假设或持有的观点。这些认知工具不仅是你工作的一部分，还构成了你的自我价值。

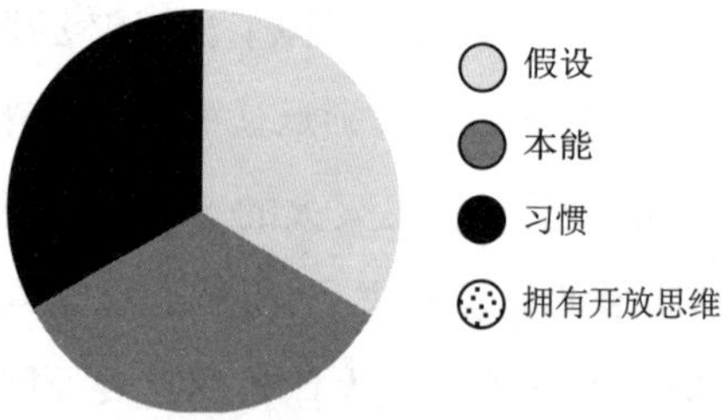

图 1　我们坚守的工具

你可以想象这样一群大学生，他们创立了哈佛大学首个在线社交网络平台。在到大学报到之前，他们已经在线上和 1/8 的大一新生建立了联系。但这些创立者在进入哈佛大学后不久就放弃并关闭了这个社交网络平台。5 年之后，同样是在哈佛大学，马克·扎克伯格创立了脸书公司。

脸书的成功让当初那个在线社交网络平台的创立者时常感到失落和后悔。我很了解这种感受，因为我就是创立者之一。

需要澄清的是，我确实没有预见到后来脸书的发展。事后分析发现，我和朋友们错过了很多重新思考我们平台潜力的机会。我们的本意是用在线群组结交朋友，并没有考虑其他学校的同学或校园以外的人是否对这个平台感兴趣。我们熟练掌握的习惯是用在线工具去联系物理距离很远的人，一旦对方住在步行所及的地方，我们就觉得不需要在线群组了。在我们这群创立者中，有位同学是计算机专业的，还有位同学是一家成功的科技创业公司的创始人。尽管如此，我们还是做出了错误的假设：在线社交网络已经是一种过气的爱好，而不是未来互联网的重要组成部分。由于不懂如何写代码，因此我没有能力让平台产品更加精巧。而创业者也不是我的个人身份，我只是把自己看成一名大一新生，而不是一位成长中的企业家。

从那时开始，“重新思考”就成为我个人价值的核心。作为心理学家，我并不是弗洛伊德的拥趸。我不进行心理治疗，办公室里也没有沙发。作为沃顿商学院的组织心理学教授，在过去的 15 年中，我一直在进行基于实证的管理研究和教学。作为数据和思想领域的创新者，我受谷歌、皮克斯、NBA（美国男子篮球职业联赛）、盖茨基金会等企业和机构邀请，帮助其重新思考如何设计出有意义的工作，打造充满创意的团队并形成激发合作的文化。我的职业就是重新思考我们如何工作、领导和生活，也帮助其他人拥有这样的能力。

对于重新思考来说，当下是空前重要的时点。随着新冠肺炎疫情的蔓延，世界各国的很多领导者都未能及时重新思考他们的错误观念，比如认为病毒不会影响自己的国家，病毒的致命性不如流感，只有可见症状的人才能传播病毒，等等。与此同时，新冠肺炎导致的死亡人数还在不断增长。

2020 年以来，我们每个人的心理适应性都在经受考验。我们被迫质疑那些长久以来被认为是理所当然的想法：无论是去医院、外出就餐，还是拥抱家人，我们都是安全的；我们始终能在电视上看到体育赛事的直播；大多数人都不会远程办公或者让孩子在家里上网课；卫生纸和消毒洗手液随时随地都能买到。

在美国，新冠肺炎疫情期间发生的多起警察施暴事件，让很多人开始重新思考他们对种族的不公正态度，以及在消除不公正中所扮演的角色。三个黑人公民乔治·弗洛伊德、布伦娜·泰勒和艾哈迈德·阿伯里的无谓死亡，令成千上万的白人公民意识到：如同性别歧视不仅仅是女性的问题一样，种族主义也不仅仅是有色人种的问题。抗议的浪潮席卷全美，在各个政治群体中，“黑命贵”运动在两周内扩张的速度超越了之前两年。很多长久以来不愿意或没能了解种族问题的人，迅速意识到种族问题在美国的严峻性和普遍性。很多长期沉默的人，开始考虑自己在反对种族歧视和偏见中的责任担当。

尽管新冠肺炎疫情给我们带来了上述共同经历，但我们实际上生活在一个越发分裂的时代。对一些人来说，一句“奏国歌时要下跪”，就足以结束一段友谊；对另一些人来说，去投票站的一次投票就足以结束一段婚姻。固化的意识形态正在撕裂美国文化。《美利坚合众国宪法》都允许修正，要是我们能更快地调整大脑中的观念“宪法”，结果会怎样？

本书的目的是探究如何“重新思考”。我找到了大量令人信服的证据，也寻访了多位全世界最富经验的思考者。本书第一部分专注于进行“不设界”式思考。你会看到，为什么一位颇有前瞻性思维的企业家，会被过去的成就缚住手脚？为什么一名获胜希望渺茫的公职候选人，会把自己的“冒充者综合征”视为一种优势？一位诺贝尔奖获得者是如何接纳犯错的喜悦的？全球最优秀的预测者是如何更新他们的判断的？获得奥斯卡奖的制作人是如何从团队的冲突和斗争中取得成就的？

本书第二部分阐述了我们如何鼓励他人重新思考。你将了解到，一名世界级辩论冠军是如何取胜的，一位黑人音乐家是如何让白人至上论者放下仇恨的。你还会看到，通过一种特殊的倾听方式，医生是如何在访谈的过程中让家长同意给孩子注射疫苗的，一名立法委员是如何令乌干达的军阀加入和平谈判的。如果你是纽约扬基队的球迷，那么你可以看看我能不能说服你支持其死对头波士顿红袜队。

本书第三部分阐述了如何创造终身学习者社区。在社会生活领域，我们怎样才能在堕胎、气候变化等容易出现观点分歧的议题上更好地交流？一家关注高难度沟通的实验室将带给我们启迪。在学校里，你将发现教师是如何教学生重新思考的：他们把教室变成了博物馆，带领学生做木工活儿，重新编写那些历史悠久的教材。在工作中，你将探索组织是如何构建学习型文化的：

我们跟随首位进入太空的西班牙裔女宇航员走进美国国家航空航天局。她在哥伦比亚号爆炸事故后上任，致力于避免安全事故的发生。在第三部分的最后，我会重新思考完美计划的重要性。

对消防员这一群体来说，学习重新思考的代价是巨大的。在前文提到的曼恩峡谷大火中，消防员瓦格纳·道奇之所以能够生还，是因为他情急之下扔下了所有重型装备，用火烧出了一块避火之地。如果决策者在行动前能够进行深层次的系统性反思，那么道奇的急中生智根本没必要发生。这次行动最大的悲剧是，十几名消防特种兵为一场根本不需要扑救的大火献出了生命。

早在 19 世纪 80 年代，科学家就开始关注野火在森林生命周期中的重要作用。野火消除了枯死物，给土壤带来营养，给光照扫清了障碍。如果野火受到抑制，森林就会过于茂密。灌木丛和枯枝败叶将成为更具破坏力的野火燃料。

而美国林务局的政策规定，一旦发现山火，消防员就必须在第二天上午 10 点前将其扑灭。直到 1978 年，这一规定才被取消。曼恩峡谷大火发生在偏远地方，没有人的生命受到威胁。消防员之所以要去灭火，是因为当时的社区、组织、同行都没有充分思考：为什么不能让野火自生自灭？

本书请你放下那些不再对你有益的知识和观点，并请你将自我价值根植于灵活性而非持续性。如果你能掌握如何重新思考，那么我相信你将在工作中获得更大的成功，在生活中获得更多幸福。重新思考可以让你为旧的问题找到新的解决方案，还能让旧的解决方案适应新的问题。重新思考也让你从他人身上学到更多，从而遗憾更少。拥有智慧的标志，是知道何时放下你视若珍宝的工具和那些你身份中最珍视的部分。

第一部分

个人层面的重新思考

不断更新自我观点

1

四种思维模式：传教士、检察官、政客和科学家

> 不改变就不可能进步；那些连自己的思想都改变不了的人，改变不了任何事情。
>
> ——萧伯纳

或许你不知道迈克·拉扎里迪斯的名字，但是他曾对你的生活产生了决定性的影响。从小，迈克就是一个电子奇才。四岁时，迈克就用乐高积木和橡皮筋给自己做了一台电唱机；上高中时，老师们的电视机坏了，他们都会找迈克来修理。闲暇时，迈克组装过一台计算机，还为高中的知识竞赛队设计了一个性能更好的蜂鸣器，凭此赚到了大学第一年的学费。和他那个时代许多伟大的企业家一样：在还有几个月就能拿到电气工程专业学位时，他从大学退学了。这位移民后代在世界上名声大噪的时刻马上就要到了。

迈克的第一个成果，是一台能够读取电影胶片条形码的设备，他为此申请了专利。这种设备后来在好莱坞得到广泛应用，为迈克赢得了艾美奖和奥斯卡技术成就奖。然而，与他的下一个

重大发明相比，这个成就简直是小菜一碟。迈克的第二项发明才是令他的公司成为全球增长速度最快的公司的关键，这项旗舰产品问世后很快就吸引了一批狂热的追随者，比尔·盖茨、克里斯蒂娜·阿奎莱拉都是其忠实用户。“这真的改变了我的生活，”奥普拉·温弗瑞曾夸赞道，“没有它我活不下去。”就连奥巴马总统在进入白宫时，都拒绝把他的设备交给特勤局。

这项重大发明就是黑莓手机。

迈克曾设想，让黑莓手机成为能够收发电子邮件的无线通信设备。截至 2009 年夏天，黑莓手机占据了美国近一半的智能手机市场份额。但是到了 2014 年，其市场份额暴跌至不到 1%。

当一家公司出现这种急转直下的情况时，我们很难将其归咎于某个原因，因此，我们倾向于将其拟人化：黑莓手机的适应力不行。然而，适应不断变化的环境并非一个公司要做的事情，而应该是每个人每天在做出大量决策时要做的事情。作为联合创始人、总裁兼联合首席执行官，迈克负责黑莓的全部技术和产品决策。迈克曾经的梦想或许是点燃智能手机革命的火花，但是他不愿重新思考，于是黑莓公司逐渐失去生命力，也几乎扼杀了他自己发明的产品。他哪里做错了？

我们大多数人都以自己的知识和专长为荣，并坚守自己的信念和观点。这在稳定的世界中是行得通的，我们也会因为坚守自己的观念而得到回报。但问题是，如今我们生活在一个瞬息万变的世界里，思考和重新思考对我们同样重要，值得花费几乎相等的时间。

重新思考是一种技能，也是一种心态。我们已经有了重新思考所需的心理工具，只是要记得把它们从库房里拿出来，除一除锈。

深思熟虑

随着人们获取信息和技术能力的增强，知识不仅在增长，增长的速度也变得越来越快。在 2011 年，你每天消化的信息是 25 年前的 5 倍。1950 年，医学知识大约需要 50 年才能翻倍；而到了 1980 年，医学知识每 7 年增加一倍；到了 2010 年，仅需 3.5 年就能翻倍。变化的不断加速，意味着我们比以前更容易质疑我们的观念。

而这样的转变并非易事。当我们坚守观念时，它们往往变得更加极端且根深蒂固。我仍然很难接受冥王星可能不是一颗行星的结论。在教育领域，即使因为历史观的进步和科学思维的迭代，过去的知识已经落后，要升级一门学科并修订教科书通常也需要数年时间。最近的研究发现，我们需要重新思考很多已被广泛接受的观念，包括埃及艳后的出身（她的父亲是希腊人而非埃及人，母亲身份不详）、恐龙的外貌（现在古生物学家认为一些暴龙背上有彩色羽毛），以及视觉的存在条件（实际上盲人已经在训练自己去“看”了，声波可以激活视皮质并在大脑中生成视觉图像，就像回声定位帮助蝙蝠在黑暗中导航一样）。[①] 古董唱片、老爷车、古董钟表都可能是珍贵的收藏品，而过时的观念所形成的思想“化石”，我们最好还是放弃。

我们能很快指出他人何时需要重新思考。当我们想对诊断结

---

① 就我而言，我一直认为，“阿谀奉承”这个词源自人们将雪茄送给别人以求给对方留下好印象。所以可想而知，当我妻子告诉我它真正的起源时，我是多么惊奇。我妻子告诉我：18 世纪，让溺水者苏醒的常见做法是“烟草灌肠”，就是把烟从肛门吹到溺水者的体内，后来人们才知道这样做对心脏系统有害。

果寻求更多意见时，我们就是在质疑医生的判断。可惜的是，当涉及自己的知识和观念时，我们通常更倾向于感觉自己是对的，而非实际情况是对的。在日常生活中，每个人都会做出很多决策，从招聘员工到选择结婚对象，不一而足。我们需要将寻求更多意见培养成习惯。

设想你的一位朋友是财务顾问，他推荐你投资一个不在你的雇主计划内的退休基金，而你的另一位有着丰富投资经验的朋友告诉你这个基金有很大的风险，你会怎么做？

斯蒂芬·格林斯潘就处于这种状况，一边是持怀疑态度的朋友的警告，一边是基金的过往业绩数据，他在两者之间权衡。他的姐姐已经投资该基金数年，并对结果很满意。她的一些朋友也买了，收益虽然并不突出，但增长率始终维持在两位数。财务顾问十分相信这个基金，并将自己的钱投了进去。掌握了这些信息，格林斯潘决定更进一步。他做出一个大胆的决定，将退休金的 1/3 投进该基金。不久，他得知他的投资组合增长了 25%。

然而，当该基金崩溃时，他一夜之间失去了一切。这正是伯纳德·麦道夫策划的庞氏骗局。

20 年前，我的同事菲利普·泰特洛克有一些奇特的发现。在我们的思考和谈话中，我们经常会代入三种不同职业的思维模式，这三种职业分别为传教士、检察官和政客。在每一种模式中，我们都会呈现独有的特征并使用一套独特的分析工具。当神圣的信念岌岌可危时，我们就会代入传教士模式：通过布道来保护和宣扬我们的理念。当发现其他人推理的缺陷时，我们会进入检察官模式：通过整理论据来证明其他人的错误，打赢这场官司。当试图赢得观众时，我们转换到政客模式：为得到选民认同而进行活动和游说。这样做的风险是：我们沉迷于宣扬自身理念的正确性，指摘他人的错误观念，并为获得他人的支持而进行政治活动，以至不再去费力重新思考自己的观点。

当格林斯潘和他的姐姐选择投资伯纳德·麦道夫的基金时，他们不是只依赖某一种心智模式，三种模式的共同作用促使他们做出了不幸的决定。当姐姐告诉格林斯潘她和朋友们如何赚钱的时候，她在宣扬这个基金的优点。她的信心使格林斯潘反驳那个警告他不要投资的朋友，认为后者产生了“条件反射式的怀疑”。当格林斯潘被自己想要同意的欲望驱使时，他处于政客模式——财务顾问是一个他喜欢且想要取悦的朋友。

我们中的任何一个人都有可能落入这样的陷阱。不过，格林斯潘说他本应该知道得更清楚，因为他恰好是诈骗领域的行家。当决定放弃这份投资时，他几乎已经完成了一本关于我们为什么会受骗的著作。当回顾这件事时，他希望自己能用另一种方法来做决定。他本可以系统地分析基金策略，而不是简单地相信结果；他本可以从可靠的来源中获得更多观点；他本可以先用小额投资试水更长一段时间，而不必一下子赌上一生的积蓄。

如果能这样做，他就进入了“科学家模式”。

一副不同的眼镜

如果你的职业是科学家，那么重新思考是你所在行业的基本原则。你需要不断意识到自己理解能力的局限性。你应该对知道的怀疑，对不知道的好奇，并基于新数据更新观点。仅在过去的一个世纪里，科学原理的应用就取得了巨大的进步：生物学家发现了青霉素，火箭专家将人类送上月球，计算机科学家建立了互联网。

但是，科学家不仅仅是一种职业。科学家具有一种思维模式，一种不同于传教士、检察官和政客的思维模式。当寻找真相时，我们就进入了科学家模式：通过实验来检验假设并发现知识。科学方法不是预留给穿白大褂和拿烧杯的人的，使用这些方法也不需要伏案多年与显微镜和培养皿为伴。假设我们在生活中与在实验室里要做的事情一样，实验就能为我们的日常决策提供信息。这让我不禁想问：其他领域的人能通过训练，像科学家一样思考吗？如果可以，那么他们最终能够做出更明智的决策吗？

最近，四位欧洲的研究者决定寻找答案。他们对上百位意大利初创企业的创始人进行了一项大胆的实验，行业涉及科技、零售、家具、食品、医疗保健、休闲和机械制造等领域。大多数创始人的业务尚未创收，这使得他们成为研究科学思维如何影响底层思维的理想对象。

这些企业家来到米兰参加企业家培训项目。经过四个月的课程学习，他们学会了制定业务战略、访谈客户、构建最小可行产品并完善产品原型。他们不知道的是，他们已经被随机分到科学思维组和对照组。两组的培训内容相同，只是科学思维组被鼓励通过一副科学家的“眼镜”来观察初创公司。从科学家视角看，企业的战略是一种理论假设，客户访谈帮助构建假设，最小可行产品和产品原型则是测试这些假设的实验。他们的任务是严格测量实验结果，并根据实验结果是否支持假设来做出决策。

在接下来的一年里，对照组初创企业平均收入低于 300 美元，而科学思维组初创企业平均收入超过 1.2 万美元（如图 1-1 所示），收入增速是原来的两倍多，这些企业也更快地吸引到更多客户，这是为什么？对照组的企业家倾向于坚持他们最初的战略和产品，他们很容易宣扬过去决策的优点，指出替代选择的缺点，迎合支持原有方案的顾问。相比之下，那些被训练得像科学家一样思考的企业家，转变思维的频率是对照组的两倍多。当假设未得到支持时，他们认为这正是重新思考商业模式的时机。

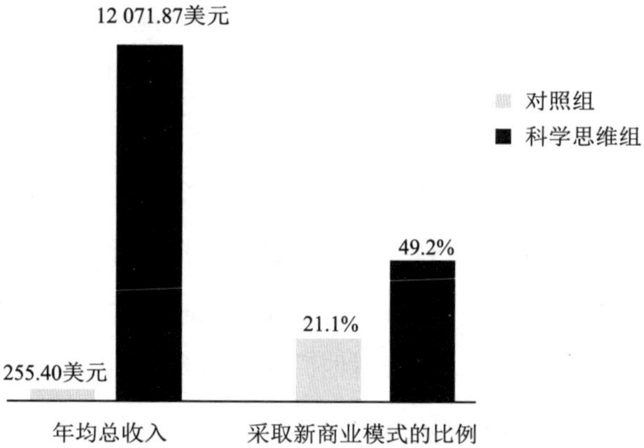

图 1-1　科学思维对初创企业成功率的影响

实验结果让人意想不到。我们通常会赞美卓越企业家和领导者坚强的意志以及独到的眼光——他们拥有典范的信念：果敢和肯定。然而，有证据表明，企业高管在竞标时，最好的策略是行动缓慢且具有不确定性。就像严谨的科学家，他们非常从容，以便随时灵活地改变想法。我开始认为果断决策的价值被高估了…… 但我保留改变这个想法的权利。

你不需要成为职业科学家也能像他们一样理性思考，成为职业科学家也不能保证你一定会使用自己的科学工具。当把自己偏爱的理论奉为真理，把建设性的批评视为亵渎时，科学家就变成了传教士。当允许自身观点因受欢迎程度而非准确性而摇摆时，他们会转向政客模式。当一心想揭穿和抹黑他人，而非发现真相时，他们就进入了检察官模式。在相对论颠覆物理学之后，爱因斯坦曾反对量子革命："为了惩罚我对权威的蔑视，命运让我自己成为权威。"有时，即使是伟大的科学家也有必要像真正的科学家一样思考。

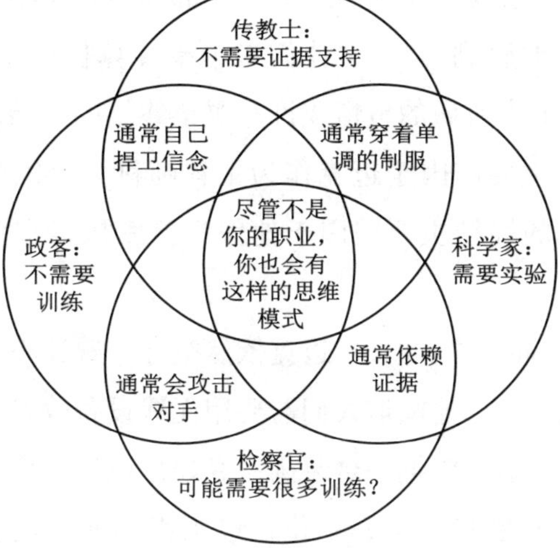

图 1-2　四种思维模式

在成为智能手机先驱前的几十年里，迈克是公认的科学天才。上中学时，他因在科学展览会上制造太阳能电池板而登上当地的报纸，因阅读过公共图书馆里的每一本科学书而获得奖励。翻开他的八年级纪念册，你会看到迈克被描绘成一个卡通图案：

一个从头上射出闪电的科学狂人。

当打造黑莓手机时，迈克像科学家一样思考。当时的无线电子邮件设备的特点是手写板输入太慢或者键盘太小。人们不得不笨拙地将工作邮件打包转移到移动设备上，再花很长时间下载。他开始提出假设并派工程师团队测试自己的设想：设备能不能被人们握在手中，仅用拇指而非多个手指打字？设备之间能否有可以同步的邮箱？信息是否可以通过服务器中继，并只有在解密后才出现在设备上？当其他公司效仿黑莓手机时，迈克会拆开它们的手机进行研究。一直没有什么产品让他觉得惊讶，直到 2007 年夏天，第一部 iPhone（苹果手机）的计算能力让他感到震惊。“他们将苹果计算机放了进去。”他说。迈克接下来所做的事情或许是黑莓终结的开始。如果黑莓手机的崛起主要归因于迈克作为工程师科学思维的成功，那么黑莓手机的终结主要归因于他作为首席执行官重新思考的失败。

随着 iPhone 一飞冲天，迈克依然坚守着曾让黑莓手机轰动一时的功能理念。他坚信人们需要用无线设备收发工作邮件和接打电话，并不需要把一台装满家庭娱乐应用程序的计算机放在手机里。早在 1997 年，一位顶级工程师就想在手机中加入互联网浏览器，但是迈克让他把注意力放在邮件上。10 年后，迈克仍然确信，功能强大的互联网浏览器会耗尽手机电量并使无线网络的带宽变得紧张。他并没有去检验其他假设。

2008 年，黑莓公司市值已超过 700 亿美元，但手机仍然是公司的唯一产品，而且缺少可靠的浏览器。2010 年，当迈克的同事提出以加密文本消息为特色战略时，迈克虽然接受了，但对允许和竞争对手的设备交换信息表示担忧，他觉得这可能会使黑莓手机过时。随着他的保守想法在公司越来越受欢迎，公司放弃了即时通信，错过了 WhatsApp（智能手机通信应用程序）后来抓住的高达 190 亿美元的市场机会。尽管在重新思考电子设备设计上很有天赋，但迈克不愿意为他的“宠儿”重新思考市场。在这一点上，智力无法成为解药，可能更像一种诅咒。

越聪明越失败

智商并不能保证思维敏捷。如果缺少改变想法的动力，那么无论有多高的智商，你都会错过很多重新思考的机会。研究表明，在智商测试中得分越高，你越有可能陷入刻板印象。这是因为你的识别模式速度更快。而且，最近的研究表明，越聪明的人越难更新观念。

一项研究调查的是，成为数学高手能否让人在分析数据方面更强大。如果给出的数据是关于一些平淡无奇的事情的，比如皮疹的治疗，那么答案是肯定的。但当数据能够激发强烈情绪，涉及意识形态问题，比如美国的枪支法案时，结果会怎样？

成为一名量化分析师会使你更准确地进行结论解读——只要数据能够支持你的观点。然而，如果实证模式与你的意识形态发生冲突，数据处理能力就不再是资产，反而成为一种债务。你的数据处理做得越好，你就越难分析与自身观点相矛盾的模式。在评估禁枪令失败的证据时，支持持枪的自由派数学天才的表现比同行要差。与此相对应，如果分析师是支持禁枪的保守派，在评估禁枪令有效的证据方面表现更差。

心理学界认为，至少有两种偏差驱动了这种模式。一种是证真偏差：所见即所期。另一种是期望偏差：所见即所想。这些偏差不仅会阻止我们运用自己的才智，还会将才智扭曲成反对寻找真相的武器。我们找理由更深入地宣扬我们的观念、更有激情地维护我们的观点，并驾驭我们的政治同盟。可惜我们通常无法意识到由此产生的思维缺陷。

我个人最喜欢的偏见是“我没有偏见”，有此偏见的人认为自己比别人更客观。事实证明，越是聪明越可能陷入此局。你越聪明，就越难看到自身的局限性。善于思考会让你更不善于重新思考。

当处于科学家模式时，我们拒绝让自己的想法成为意识形态。我们不会从答案或者解决方案出发，而是以问题和难点为引导。我们不会凭直觉说教，而是会有根据地进行讲授。我们不仅对其他人的观点持良性的怀疑态度，还敢于否定自己的论点。

像科学家一样思考，不仅意味着要以开放的心态处理问题，还要积极地保持开放心态。这需要探讨我们可能会犯错误的原因，而非必须正确的原因，并根据学到的东西修正我们的观点。

这在其他心理模式中鲜有发生。在传教士模式下，改变想法是有道德缺陷的标志；而在科学家模式下，这是学术诚信的标志。在检察官模式下，自己被说服就是认输；而在科学家模式下，这是迈向真理的一步。在政客模式下，我们在胡萝卜和大棒两种手段之间来回跳转；而在科学家模式下，我们会在更清晰的逻辑和更强大的数据面前改变观点。

我在尽最大的努力用科学家模式来完成本书。[①] 我是一名教师，而非传教士。我无法忍受政治，也希望在作为终身教授的10年里，我已经抵制住自己曾经为满足观众而经受的诱惑。尽管在检察官模式上花了过多的时间，但既然决定站上法庭，那么我宁愿成为一名法官。我不期望你赞同我的全部想法。我希望你对我思考的内容（包含引导你重新思考自己想法的研究、故事以及想法）感兴趣，毕竟，学习的目的不是确认我们已知的观念，而是让观念不断进步。

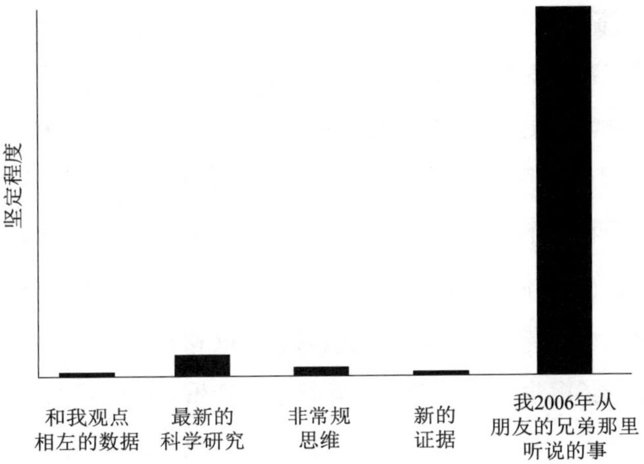

图 1-3　我坚持的理念

---

① 我不是从答案开始的，而是从重新思考问题开始的。然后我从随机对照实验和系统的现场研究中寻找最好的证据。当找不到证据时，我启动了自己的研究项目。只有当总结出基于数据的观点时，我才会寻找故事来说明并阐明这些研究。理想情况下，每一种观点都应该来自元分析——对已有研究的研究，研究人员在这些研究的证据体系中总结模式，并根据每一个数据点的质量进行调整。在无法做元分析时，我着重介绍我认为严谨、有代表性及发人深省的研究。有时我会详细介绍这些研究方法，不仅可以让你理解研究人员是如何形成他们的结论的，而且为观察科学家如何思考打开了一扇窗。在许多地方，我会假设你在阅读时是在像科学家一样重新思考，而非成为一名科学家，因此我只总结结论，没有深入研究细节。当然，如果你在我提到元数据分析时感到兴奋，那么可能是时候（重新）考虑你在社会科学领域的职位了。

我的一个理念是：我们不必在任何情况下都保持开放心态。在某些情况下，传教士、检察官和政客模式也是有用的。但在大多数情况下，大多数人的确会从更开放的心态中获益，因为在科学家模式中，我们的思维更加敏捷。

心理学家米哈里·契克森米哈赖在研究著名科学家莱纳斯·鲍林和乔纳斯·索尔克时发现，这两位与同行的不同之处在于他们的认知灵活性，他们愿意"根据情况需要从一个极端转向另一个极端"。相同的模式也适用于伟大的艺术家，对极富创造力的建筑师进行的独立研究也有同样的发现。

我们甚至可以在美国总统身上看到这一特质。专家们根据一系列性格特征对美国总统进行了评估，并将其与独立历史学家和政治科学家做的排名进行比较。在控制了任职年限、战争和丑闻几项因素后，只有一项特质始终如一地预测了总统们的卓越成就。这项特质不体现为他们是雄心勃勃还是强势，是友好还是不择手段，也不体现为他们是否有吸引力、机智、沉着或优雅。

让总统们与众不同的是他们的求知欲和开放性。他们阅读广泛并渴望了解生物学、哲学、建筑学和音乐方面的最新进展，对国内外事务也是如此。他们有兴趣听取新观点并修正旧观点。他们会视许多政策为要进行的试验而非要达成的政绩。尽管职业身份是政治家，但他们经常像科学家一样解决问题。

不要停止怀疑

当研究重新思考的过程时，我发现它经常在一个循环中展开

（如图 1–4 所示）。先从谦逊的思想开始，即知我所未知。我们都能够列出一长串我们不了解的领域。我不了解的领域包括艺术、金融市场、时尚、化学、食物、为什么英式发音在歌曲中会变成美式发音，以及为什么无法给自己挠痒痒。承认我们的不足将打开怀疑之门。当质疑现在的理解时，我们会对缺少的信息感到好奇。这种探索使我们有了新的发现，通过强化“知无涯”来保持谦逊。如果知识就是力量，那么“知未知”就是智慧。

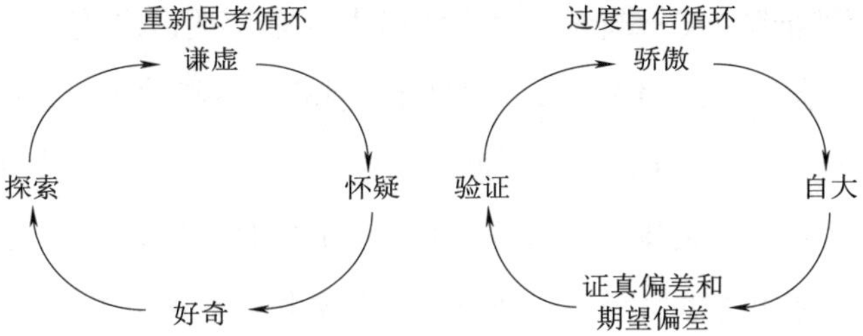

图 1-4　重新思考循环

科学思维倾向于谦虚而非骄傲、怀疑而非确定、好奇而非封闭。当我们脱离科学家模式时，重新思考的循环就会被打破，让位于过度自信的循环。如果处于说教的状态，我们就看不到知识的缺口：我们会认为已经发现了真理。骄傲催生了深信而非怀疑，这让我们成为检察官：我们可能会专注于改变他人的想法，但对自己的观点深信不疑。我们会陷入证真偏差和期望偏差。我们变成了政客，忽视或不理会那些不能赢得“选民”青睐的事情，这些“选民”包括我们的父母、老板以及高中同学（我们仍在努力给他们留下深刻印象）。我们忙于前台表演，以致真相被搁置在后台，由此产生的验证使我们变得傲慢。我们成为**肥猫综合征**

的受害者，躺在过往的成就上，不再对我们的观念进行压力测试。

在黑莓手机的案例中，迈克陷入了过度自信的循环。成功发明的自豪感令他过度自信。他对键盘而非触摸屏的偏好显而易见，而这正是他乐于宣扬的黑莓手机的优势，也是他抨击的苹果手机的缺点。当公司股价下跌时，迈克陷入证真偏差和期望偏差，并成为粉丝荣誉的受害者。“这是一款标志性产品，”他在 2011 年谈到黑莓手机时说，“商务人士、领导人和名人都用它。”2012 年，iPhone 已经占领了全球 1/4 的智能手机市场，但是迈克仍然抵制在玻璃屏幕上打字的想法。“我不明白，”他在一次董事会上指着触摸屏手机说，“键盘才是他们购买黑莓手机的原因之一。”正如一个只在自己的根据地竞选的政客一样，迈克专注于现有的数百万用户对键盘的喜好，而忽视了数十亿潜在用户。需要强调的是，我仍然想念键盘，我很高兴键盘手机获得回归的许可。

当最终开始重新设计屏幕和软件时，迈克手下的一些工程师不愿放弃他们以前的作品。没有做到重新思考的情况普遍存在。2011 年，黑莓公司的高级员工给迈克和公司联合首席执行官写了一封公开信。信上说：“我们曾嘲笑他们，认为尝试将计算机植入手机是行不通的，而现在我们已经落后了三四年。”

坚定的信念把我们锁在自己建造的监狱里。解决办法并不是放慢思考的速度，而是加速重新思考。这正是苹果从破产边缘起死回生，并成为全球市值最高的公司的原因。

苹果公司的复兴传奇以特立独行的天才史蒂夫·乔布斯为中心。他的信念和清晰的愿景催生了 iPhone。实际上，他曾经竭力反对移动电话这项业务。而有远见也有能力的员工改变了他的想法，他才真正重振了苹果。尽管乔布斯知道如何进行不同模式的思考，但重新思考主要是由他的团队完成的。

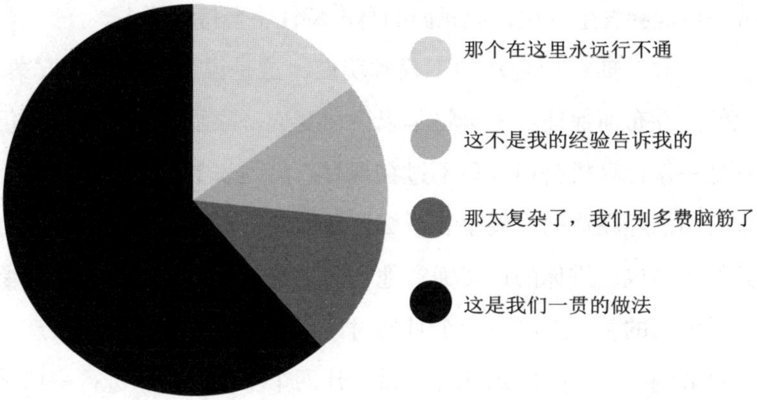

图 1-5　让人们最苦恼的拒绝重新思考的理由

2004 年，一组工程师、设计师和营销人员向乔布斯推销他们的想法——将热门产品 iPod（苹果公司推出的数字多媒体播放器）装进手机。“我们为什么要这么做?”乔布斯大吃一惊，“这是我听到的最愚蠢的想法。”这个团队意识到，手机已经开始具有播放音乐的功能，但是乔布斯担心这会蚕食苹果公司蓬勃发展的 iPod 业务。他讨厌移动电话公司，也不愿在运营商的约束下设计产品。当电话掉线或者软件崩溃时，他会沮丧地将手机砸碎。在私人会议中和在公众面前，他一遍又一遍地发誓不会开展手机业务。

然而，苹果公司的一些工程师已经在该领域展开了研究。他们共同努力劝说乔布斯，告诉他，他不知道哪些是他不知道的事情，并劝他不要故步自封。他们认为，打造一款人人都喜欢的智能手机，并且让运营商按照苹果公司的方式来做，是有可能实现的。

研究表明，当人们抵制变革时，不变的部分会被强化。当具备可持续性时，变革愿景才更有吸引力。这意味着，尽管我们的战略可能会发生变化，但我们的身份特性将会持续下去。

与乔布斯密切合作的工程师明白，这是说服他的最佳方案。他们向乔布斯保证：不会将苹果公司变成一家手机公司。苹果仍然是一家计算机公司，只不过在现有产品列表上加上了手机。苹果公司已经在你的口袋里装了 2 万首歌曲，那么它为什么不能将其他东西也放进你的口袋呢？他们需要重新思考技术，但会保留苹果公司的基因。经过 6 个月的讨论，乔布斯终于对这件事产生了足够的兴趣，并同意展开尝试，让两个不同的团队进行一项试验，以测试他们是否应该为 iPod 增加电话功能，或者将苹果计算机变成一个两倍于手机大小的微型平板。这次尝试的结果众所周知：仅在问世 4 年后，iPhone 就为苹果公司贡献了 1/4 的收入。

iPhone 的推出展现了重新思考给智能手机带来的巨大飞跃。自其诞生以来，智能手机不断创新，目前的产品有着不同的尺寸和形状、更清晰的摄像头、更长的电池寿命，但企业目标和用户体验几乎没有什么根本性变化。回想起来，如果迈克能对他的宠儿黑莓手机进行更为开放的重新思考，今天黑莓和苹果会不会因互相激励而令智能手机产业发展得更好？

知识的诅咒是让我们闭目塞听，不去思考未知的事物。能否形成良好的判断力取决于我们是否有能力和意愿敞开心扉。重新思考将是我们人生中越来越重要的习惯，对此我信心十足。当然，我也有可能是错的。如果是，那么我会尽快重新思考。

2

扶手椅四分卫和冒充者：

找到自信的平衡点

无知比知识更容易让人自信。

——查尔斯·达尔文

乌尔苏拉·迈尔茨走进诊所，向医生抱怨她头晕、头痛，背痛也非常严重，疼痛让她无法工作。接下来的一个月，她的状况持续恶化：她要很费力才能把水杯放到床头柜上，她找不到房间的钥匙，她会径直朝床架走去撞到自己。

乌尔苏拉是一位50多岁的裁缝，她的双手还能自如活动：她可以把纸剪成不同的形状。她可以很容易按照指令指出自己的鼻子、嘴巴、手臂和腿，并且毫不费力地描述自己的家和宠物。对奥地利医生加布里埃尔·安东来说，乌尔苏拉是一个让人好奇的病例。安东医生在她面前的桌子上放了一条红缎带和一把剪刀，尽管“平静而笃定地认为自己能看到这两样东西”，但她不能说出它们是什么。

她承认很明显自己在语言表达及方向识别上有困难。但是还有一个问题：乌尔苏拉无法区分光明和黑暗。当安东医生拿起一个物品让她描述的时候，她甚至没有去看它，而是伸手去摸。检查结果显示，她的视力严重受损。可奇怪的是，当安东问她关于眼睛的问题时，她坚持自己能够看见。她最终完全丧失了视力，但她对此毫无察觉。“这太让人惊奇了，”安东写道，“患者没有意识到视力已经严重受损甚至完全丧失，她在心理上对自己的失明视而不见。”

这一病例发生在19世纪末，而乌尔苏拉并不是特例。此前10年，苏黎世的一位神经病理学家也报告了一个病例。一名因意外受伤致盲的男子，在精神没有受损的情况下，没有意识到自己已经看不见了。尽管当拳头伸到他面前的时候他不会眨眼，也看不到眼前的食物，但是“他认为自己待在一个黑暗潮湿的洞穴或地窖里”。

半个世纪之后，两位医生报告了6个同样的病例，患者都已经失明却坚称自己能看见。一位医生这样写道：

> 我们的患者最突出的特征就是，他们无法从经验中学习。由于没有意识到自己已经失明，他们在走动时会撞到家具或者墙，但是这并不会改变他们的行为。当不得不直面失明问题时，他们要么否认自己的视觉障碍，要么会说：“屋子太暗了，为什么不开灯？”“我忘戴眼镜了。”“我的视力不太好，但我能看到。”患者们不会接受任何能证明他们失明的证据，也不接受劝告。

这一现象最先由古罗马哲学家塞涅卡提出，他在书中提到，一位失明的女子说自己只是待在一个黑暗的房间里。在医学文献中，这种现象被称为“安东综合征”。这是一种认知障碍，指的是一个人明显有某项身体残疾，但是在认知上认为自己身体表现良好。目前已知的病因是脑枕叶损伤。而我认为，即使大脑正常运转，我们也容易在某一方面患上“安东综合征”。

我们在知识和观点上都有盲点。坏消息是：我们都可能对自身的盲点视而不见，这让我们在做判断时产生虚假的自信，并阻碍我们重新思考。好消息是，如果有正确的自信，我们就可以学会把自己看得更清楚，更新自己的观点。在考驾照时，我们都学过如何发现视觉盲点，并通过后视镜和传感器消除盲点。在生活中，由于大脑并没有配备类似的工具，我们需要学习如何发现认知的盲点，并且有针对性地修正我们的思维。

两种综合征故事

2015 年 12 月 1 日，海拉·托马斯多特意外地接到一个电话。海拉的房顶刚刚被一层厚厚的冰雪覆盖。正当她看着墙上融化的雪水流下来的时候，电话那头的朋友问她是否看到了脸书上有关她的帖子。有人在网上发起请愿，希望海拉竞选冰岛总统。

海拉的第一个念头是，我怎么能当总统呢？她曾经帮助别人创立了一所大学，还在 2007 年与他人联合创办了一家投资公司。当 2008 年金融危机席卷全球时，冰岛遭受重创，三家主要商业银行违约，冰岛的货币崩溃了。由于经济体量过小，冰岛经历了人类历史上最严重的金融危机，而海拉通过带领自己的公司成功渡过难关展现了她的领导能力。尽管有这样的成就，她依然不觉得已经做好了竞选总统的准备。她没有政治经验，也从未在政府和公共领域任职。

这已经不是海拉第一次觉得自己是个冒充者了。8 岁时，她的钢琴老师为了帮助她快速提高琴艺，经常让她在音乐会上表演，但她从未觉得自己配得上这样的荣誉，因此，每次音乐会之前，她都会觉得恶心。现在她的赌注更高了，但自我怀疑的感觉却似曾相识。“我感觉自己肚子里有一个洞，就像钢琴独奏时那样，但是它现在更大了。”海拉对我说，“这是我成年以来冒充者综合征发作最严重的一次。”之后的几个月，她都在为要不要成为候选人而纠结。她的朋友和家人鼓励她，让她认识到她已经有一些相关经验，但是她还是坚信自己缺少必要的经验和自信。她试图说服其他女性去参与竞选，其中的一位最后成为冰岛总理。

然而请愿并没有结束，海拉的朋友、家人和同事一直在催促她。最后，她也开始问自己：我为什么不去为国民服务呢？最终她决定参与竞选，但是竞选局面对她非常不利。她是一位不知名的候选人，而同时参加竞选的有 20 多位。其中一位非常有影响力，海拉的竞选之旅充满挑战。

当被问及“哪三个人需要对冰岛的破产负责”时，一位经济学家给出的三个答案都是达维兹·奥德松。1991—2004 年，奥德松出任冰岛总理，他推行银行私有化，加剧了银行的风险。2005—2009 年，他担任冰岛央行行长，允许银行的资产负债表膨胀到冰岛 GDP（国内生产总值）的 10 倍以上。当人们对他的管理失当发出抗议时，奥德松拒绝辞职，最后由议会迫使他卸任。

《时代》杂志认定他是全球金融危机的 25 个罪魁祸首之一。尽管如此，2016 年奥德松仍宣布会参加冰岛总统竞选：“我拥有相当丰富的经验和知识，能够胜任总统的工作。”

从理论上讲，人的自信和能力是相辅相成的。但实际上，两者多会出现偏离。在评估领导力的时候，对比自测结果、同事、上级、下属给出的评估结果，我们就能发现这种差距。一份对 95 项研究进行的元分析表明，在超过 10 万个研究对象中，女性通常会低估自身的领导能力，而男性则会高估。

你可能遇到过这样的球迷，他们认为自己懂的东西比场边教练还多。这就是“扶手椅四分卫”综合征，指的是自信超过能力的情况。即使在推出的金融政策破坏国家经济后，达维兹·奥德松仍然拒绝承认自己并不胜任“教练”之职，他对自己的弱点视而不见。

图 2-1　“对不起，请让我用我的自信打断你的专业。”

资料来源：杰森·亚当·卡赞斯坦，《纽约客》作品集，卡通银行，康泰纳仕出版集团

和扶手椅四分卫相对的就是冒充者综合征，即能力超过自信的情况。想想你认识的那些认为自己不配得到已有成就的人。他们着实没有意识到自己多么聪明、多么有创造力且充满魅力。不管你怎么努力劝说，他们都不会重新思考自己的观点。就像在线请愿体现的那样，很多人对海拉有信心，海拉却不相信自己有能力领导她的国家。她对自己的优势视而不见。

尽管拥有相反的盲点，但由于处在自信水平的两个极端，所以两位候选人都不愿意重新思考自己的计划。最理想的自信水平可能处于扶手椅四分卫和冒充者之间。我们如何才能找到这个平衡点？

傲慢的无知

我最喜欢的一个奖项是一个具有反讽意味的奖项，它既有趣味性又有启发性。这个奖项叫搞笑诺贝尔奖，是由真正的诺贝尔奖得主评选出来的。一年秋天，我和一千多位书呆子同类一起跑到校园剧院观看了颁奖典礼。获奖者包括：两位物理学家，他们发明了一个磁力场，使活青蛙悬浮其中；三位化学家，他们发现了浪漫爱情的生物化学原理和强迫症有相同之处；还有一位计算机科学家，他开发出“爪感应”软件，可以感知猫爪踩到键盘，并且能发出噪声把猫吓跑，我不知道它在狗身上是否好用。

很多获奖研究都把我逗乐了。但让我思考最多的获奖者是两位心理学家：戴维·邓宁和贾斯廷·克鲁格。他们刚刚发布了一份“谦逊研究报告”，是关于技能和信心的，很快他们就会名声大噪。他们发现，在很多情况下，人们意识不到自己的能力缺失。这种现象现在被称为“达克效应”，指的是我们在没有能力的情况下，非常容易过度自信。

在最初的邓宁—克鲁格研究中，那些在逻辑推理、语法和幽默感测试中得分最低的人，对自己的能力高估的程度最高。平均来看，他们认为自己的得分比 62% 的同组人高，但实际上只比 12% 的人高。我们在某个领域的能力越低，就越可能高估自己的能力。在一组橄榄球迷中，懂得最少的人最有可能成为“扶手椅四分卫”，他们会指责教练打法错误，鼓吹更好的战术。

认识到这种倾向之所以重要，是因为它威胁了我们的自我认知，并在各种情境下让我们犯错。我们来看看经济学家对几千家企业运营和管理情况的研究，对比一下经济学家的评价和管理者的自我评价。

在图 2–2 中，如果管理实践自评得分和实际表现相符，那么所有国家和地区的数据点都应该在虚线上。结果显示：过度自信存在于各类文化中，在治理水平最差的国家和地区更为普遍。[①]

当然，管理能力是很难客观评估的，知识应该更容易评估，因为你在学校里一直在做测试。和大多数人相比，你认为自己对以下领域的知识掌握得更多、更少，还是和他们差不多？

- 为什么英语会成为美国的官方语言？
- 塞勒姆的女巫为什么被烧死在火刑柱上？
- 在画米老鼠之前，华特·迪士尼是做什么工作的？

① 对美国来说，这看起来是个好消息，自评和实际得分比较相符，但是这一发现并不适用于各个领域。来自英语国家的青少年做了一项测试，测试要求他们评估自己在数学的 16 个子领域中的能力。其中三个领域是虚构的，分别是陈述分式、适当数字和虚拟缩放，可以用来检测哪些人会声称自己懂得这些虚构的知识。最能吹嘘的人来自北美和富裕家庭，主要是男性。

• 在哪次太空航行中，宇航员第一次看到了中国的万里长城？

• 为什么吃糖会影响儿童的行为？

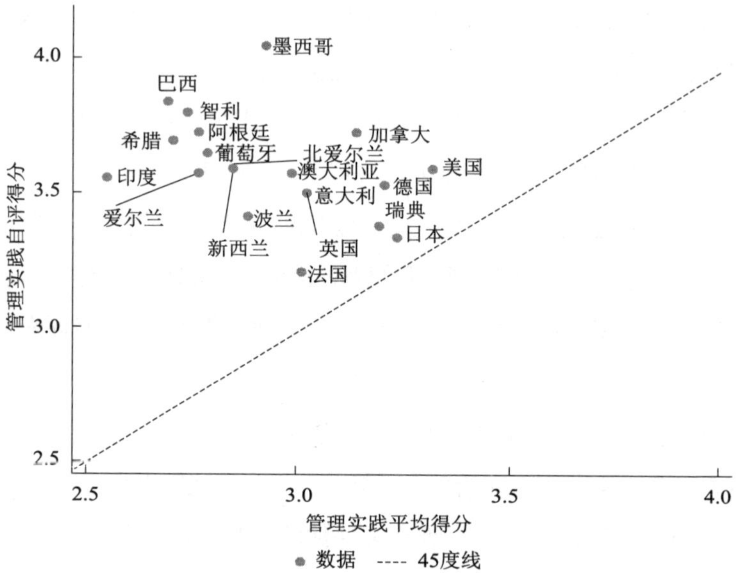

图 2-2 管理者倾向于高估自己的能力（和管理实践自评得分对比）

资料来源：《世界管理调查》，布卢姆和范雷恩（2007）以及马洛尼（2017b）

我最不能忍受的事情之一就是伪造知识，不懂装懂。这让我非常烦恼，以至现在写的整本书都在讨论这个话题。在一系列研究中，研究对象会评估自己对这些话题的了解程度，然后进行测验来测试他们到底懂多少。越是认为自己懂得多的人，越会高估自己，对学习和更新知识的兴趣也就越低。如果你认为自己在历史或科学方面比多数人懂得多，那么很有可能你真正懂的比你想象的要少。“达克效应俱乐部的首要原则就是，你不知道你是俱乐部的一员。”①

对于上面的问题，如果你认为自己知道些什么，那就再好好想想。美国是没有官方语言的；塞勒姆的女巫不是被烧死的，而是被绞死的；华特·迪士尼没有画米老鼠（它是漫画家乌布·伊沃克斯的作品）；你在太空中根本看不到中国的万里长城；而糖对儿童行为的平均影响是零。

尽管在日常生活中达克效应通常很有趣，但在冰岛可不是一件能开玩笑的事。担任过央行行长的达维兹·奥德松，实际上没有接受过有关金融和经济方面的任何训练。在进入政界前，他创作过电台的喜剧节目，写过剧本和短篇故事，上过法学院，还做过记者。在任职冰岛总理期间，奥德松非常轻视专家，还因此解散了国家经济研究所。为了迫使他辞任央行行长，议会甚至不得不通过了一条非常规法律：任何机构负责人都必须至少拥有经济学硕士学位。几年后，这一规定依旧没能阻止奥德松竞选总统。他看不到自己的盲点：他不知道自己不知道的事情。

图 2-3　我知道的事情

① 我最钟爱的例子来自尼娜·斯特罗明格，她目前为宾夕法尼亚大学沃顿商学院法律研究与商业伦理学助理教授。她曾抱怨：“我爸爸今早打来电话给我讲达克效应，他没有意识到，他的女儿是心理学博士，当然知道达克效应，因此这件事给出了一个达克效应的绝佳示范。”

漫步愚昧之巅

扶手椅四分卫综合征最大的问题，在于它阻碍了重新思考。如果确信自己知道某件事，我们就没有理由寻找知识中的缺失和谬误，更别说补充和修正了。一项研究显示，情商测试得分最低的人最容易高估自己的能力。他们也最容易认为分数不准确或者不相关，因而对测试结果置之不理，更不会花钱参加培训或者进行自我提升。

是的，这些都源于我们脆弱的自我。当想用积极的眼光看待自己，或者想向他人展示更好的自己时，我们就会否认自身的弱点。一个经典的例子就是，那些一边说着打击腐败一边监守自盗的政客，他们正是被视而不见和欺骗驱动的，而动机只是故事的一小部分。①

还有一个不易察觉的因素影响了我们对自己能力的判断，那就是元认知能力的缺乏，即反思自己思考的能力。缺乏这种能力会让我们对自身的弱点视而不见。比如，你是一个科技企业的创业者，并不了解教育体系，但仍可能觉得自己设计的操作系统可以解决问题。明明不擅长社交，对社交礼仪也缺乏洞察，却可能昂首阔步地觉得自己是詹姆斯·邦德。上高中时，一个朋友说我没有幽默感。她是怎么做出这个判断的？她说："你说的所有笑

---

① 关于达克效应的统计测量问题，一直存在争论，但争论主要集中在效应的强度以及发生时间上，而不是质疑达克效应的真实性。有意思的是，即便激励人们准确判断自身具备的知识，知识水平最低的人往往也最难做到。在一项研究中，受试者要做完逻辑推理测试，如果能够正确地（也因此是谦虚地）猜中自己答对了多少道题，他们就可以得到 100 美元奖励。结果显示：人们还是过度自信了。测试有 20 道题，受试者平均认为能答对的题目是 1.42 道，比实际答对的要高，而正确率最低的人高估自己的程度也最高。

话你自己都不笑。”我觉得这样就非常滑稽了，因为说这种话的人从来都不是有趣的人。我会让你来决定到底是谁没有幽默感。

当缺少让自己变得优秀的知识和技能时，我们有时也缺乏鉴别优秀的知识和技能。这样的观点可以让你迅速想起自己知道的那些自信满满却又浑噩无知的人。但在笑话他们之前，要记住我们有可能会成为他们。

在很多事情上我们都是新手，但我们并不会对此视而不见。我们更倾向于在所需技能上高估自己，比如进行一场引人入胜的对话的能力。在经验和专业知识容易混淆的情境（比如开车、打字、生活琐事以及情绪管理等）下，我们也会过度自信。当很容易判断自己缺乏经验时，比如绘画、开赛车和快速倒背字母表，我们也会低估自己。绝对的新手很少会掉入达克效应的陷阱。如果对橄榄球一无所知，你就不可能认为自己懂的橄榄球知识比教练多。

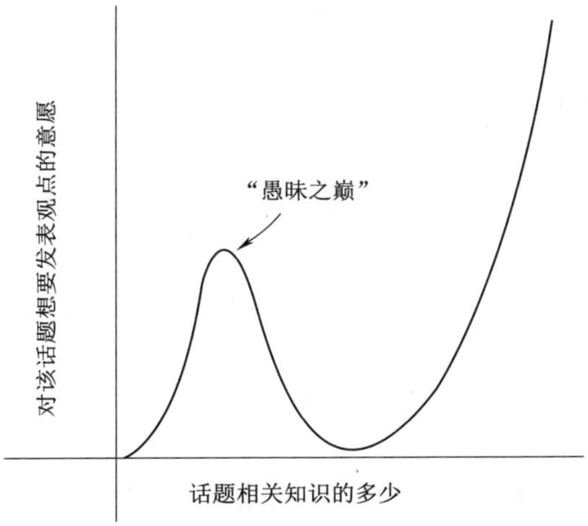

图 2-4

但当从新手变成一个业余爱好者时，我们就会变得过度自信。只掌握一点儿知识是非常危险的。在我们生活的很多领域，我们都没有获得足够的专业能力质疑自身的观点，或者发现我们的无知。我们获得的信息足以让自己心安理得地发表意见和做出评判，却没能意识到我们已经爬到了愚昧之巅，无法翻越下一个阶段。

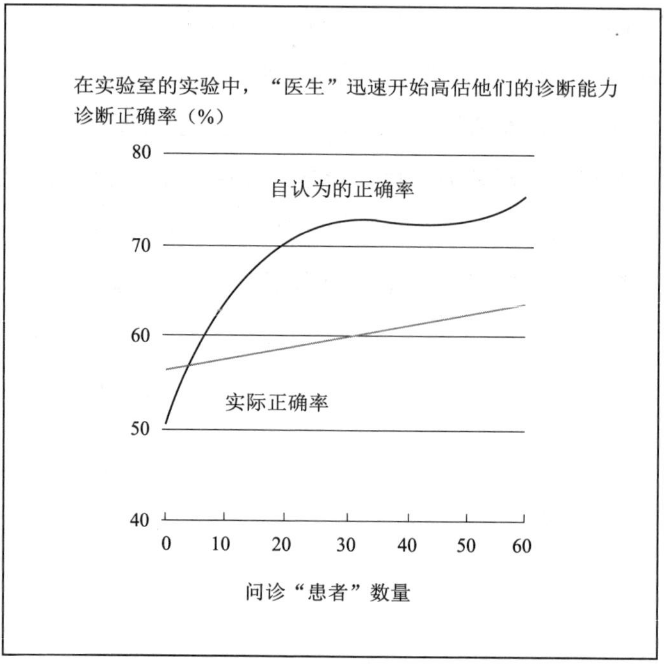

图 2-5　新手都缺乏自信，但随着自信的增长，自信超过了准确性

资料来源：卡门 · 桑切斯和戴维 · 邓宁，《初学者的过度自信：一知半解是一件危险的事吗？》，《人格与社会心理学杂志》，2018，哈佛商业评论网站

在邓宁的其中一项实验中，你会看到这样一种现象：在模拟的僵尸危机中扮演医生角色的受试者，当只需要面对少数受伤者

的时候，他们身为“医生”的实际能力和对自身能力的判断是匹配的。但糟糕的是，随着经验的增加，他们自信的上升速度超过了能力，自此之后自信一直高于能力。

这可能也部分地解释了为什么每年 7 月医院的患者死亡率会大幅攀升。7 月是新的住院医生接手患者的时间。危险的并不是这些医生缺乏能力，而是他们高估了自己的能力。

从新手到业余爱好者的过程，会打破重新思考的循环。随着经验的增加，谦虚会减少。我们会因快速进步而感到自豪，会产生掌控力的幻觉。这种跳跃式增长促进了过分自信的循环，阻止了我们质疑已知以及对未知产生好奇。我们困在有缺陷的初学者泡沫假设中，对自己的无知毫不知情。

这就是发生在冰岛的达维兹·奥德松身上的事。亲信助长了他的自大，缺乏批评放任了这种自大。据说，无论是在学生时代还是在桥牌比赛中，他身边都围绕着一群极为忠诚的跟随者。他还有一个朋友和敌人的名单。在冰岛金融危机爆发前几个月，奥德松拒绝了英国央行的援助。而在危机最严重的时候，他轻率地公然宣称自己无意为冰岛的银行偿还债务。两年后，议会指派的独立事实委员会指控奥德松犯下严重过失。一位记录冰岛金融崩溃的记者认为，奥德松的下台缘于“他的自大，他坚信自己知道怎样做才对冰岛最好”。

他缺乏的是大脑的关键营养素：谦虚。困在愚昧之巅的人的药方，就是规律地服用这味药。“自大就是无知加坚信，”博主蒂姆·乌尔班认为，“谦虚是一种可渗透的过滤器，可以吸收生活经验，将其转化成知识和智慧，而自大是一个橡胶保护罩，生活经验只会被它反弹回去。”

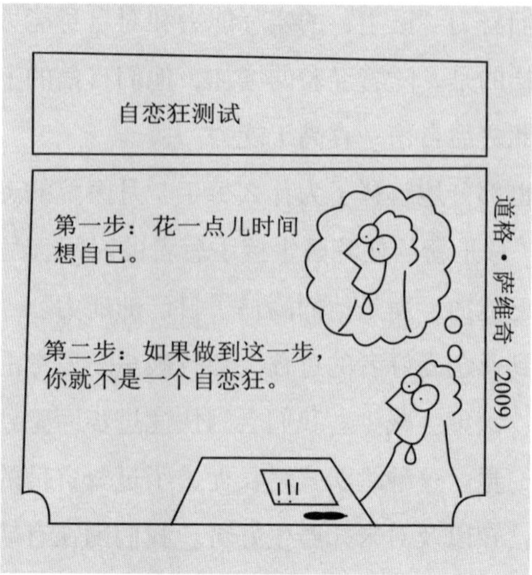

图 2-6　萨维奇鸡漫画

资料来源：www.savagechickens.com

“刚刚好”是一种错误

很多人把自信想象成一个跷跷板：自信一旦过多，就会滑向自大；失去太多自信，我们就会变得自卑。这是我们对谦虚的恐惧：我们可能会做出过低的自我评价。我们想保持跷跷板的平衡，所以进入“刚刚好”模式，寻找最优程度的自信。但最近，我明白这是一种错误的做法。

谦虚是一个经常被误解的概念，它并不意味着低程度的自信。谦虚的拉丁语词源含义是“来自大地”（humility），意味着脚踏实地，意识到我们有缺陷，并且容易犯错。

自信是你对自己信任程度的反馈。有证据表明，自信不同于你在多大程度上相信自己的方法。你可以相信自己在未来能够实现某个目标，同时保持谦虚的态度质疑自己现在的方法是否得当。这就是自信的“平衡点”（如图 2–7 所示）。

当完全相信自身的能力和策略时，我们就可能被自大蒙蔽双眼。若同时缺乏能力和策略，我们就会陷入怀疑。当知道正确方法，但不能确信自己的执行能力时，我们就会被自卑情结困扰。我们需要获得“自信的谦虚”：对自己的能力有信心，同时意识到我们可能没有正确的解决方案，甚至没有找到正确的问题。只有这样，我们才能产生足够的怀疑来重新审视旧的知识，也才能有足够的自信去寻求新的见解。

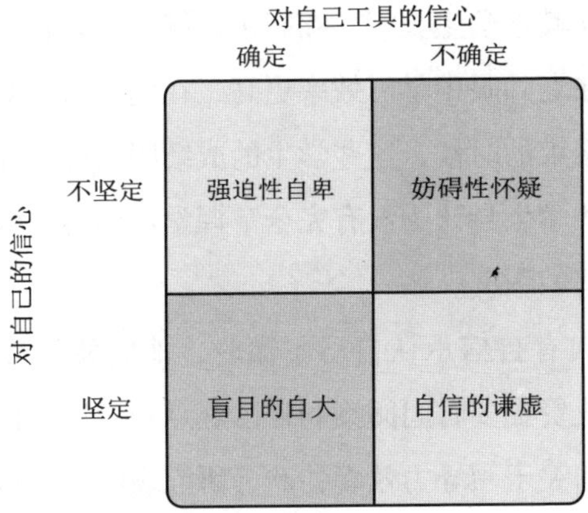

图 2–7　自信的平衡点

当 Spanx 品牌创始人萨拉·布莱克利产生发明“无脚连裤袜”的想法时，她相信自己有能力把它变成现实，但是她对当时的工具充满怀疑。她每天的工作是挨家挨户推销打印机，她知道自己对时尚、零售和加工一无所知。在设计产品原型的时候，她花了一周时间开车去多家袜厂寻求帮助。当没钱雇律师申请专利时，她阅读相关书籍，自己填写专利申请表格。她的怀疑并没有妨碍她，她相信自己能够战胜面前的挑战。她的自信并不源于已有的知识，而是源于她的学习能力。

自信的谦虚是可以习得的。在一项实验中，学生们会先读一篇短文，讲的是如果能够承认自己的无知，而不是盲目相信自己，他们就能够获得很多益处。测试发现，读完这篇文章后，学生们在薄弱领域寻求额外帮助的概率从 65% 提升至 85%。他们也更愿意发掘对立的观点，并尝试从对方那里学习经验。

自信的谦虚不仅能够让我们开放心态，重新思考，还能提升我们重新思考的质量。在大学和研究生院，那些愿意修正观念的学生，成绩比其他学生更好。在高中，能够承认自己不懂某些知识的学生，在老师眼中学习效率更高，在同学眼中对团队的贡献更大。学年结束的时候，这些学生的成绩明显好于那些更有自信的同学。这些学生自认为没有完全掌握学习内容，因此会通过自测来检验理解的程度。

当成年人有自信承认自己不懂时，他们就会关注证据是否有力，同时花费更多时间阅读和自己观点相矛盾的内容。在美国和中国完成的关于领导力效率的严谨研究表明，最有效能和创新力的团队，其领导者不是自信或谦虚的，而是高度自信且高度谦虚的。他们虽然对自己的能力有信心，但也敏锐地认识到自身的弱点。他们明白，要想成就卓越，就需要认识到并超越自身的局限性。

我们如果关注准确性，就不能接受盲点的存在。想要准确了解自身的知识和技能，我们可以像科学家用显微镜观察那样进行自我评估。我最近的一项发现是：有时候低估自己，反而会让你变得更好。

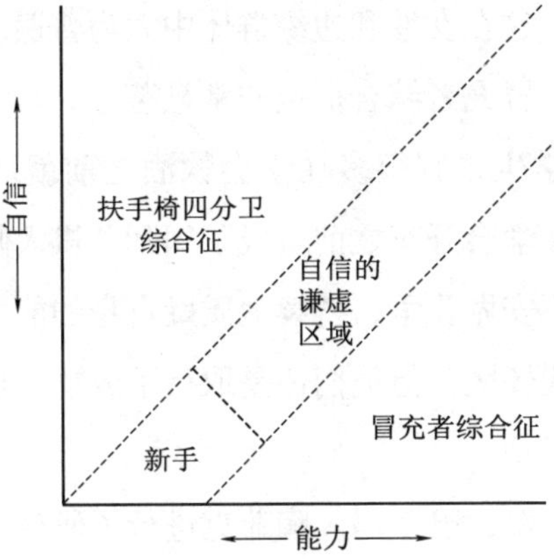

图 2-8 自信和能力的对比

怀疑的好处

在冰岛总统大选之前的一个半月，海拉·托马斯多特的选民支持率只有 1%。为了聚焦最有希望的候选人，播放第一场电视辩论的网络平台不会报道支持率低于 2.5% 的候选人。辩论当天，海拉侥幸获得了足够的支持率。在接下来的一个月里，她人气飙升。她不仅是一个有望胜出的候选人，还是最后决胜的四位候选人之一。

几年后，我邀请她到我的课堂上来分享，她说她一举成名的背后，支持她的心理动力正是冒充者综合征。通常情况下，觉得自己是个冒充者并不好，因为长期“不配得到”的想法会令我们滋生痛苦，丧失斗志，阻碍我们追求自己的理想。

我们中的很多人都会时不时地产生一种危害性不强的怀疑。调查显示，你认识的人，有一半会在职业生涯的某个阶段觉得自己是个冒充者，这在女性和边缘群体中尤为普遍。奇怪的是，在高成就人士中，冒充者综合征也非常显著。

我教过的学生，有很多在学会饮酒之前就取得了很多专利权，也有很多在学会开车之前就成了国际象棋大师，但是这些人仍在和内心的不安做斗争，持续地质疑自身的能力。通常的解释是，尽管有自我怀疑，但他们还是取得了成功，也许正是怀疑驱使他们获得了成功。

为了找到答案，巴斯玛·陶菲克进行了研究，她当时是沃顿商学院的博士生，现在是麻省理工学院的教授。她招募了一组即将开始临床轮值的医学院学生。巴斯玛让每名学生和经过培训的演员假扮的患者进行半小时的互动，这些患者会表现出不同的疾病症状。巴斯玛记录了这些学生是如何对待患者的，并跟踪他们是否做出了正确诊断。

一周前，这些学生填写了调查问卷，问卷内容涉及他们将自己视为冒充者的频率，包括“我没有别人认为的那么好”，“对我重要的人给我的能力评价比我自认为的要高”，等等。那些将自己定义为冒充者的学生，在问诊环节的表现并不比其他人差，而且他们在病床旁的态度更好，患者评价他们更有同理心，更能尊重他人，而且更专业，在提问和分享信息时也更有效率。在另一个研究中，巴斯玛在投资行业人士身上发现了类似的模式，越是经常觉得自己是冒充者，四个月后获得的业绩评估的得分越高。

上述研究的证据还很新，关于冒充者综合征何时有益或有害，我们还需要继续学习。但这些证据让我思考，如果仅仅把冒充者综合征作为一种心理问题，那么这是不是对它的误判？

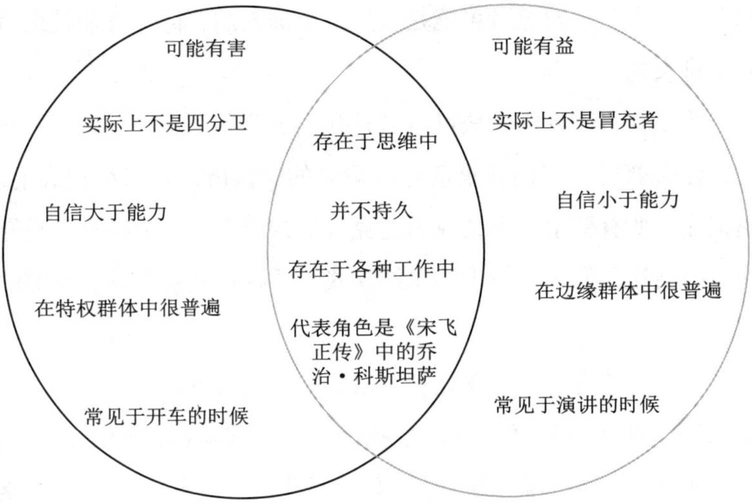

图 2-9 扶手椅四分卫综合征vs冒充者综合征

当冒充者的恐惧心理发作时，通常的建议是忽略它，好让我们从怀疑中获益。或许我们可以拥抱这种恐惧，因为它可以给我们带来三方面的好处。

第一，觉得自己是冒充者能激励我们更加努力。在我们决定是否参加比赛的时候，这可能没什么帮助，但一旦站上起跑线，它就会让我们一直跑到终点，并在决赛中取得名次。[①] 在以

① 这一反应存在性别差异。在巴斯玛对投资专家的研究中，无论男女，冒充者身份都有助于提高工作表现，但会更多地激发男性在团队中的表现，他们会做额外的配合工作，以此抵消冒充者的恐惧，以及对自己不能达到他人期待的担心。女性则更加依赖自信，更容易因怀疑而产生无力感。

往对呼叫中心、军队、政府机构和非营利组织的研究中，我发现自信会让我们自满。如果从不担心自己会让他人失望，我们就更有可能真的这样做。当觉得自己是冒充者的时候，我们就会越发想要证明自己。冒充者可能是最后一个加入的，但也可能是最后一个逃离的。

第二，冒充者的想法可以激励我们更聪明地工作。如果不相信自己会获胜，我们在重新思考策略的时候就没什么可损失的。请记住，所有新手都不会成为达克效应的受害者。觉得自己是冒充者，会让我们进入新手的思维模式，质疑那些别人司空见惯的假设。

第三，感觉自己是冒充者可以让我们成为更好的学习者。对知识和技能保持怀疑，可以令我们走下自我崇拜的神坛，从别人那里吸收观点。就像心理学家伊丽莎白·克鲁梅雷·曼库索和同事写的那样："学习需要谦虚，人只有谦虚才能意识到需要学习。"

上述机制的一些证据来自沃顿商学院毕业的另一位博士生——达尼埃尔·塔星，他现在是纽约州立大学布法罗分校的教授。达尼埃尔的研究对象是一家医院的护士，这些护士要在值班时轮流担任护士长。这意味着即便对个人能力有怀疑，他们也不得不担负起团队责任。研究发现，那些在接受职位时犹豫的护士实际上是更好的领导者，部分原因是他们更愿意听取同事的意见。他们认为自己身处一个公平的环境中，自身经验和能力的不足可以通过倾听他人的意见得到补充。最能说明这一点的个案就是海拉·托马斯多特。

超常谦虚联盟

当我和海拉坐下来聊天的时候，她告诉我自我怀疑曾削弱她的力量，让她把怀疑当作自己没有能力获得成功的信号。而现在，她的谦虚是一种自信的谦虚，她对怀疑的解读也不同了：怀疑意味着需要改善工具和方法。

大量证据表明，自信既可以是进步的结果，也可以是进步的原因。我们不需要等到自信提升后才去达成有挑战性的目标。我们可以在达成这些目标的过程中建立自信。“我已经能欣然接受冒充者综合征是一件好事，它驱动我做得更多，尝试更多，”海拉说，“我学会了如何把它转化为我的优势。自我怀疑成为我成长发展的动力。”

其他候选人满足于依赖常规媒体报道，海拉对工具的不确定感让她重新思考竞选应该如何推进。她更加勤奋、用心地工作，经常熬夜亲自回复社交媒体上的信息。她在脸书上进行直播互动，选民可以问她任何问题，她还学会用 Snapchat（色拉布）接触更多的年轻人。她觉得自己没什么可失去的，于是采用了其他候选人几乎不会用的方式：不去控诉对手，而是用积极的方式争取选民。她想，情况还能有多糟呢？这些举动让选民和她产生了强烈的共鸣，因为选民已经厌倦了候选人相互抹黑，很高兴看到有一位候选人能够尊重对手。

不确定性让我们做好准备提出问题，吸收新观点，避免出现达克效应。“冒充者综合征总是让我毫不松懈、不断成长，因为我从不认为自己什么都懂。”海拉这样反思，她看起来更像一位科学家，而不是一位政治家，“可能冒充者综合征对改变非常必要。冒充者不会说‘这就是我们这里做事的方式’，也不会说‘这就是正确的方法’。我非常迫切地学习和成长，我会问每个人的意见，看看怎样能令做事的方式变得不一样。”尽管怀疑自己的工具，但她坚信自己是一个好的学习者。她明白，要想获得知识，最好向专家求教，但是创新和智慧可以来自任何地方。

冰岛总统选举的最终候选人是海拉、达维兹和其他两位男性。在整个竞选过程中，三位男性候选人的媒体曝光度都高于海拉，海拉没有得到一次封面采访，也不像他们那样有更高的选举预算。但是在选举当天，海拉还是震惊了整个国家——她赢得了超过 1/4 的选票。

她没有获胜成为总统，选票数排名第二：28% 的选票和胜出者的 39% 还是相差很大的。但是，海拉彻底击败了达维兹，他排名第四，只得到不到 14% 的选票。以海拉当时的势头来看，如果说竞选过程再持续几周她就会获胜，这也并不是多么疯狂的想法。

伟大的思考者不会因为冒充者综合征就去掩盖心中的怀疑。之所以保持怀疑，是因为他们明白：每个人都有自己的盲点，而他们想要持续拓宽自己的视野。他们不会吹嘘自己所知甚多，反而会惊讶于自己知之甚少。他们意识到每个答案都会催生新的问题，而对知识的渴求永无止境。终身学习者的特征之一就是，能够意识到每个人都可以成为自己的老师。

自大让我们无视自身的弱点。谦虚是一面反光镜，帮助我们看清弱点；而自信的谦虚是校正镜，让我们有能力战胜弱点。

3

犯错的喜悦：为不相信所思所想而激动

> 我从哈佛大学毕业。对我来说，每当我犯错，世界就失去了一些意义。
>
> ——弗雷泽·克兰博士扮演者
>
> 凯尔希·格兰莫

1959年秋天，一位杰出的心理学家邀请一群人参与一项非常不道德的研究。他精心挑选了一批哈佛大学二年级的学生参加一系列实验，实验持续到他们毕业。学生们自愿每周花几个小时参与研究，这项研究将会为如何理解人格形成并解决心理问题贡献新的认识，但学生们并不知道，参与实验会让他们的信念遭受挑战。

研究者亨利·默里原本是一名内科医生和生物化学学者。在成为声誉卓著的心理学家之前，他发现自己所在的研究领域对人们如何应对困难的互动关注甚少，对此他感到很失望，并决定将这一课题纳入自己的实验项目。他让参与的学生用一个月的时间写出各自的人生哲学，包括核心价值观和指导原则。当学生们交作业的时候，每人都会和另一个完成同样作业的人配对儿。接下来每对儿学生都会用一两天的时间了解同伴的人生哲学，他们争论的场景会被拍摄下来。这个经历比他们预想的要激烈得多。

默里根据自己在二战时期对间谍进行心理评估的方法，设计了这项研究的框架。作为美军中校，默里被招募进战略情报局（美国中央情报局的前身），负责详细审查有潜力的特工。为了评估候选人应对压力的方式，他把他们带到地下室，用强光照着他们的脸进行审问。考官会不时地突然站起来喊："你是个骗子！"一些候选人当场退出，还有一些被吓哭了，那些承受住猛攻的人得到了实验机会。

现在默里为更系统地研究压力反应做好了准备。他仔细筛选，创建了包含广泛人格类型和心理问题的学生样本。他给这些学生按照类型起了和性格特征相关的昵称，比如"电钻""石英""蝗虫""中枢""守法"（下文会详细讲述）。

当学生们参与辩论的时候，他们发现他们的备选搭档不再是自己的同伴，而是一名法律系的学生。他们并不知道，法律系学生已经和研究团队"勾结"在一起，他的任务是用 18 分钟的时间，对受试者的世界观发起猛攻。默里称这为"有压力的人际争论"，他让法律系学生用"猛烈的、压倒性的、个人辱骂的攻击方式"让受试者愤怒和焦虑。在辩论中，可怜的学生们在捍卫自己的观点时汗流浃背，大喊大叫。

痛苦还不只如此。接下来的几周，学生们被请回实验室，观看辩论录像中自己的反应。他们看到自己面容扭曲，语无伦次。

他们总共花了 8 小时来回顾这让人难堪的 18 分钟。25 年后，当回想起这段经历时，很多受试者还清楚地表示感觉非常痛苦。“电钻”的描述是“怒不可遏”。“蝗虫”回忆起了自己的困惑、愤怒、懊恼和不适。“他们骗了我，告诉我会有一场讨论，实际上却是一次攻击。”他写道，“他们怎么能这样对我？这样做是为什么？”

其他受试者的反应却截然不同：他们反而从被迫重新思考的信念中获得了乐趣。“有的人可能觉得这种经历让自己有点儿不太舒服，他们珍视的（对我而言，至少是大学二年级时珍视的）人生哲学以一种激进的方式被挑战了。”一名受试者回忆说，“但是这并不是一个在接下来一星期都让人感到痛苦的经历，更别说整个人生了。”另一名受试者把这件事描述为“特别令人愉悦”，还有一个人甚至说“有趣”。

自从第一次知道受试者的反应如此热情，我就特别想知道背后的原因。他们是如何做到自己的信念像器官一样被摘除还如此享受的？我们如何才能学会做到这一点？

由于研究记录未被解封，大部分受试者尚未透露自己的身份，我做出了次优选择：寻找他们的同类。我找到一位诺贝尔奖得主，还有两位全球顶尖的选举预测专家。他们不仅对承认错误毫无不适感，而且对此满怀激情。我想，他们可以教会我们如何在发现自己的信念不正确的时候更优雅地接受错误。这样做的目的不是更频繁地犯错，而是认识到这一点：我们犯错的频率要高于我们愿意承认的次数，我们越是否认，给自己挖的坑就越深。

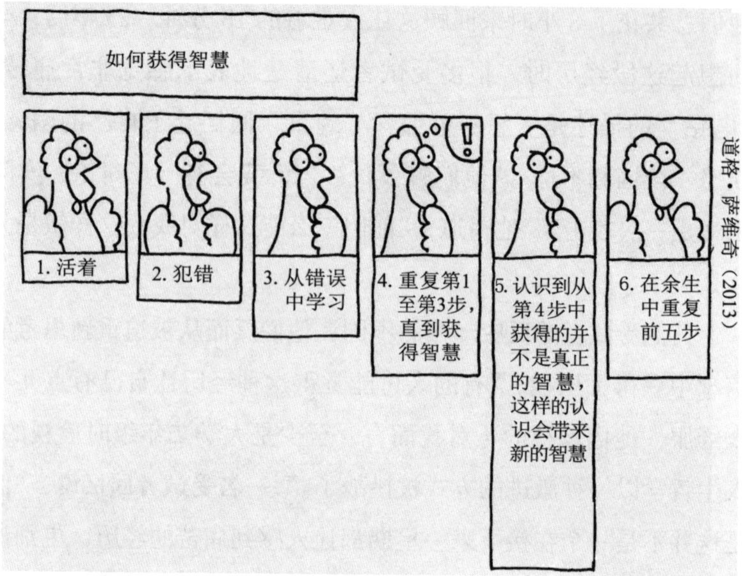

图 3-1　萨维奇鸡漫画

资料来源：www.savagechickens.com

主宰你思想的独裁者

我儿子 5 岁的时候，在得知他叔叔要有小孩了之后十分兴奋。我和妻子都猜会是个男孩，我的儿子也是这么想的。几周后，我们得知是个女孩。当我们把消息告诉儿子的时候，他立马哭了。我问他："你为什么哭呀？是因为你希望自己有个堂弟吗？"

"不！"他喊道，用他的拳头敲着地板，"因为我们猜错了！"

我向他解释，犯错不都是坏事。犯错可以是一个信号：我们学到了新知识，这个发现本身就足以让人开心了。

我并非生来就有这样的认识。在成长的过程中，我曾下决心始终保持正确的判断。二年级的时候，我指出老师把 lightning 错拼为 lightening；在交易棒球卡时，我会不假思索地说出最新比赛的数据，证明价格指南上对球员的估值是错误的。我的朋友觉得我这样很招人烦，给我取了个外号，叫“事实先生”。情况愈演愈烈，直到有一天我最好的朋友决定，在我承认自己错了之前，他不再和我说话。这是一个全新的开始，我开始接受自己也会犯错这个事实。

社会学家默里·戴维斯在他的经典论文中指出，一些观点之所以经久不衰，并不是因为正确，而是因为有趣。而某个观点之所以有趣，是因为它挑战了我们的薄弱观念。你知道月球最初是由一次大撞击后地球岩浆蒸发，熔岩雨积聚形成的吗？你知道独角鲸的角实际上是它的牙齿吗？当一个想法或假设对我们没有那么重要的时候，我们通常会乐于质疑。我们的情绪变化过程是从惊讶（真的吗？）到好奇（告诉我更多！）和激动（哇！）。我在这里引用艾萨克·阿西莫夫的一句名言，伟大的发现通常不是从“我找到了！”，而是从“太有趣了……”开始的。

然而，当质疑某种核心观念的时候，我们通常会选择封闭而不是开放。这就好像有一个微型独裁者住在我们的大脑里，控制事实流入大脑。在心理学中，相应的专业术语是“极权主义自我”，其作用是把威胁性信息拒之门外。

当有人攻击我们的性格或智商的时候，我们可以很容易看到大脑中的独裁者是如何起作用的。这种冒犯会破坏我们身份的一些方面，这些方面至关重要又难以改变。极权主义自我这时就像大脑的保镖一样，用安慰性谎言来保护我们的自我印象，比如“他们只是嫉妒了”“你真的特别好看”“你马上就能发明新版的宠物石了”。物理学家理查德·费曼曾经这样打趣：“你千万别欺骗自己——你是最好骗的人。”

当我们深信不疑的观念面临威胁时，大脑中的独裁者也很愿意掌权。在上述哈佛大学攻击学生世界观的研究中，负面反应最强烈的受试者被称为“守法”。他来自一个蓝领家庭，异乎寻常地早熟，16 岁上大学，17 岁就参与了研究。他的观点之一是科技对文明有害。当他的观点被质疑的时候，他变得充满敌意。“守法”之后成了一名学者，他在写代表作的时候，很明显地仍然固守着他的观点。他对科技的担忧只会加剧：

> 工业革命及其影响对人类来说是一场灾难。尽管工业革命之后，所谓发达国家的国民预期寿命大幅增加，但是令我们社会动荡、生活空洞，让人类在肉体痛苦和……中失去尊严，并且对自然造成严重破坏。

这样的判断是对威胁的惯常反应。神经学家发现，我们的核心观念一旦遭遇挑战，就会触发杏核仁，也就是原始的“蜥蜴脑”，吹走刚刚过去的理性的凉风，带来灼热的“战斗或逃跑”的反应模式。愤怒和恐惧是发自内心的：感觉就像有人在击打我们的大脑。极权主义自我带着精神铠甲前来驰援。我们成了传教士或检察官，要去感化或者谴责无知的人。记者伊丽莎白·科尔伯特写道：“我们非常擅长发现他人观点中的弱点，却对自己的弱点视而不见。”

我觉得这很奇怪，因为我们的观念不是生来就有的。不像身高或者原始智商，我们对自己的观点有完全的掌控力。我们能够选择自己的观点，也能够选择随时重新思考。这应该是我们的日常任务，因为我们有一辈子的证据来证明我们会经常犯错。

- 我确定在周五前能够完成这章的草稿。
- 我坚信包装盒上有巨嘴鸟的麦片是水果圈，但我刚刚发现盒子上写的是果脆圈。
- 我确信昨晚把牛奶放进冰箱了，奇怪的是，它今天早上却在餐台上出现了。

我们大脑中的独裁者通过激活“过度自信循环”而大行其道。首先，我们的错误观念被过滤泡屏蔽了，当只看到支持自身观点的信息时，我们就能保持自信。其次，我们的观点被封存在回音室里，在那里我们只能听到别人强化和证实这些观点。尽管最后形成的堡垒坚不可摧，但还是有越来越多的专家群体决心打破这个循环。

依恋问题

不久前，我在一个会议上分享了自己对付出者、获取者和公平者的研究。我研究的是：在销售和工程领域，慷慨、自私和公正的人哪一类工作更高效？听众中有丹尼尔·卡尼曼——获得诺贝尔经济学奖的心理学家。他职业生涯的大部分时间都在发现我们直觉中的谬误。演讲结束后，他对我说，对我的研究发现——与获取者和公平者相比，付出者的失败率更高，但成功率也更高——感到惊讶。

如果读到一份颠覆你认知的研究，你会做何反应？很多人都会采取防御措施，从研究设计或统计分析中寻找瑕疵。丹尼尔恰恰相反，他的眼睛闪着光，粲然一笑：“真是太棒了，我错了。”

后来，我和丹尼尔一起吃午饭，问及他的反应。根据我的观察，他当时真的很兴奋，眼睛里闪烁着光芒，显得非常开心。他说，在他 85 年的人生里，从未有人指出这个问题，他单纯地享受发现错误的时刻，这意味着与从前相比，他的错误观念减少了。

我知道这种感觉，在大学时代，吸引我对社会科学产生兴趣的，正是那些和我的预想大相径庭的研究。我总是迫不及待地告诉室友我在重新思考的所有假设。在我的第一个独立研究项目中，我检验了自己的预测，其中十多个假设最后都被证明是错误的。[①] 这是对知识保持谦卑的重要一课，我没有崩溃，而是感受到一种兴奋的冲动。发现自己错了的感受非常愉悦，这意味着我学到了东西。就像丹尼尔对我说的：“知错是唯一让我确信学到知识的方式。”

丹尼尔对说教、指控、耍手腕都不感兴趣，他是致力于发现

---

① 我当时正在研究我所在的旅行指南出版社，哪些因素可以说明为什么一些作者和编辑的业绩表现更好。业绩表现和他们对自主性、掌控力、自信、挑战、关联、协作、冲突、支持、自我价值、压力、反馈、职责清晰度、享受的感受都不相关。业绩最好的是那些相信自己的工作对他人产生积极影响的人。这让我预测付出者可能比获取者更加成功，他们会因为自身行为给他人生活带来的改变而充满热情。接下来我在很多研究中验证并支持了这一假设。但后来我有了其他研究发现：慷慨助人的人反而工作效率低，过劳更严重。我没有先去证明他们是错的，而是发现自己错了——我的理解是不完整的。我开始研究在什么情况下付出者会成功或者失败，这项研究成就了我的第一本书——《沃顿商学院最受欢迎的成功课》。

真理的科学家。当我问他如何保持这种模式时，他说，他拒绝让自己的观念成为身份的一部分。“我改变主意的速度快得让合作者发疯，”他解释说，“我对自己想法的依恋是暂时的，对它们没有无条件的爱。”

正是依恋，让我们不能发现观点是离谱的并进行重新思考。要想解锁犯错的喜悦，我们需要让过去的自己脱离现在的自己。据我所知，有两种脱离方法特别有效，一种是让你的现在和过去脱离，一种是让你的观点和身份脱离。

先从第一种脱离说起。心理学上，一种方式是测量现在的你和过去的你的相似度：哪一对儿圆圈最符合你对自己的看法？（如图 3–2 所示）

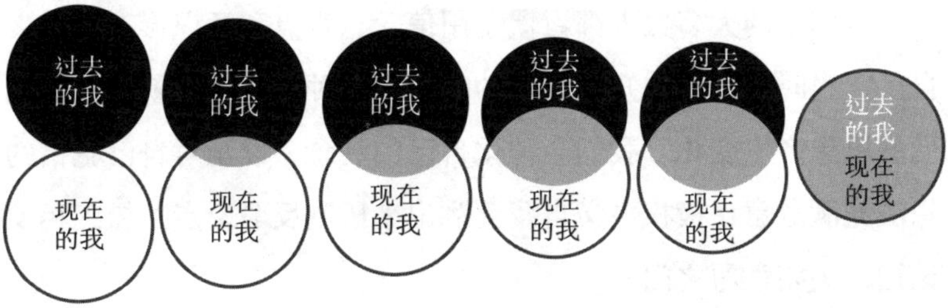

图 3-2　过去的我和现在的我

此时此刻，让现在的自己脱离过去的自己可能会令人感到不安。即便是积极的改变也会产生消极的情绪，身份的改变会让你觉得脱轨和脱节。一段时间之后，重新思考自己到底是谁对心理健康是有益的，只要你能把自己如何从过去走到现在的故事叙述完整即可。一项研究发现，人们一旦感觉到脱离了过去的自己，抑郁程度就会在接下来的一年内有所减轻。当感到人生似乎在转变方向或者你正在改变时，你就更容易摆脱过去坚持的愚蠢想法。

过去的我是“事实先生”。我太执着于我知道的东西。现在，我对发现自己不知道的东西更感兴趣。正如桥水基金创始人瑞·达利欧告诉我的：“如果回顾过去的自己，你不是在想‘哇，一年前我可真傻’，那么说明你在过去的一年里没学到多少东西。”

第二种脱离是把你的观点和身份分开。我猜，你在看医生的时候，不希望那个医生的身份是“脑叶切除术专家”，你也不想把孩子送到一个身份是“体罚者”的老师那里，更不想生活在一个警察局长的身份是“站住并搜身”的城市。在很久以前，这些行为都被认为是合理且高效的。

我们中的大多数人都习惯于用信念、观点和意识形态来定义自己。当时移世易、知识迭代的时候，这种定义方式就会阻碍我们的思想产生变化。我们会神化自己的观念，以至对自己犯错的想法充满敌意，极权主义自我会跳出来压制反驳论点，粉碎相反论据，关闭学习之门。

你是谁，应该是一个关于你最看重什么的问题，而不是关于你相信什么的问题。价值观是你生活的核心原则，可以是卓越和慷慨、自由和公正，也可以是安全和正直。将身份建立在这些原则之上，你能够保持思想开放，用最好的方式提高自己。你希望医生的身份是守护健康，教师的身份是帮助学生学习，警察局长的身份是维护安全和正义。当他们用价值观而不是观点来定义自己时，他们也为自己赢得了根据新证据改变做法的灵活度。

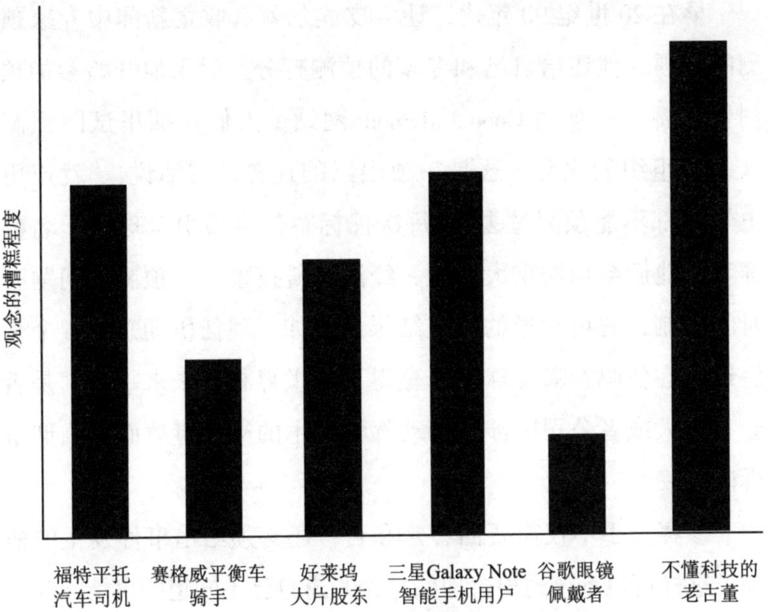

图 3-3 绑定身份的糟糕观念

尤达效应：你必须把学到的东西放下

在我寻找乐于发现自身错误的人的过程中，一位值得信赖的同事告诉我，我必须去见见让 – 皮埃尔·贝格姆斯。他快 50 岁了，是那种喜欢诚实地面对错误，即使伤人也要实话实说的人。当他的儿子还在蹒跚学步时，父子俩一起看一部太空纪录片，让 – 皮埃尔随口说，太阳有一天会变成一个红巨星并吞没地球。他的儿子并不觉得好玩，他边哭边喊："可我喜欢地球！"让 – 皮埃尔感觉很糟糕，决定闭口不言，不再提及那些可能会妨碍地球长期存在的威胁。

早在 20 世纪 90 年代，让 – 皮埃尔就有收集新闻中专家预测的习惯，他还给自己和专家的预测打分。后来他开始参加预测锦标赛，一项由 Good Judgment 网站（人们在那里试图预测未来）组织的比赛。这是一项艰巨的任务，俗话说，“就连历史学家都不能预测过去”。每次锦标赛都会吸引全球数千名参赛者，他们会预测重大政治、经济和科技事件。预测的问题有时间限制，有可测量的特定结果。例如，现任伊朗总统 6 个月后还会在任吗？哪支球队会赢得下届世界杯？未来一年，是否会有个人或者公司因涉及自动驾驶技术的交通事故而面临刑事诉讼？

参赛选手不仅需要回答是和否，还必须给出事件发生的概率。这样可以系统地检验他们是否知道自己不知道的事情。几个月后，他们将会得到基于预测准确性和校准度的打分，赢得分数不仅要给出正确答案，还要对正确性本身有正确的判断。最好的预测者是那些对正确预测充满信心，又对错误预测保持怀疑的人。

2015 年 11 月 18 日，让 – 皮埃尔参加了一项预测，震惊四座。一天前，一个新问题出现在预测锦标赛上：2016 年 7 月，谁能够赢得共和党的美国总统初选？选项有杰布 · 布什、本 · 卡森、特德 · 克鲁兹、卡莉 · 菲奥莉娜、马尔科 · 鲁比奥、唐纳德 · 特朗普，以及以上都不是。当时离共和党美国全国代表大会还有 8 个月，特朗普被很多人当成笑话。据纳特 · 西尔弗（网站 FiveThirtyEight 背后著名的统计学家）预测，特朗普成为共和党提名候选人的概率只有 6%。当凝视自己的水晶球时，让 – 皮埃尔认为特朗普有 68% 的概率获胜。

让－皮埃尔不仅仅擅长预测美国事件的结果。他对英国脱欧概率的预测始终徘徊在50%左右，而他的大部分对手则认为公投通过的概率非常小。他成功地预测了塞内加尔在任总统将会在连任大选中失败，尽管连任的基础概率很高，其他预测者也普遍认为现任总统能够大获全胜。其实，早在专家和民意测验把特朗普纳入竞争者范围之前，让－皮埃尔就倾向于特朗普。“这是出乎意料的。”他这样写道。在2015年，很多预测者“都在否认特朗普有获胜概率”。

基于他的表现，让－皮埃尔可能是全世界最优秀的选举预测者。他的优势是能够像科学家一样思考。他非常冷静，却多次改变自己的政治思想和宗教信仰。[①] 他并没有民调或统计学背景，他是一名军事历史学家，这意味着他没有预测领域的任何相关优势。统计学家固守自己的观点，关注如何叠加民意测验的结果。让－皮埃尔则更关心那些更难以量化、容易被人忽视的因素。对特朗普来说，这些因素包括善于利用媒体、知名度、获胜议题（比如移民政策和“边境墙”）。

就算预测不是你的爱好，通过研究让－皮埃尔这样的预测者是如何形成观点的，我们也可以从中学到很多。我的同事菲利普·泰特洛克发现，预测技巧并不关乎我们知道什么，而在于我们如何思考。当他和合作者研究影响预测表现的一系列因素时，他们发现坚毅和雄心并不是排在第一位的。智力也不是排在第一

① 你在改变深层观念的同时，也能保持价值观的完整性。心理学家在研究中比较了放弃信仰的人和那些保持信仰以及没有信仰的人。研究参与者来自中国香港、荷兰、新西兰和美国。研究发现了“信仰残留效应”：与那些从未拥有信仰的人相比，脱离信仰身份的人同样愿意参与志愿活动，而且他们的慈善捐助更多。

位的，而是排在第二。还有一个因素的预测能力大约是智力的三倍。

这项最重要的驱动力就是预测者更新观念的频度。最好的预测者进行重新思考的循环次数更多。他们拥有自信的谦虚，能够检验自己的判断，同时拥有发现新信息的好奇心，从而修正自己的预测。

这里的一个关键问题是，进行多少次重新思考是必要的。尽管个人和具体情境中的平衡点千差万别，但平均值可以给我们一些线索。通常参加过几年预测锦标赛的选手，对每个问题的预测会修改两次，而顶尖选手则会更新四次以上。

上述做法是非常容易操作的。更好的判断并不需要几十次或者几百次修改。只需要稍加努力重新思考，就能有所改变。值得注意的是，这种程度的反思是超乎寻常的。我们中有多少人还记得自己上一次承认错误、修改观点是什么时候？就像记者凯瑟琳·舒尔茨观察到的那样："尽管少量证据就足够让我们得出结论，但是不足以让我们修改结论。"

这就是最好的预测者擅长的事：渴望重新思考。他们更愿意把观点看成直觉而非真相，看成可能性而非必须接受的事实。他们会在接受想法之前产生疑问，并在接受想法之后继续不断地怀疑。他们一直在寻找新的信息和更好的证据，尤其是相悖的证据。

在《宋飞正传》中，乔治·科斯坦萨说过一句著名的话："如果你相信它，它就不是谎言。"我要加一句："不能因为你相信它，它就是真相。"避免将所有进入大脑的想法都当作智慧的象征。避免将所有进入内心的情绪都内化为拥有情商的标志。

图 3-4　“在这个角落里，还没有被打败的，是弗兰克的长期信念！”

资料来源：埃利斯·罗森，《纽约客》作品集，卡通银行

另一位全球顶尖的预测者基尔斯特·莫雷尔拥有麻省理工学院机械工程博士学位，她显然非常聪明，但是她的学术和职业背景与预测国际事件都不太相关。她的专业主要是通过研究人类髋关节运动原理，设计更舒适的鞋，制造人工智能轮椅，等等。我询问她如此擅长预测的原因，她的回答是：“自己错得越久，越没有好处，不如尽快改变想法。探索发现的感觉很棒，我想人们都会喜欢这种惊喜的。”

基尔斯特不仅抹去了承认错误的痛苦，还将其转化为快乐的源泉，她给自己建立了经典的条件反射机制，就像巴甫洛夫的狗听到铃声就会分泌唾液一样。如果不断地犯错能够让我们找到正确答案，那么犯错本身就可以变得很愉悦。

当然，这也不意味着我们会享受过程中的每一步。基尔斯特最大的失误是没能准确预测 2016 年美国大选的结果，她认为希拉里会战胜特朗普。她并不是特朗普的支持者，所以预测错误的前景令她十分痛苦——这对她的身份来说太重要了。她知道特朗

普有可能当选，但是她不愿去想这样的可能，因此没有往这个方向上预测。

在2016年，这是一个普遍性的错误。不计其数的专家、民意测验和权威预测都低估了特朗普当选以及英国脱欧的概率，因为他们在情感上沉浸在以往的预测和身份中。如果你今天想成为一名更好的预测者，那么放下你昨天坚持的观点会有所帮助。早晨起床的时候，打个响指，下决心说“我不在乎”。不去管谁是总统，还是你的国家发生了什么。世界是不公平的，你几十年积累的专业能力已经过时了！这是小菜一碟的事情，对吗？就像你想要放弃一段感情一样。然而，让－皮埃尔做到了这一点。

2015年春天，当特朗普决定参加竞选的时候，让－皮埃尔只给了他2%的提名人获胜率。随着特朗普在8月的民意调查中排名的上升，让－皮埃尔开始质疑自己的判断。他把现在的自己与过去的自己分开，承认鉴于当时获得的信息，最初的预测是可以理解的。

将观念和身份剥离则更为困难。让－皮埃尔不希望特朗普获胜，所以很容易落入期望偏差的陷阱。他通过让自己关注另一个目标来克服干扰。他解释说：“我之所以不执迷于最开始的预测，是因为想要赢得预测，想要成为最好的预测者。”对于实际想要的结果，他还是很关注的，但是更值得他重视的是不要犯错误。他的价值观是事实高于团队结果，他认为：“如果证据能有力地证明我的团队对一个问题的看法是错的，我就接受它。我认为我所有的观念都是暂时的。当事实发生变化的时候，我会改变观点。”

研究表明，哪怕只是发现一个自己可能犯错的理由，都足以抑制过度自信。让-皮埃尔则更进一步，他列出了所有专家对“为什么特朗普不会获胜”的分析，然后寻找证据证明他们（和自己）是错的。他在民意测验中找到了证据：专家普遍认为特朗普是一个少数派的候选人，对共和党选民的吸引力不大，让-皮埃尔却发现特朗普在共和党的各个核心选民群体中都非常受欢迎。到了9月中旬，让-皮埃尔成了仅有的异类，将特朗普作为共和党提名人胜出的概率提高到50%以上。“接受自己会犯错的事实，”他建议，“试着反驳自己的观点。当你犯错时，没什么好沮丧的，你可以对自己说：‘嘿，看我发现了什么！’”

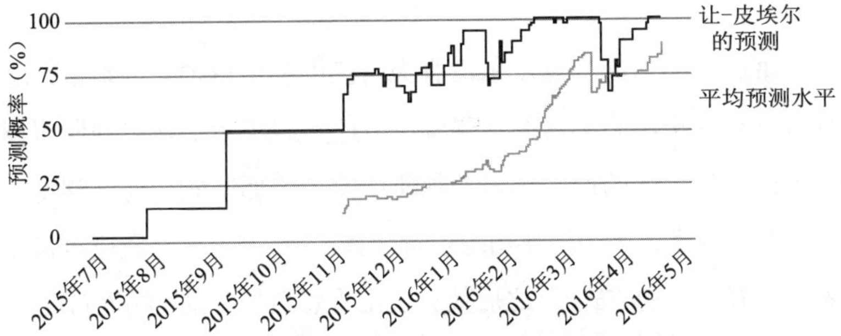

图3-5 唐纳德·特朗普赢得共和党初选的概率

最可能是我犯的错

尽管让-皮埃尔在预测特朗普获胜上有先见之明，但他在面对自己的情感时还是很难坚持自己的判断。2016年春天，他发现媒体对希拉里邮件事件的报道是个危险信号，在接下来的两个月里，他坚持预测特朗普会获胜。但到夏天的时候，当思考特朗普胜选的概率时，他整夜难以入睡。他改变了自己的预测，转向了希拉里。

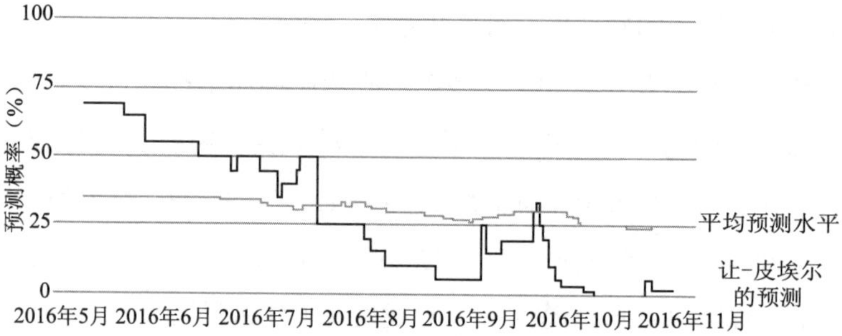

图 3-6　唐纳德·特朗普赢得总统大选的概率

事后回顾，让－皮埃尔没有为自己的决定辩护。他坦言，尽管自己是一个经验丰富的预测者，但还是犯了新手常犯的期望偏差错误，让自己的偏好影响了判断。他关注那些能让他预测希拉里获胜的因素，因为他热切盼望特朗普失败。“这就是我应对自己做出不好预测的方式。”之后他有了出乎意料的举动：嘲笑自己。

在没有把握的时候，我们往往会嘲笑他人。如果欣然接受自己的错误，我们就不怕自嘲。自嘲可以提醒我们：尽管在做决定的时候我们会非常慎重，但是我们也没必要太拿自己当回事儿。研究显示，经常自嘲的人往往更开心。[①] 我们可以将过去的错误观念变成现在的乐趣来源，而不必为自己的错误感到自责。

---

① 研究表明，如果你公然自嘲，人们对此的反应会因性别而异。当男性开自我贬低的玩笑时，他们会被看成更有能力的领导者，但是当女性这样做时，别人会觉得她们的能力不够。显而易见的是，人们忘记了，女性自嘲并不能反映其能力不足或不能胜任，而是一种自信的谦虚和智慧的表现。

当然，犯错误并不总是让人感到愉快。接受错误的过程包含很多痛苦时刻。但是，如果认识到这些都是进步的必经之路，我们就能更好地应对这些时刻。如果不能从犯错中找到片刻欢乐，我们就很难做对任何事情。

在伟大的科学家和超级预言家身上，我发现了一个矛盾：他们之所以能够接受犯错，是因为害怕犯错。令他们与众不同的是时间范围。从长远看，他们希望找到正确答案，但他们也明白，这意味着短期内他们会遇到绊脚石，被迫倒退，甚至改变路线。他们放弃了玫瑰色的眼镜，选择了结实的镜子。他们害怕下一年因错误判断而丢分，他们有强大的动力对过去一年的错误保有清醒的认识。杰夫·贝索斯说："那些总是正确的人总是在倾听，也总是在改变自己的想法，如果不经常改变想法，就会经常犯错。"

让-皮埃尔有一个锦囊妙计，可以在犯错时抓住自己。那就是当做出预测的时候，他也列出这个预测的前提条件，以及在哪些情况下他需要改变自己的想法。他说这种方法可以让他保持诚实，避免固守一个糟糕的预测。

预测者在比赛中的做法对生活也有很好的借鉴意义。当你形成一个观念的时候，问问自己哪些情况下这个观点是错误的。之后，跟踪自己的观点，你就能看到自己什么时候是对的，什么时候是错的，以及你的思考是如何演变的。"一开始我只想证明自己的观点，现在我想要完善自己，看看自己可以做得多好。"让-皮埃尔说。

对自己承认错误是一回事，向别人承认错误是另一回事。尽管可以推翻大脑中的独裁者，我们还是会面临被他人嘲笑的风险。在一些情况下，我们担心，别人一旦发现我们犯错，我们的声誉就会受损。那些接受自己错误的人是如何应对的？

20 世纪 90 年代初，英国物理学家安德鲁·莱恩在全球顶级科学期刊上发表了一项重大发现。他首次发现了可以证明行星围绕中子星（已经爆炸成超新星的恒星）运转的证据。但几个月后，在准备去天文学会议发表演讲的时候，他发现自己忽略了地球的轨道是椭圆形而非圆形的，没有因此调整计算上的重大错误，这令他非常难堪，他发现的行星根本就不存在。

在数百名同行面前，安德鲁走上会议厅讲台，承认了自己的错误。当结束发言的时候，在场所有人起立鼓掌，一位天体物理学家称这是“我所见过的最高尚的行为”。

安德鲁·莱恩并不是个例。心理学家发现，承认自己的错误并不会让我们显得无能，而是诚实和好学的表现。虽然让科学家承认自己的研究失败或结论不可靠是有损声誉的事，但是，如果诚实接受新的数据而不是予以否认和狡辩，那么科学家反而会赢得更好的评价。演员威尔·史密斯曾说：“事情出了问题是谁的错并不重要，如果你的责任是解决它，承担责任就是夺回你的权力。”

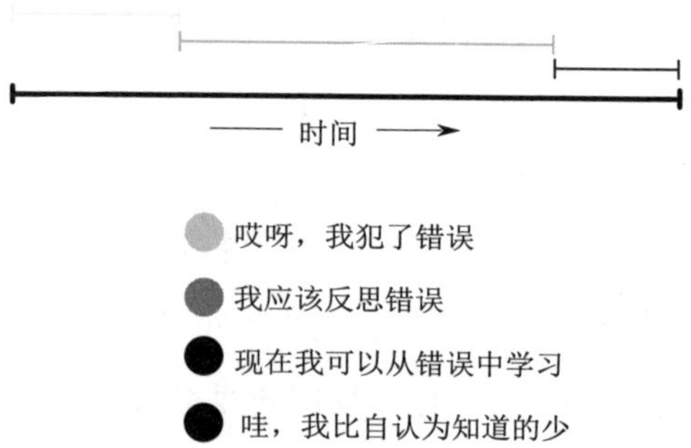

图 3-7　新的学习时间线

当我们发现自己可能犯了错误的时候，一个标准的辩解是："我有权发表我的观点。"我想修改一下：是的，我们有权在大脑中持有观点。但如果要大声表达这些观点，我们就有责任为这些观点打好逻辑和事实的基础，和他人分享我们的推理过程，并在更好的证据出现时，改变自己的想法。

这样的理念带我们回到了哈佛学生身上，在亨利·默里这项不道德的研究中，学生们的世界观遭受了打击。我可以推断，那些享受研究体验的学生和伟大的科学家以及超级预言家拥有同样的思维方式。他们把自身观点遭遇的挑战看成让人兴奋的机遇，用来提升自身的思考能力。而那些感受到压力的学生不知道如何剥离观念，他们认为观点就是身份。对世界观的攻击威胁了他们的自我价值，他们大脑中的独裁者冲出来进行辩护。

我们来看看那个被称为"守法"的学生。他觉得研究给他带来了情感伤害，研究结束 40 多年后，他这样回忆："在辩论中，对手对我们进行了各种侮辱，这是让人特别不愉快的经历。"

今天，"守法"有了不同的绰号，大多数美国人都非常熟悉，那就是"大学炸弹客"。

特德·卡钦斯基后来成了数学教授，同时也是一个无政府主义的境内恐怖主义者。他寄出了 3 枚炸弹，导致 3 人死亡，23 人受伤。在《纽约时报》和《华盛顿邮报》刊出他的手写宣言后，他的弟弟认出了他的字迹，随后他被逮捕，长达 18 年的调查也宣告结束。他被判终身监禁，不得假释。

前文我引用的段落出自他的宣言。如果读了整篇文章，你就会发现其内容或结构不太可能引起你的不安。能够引起不安的是他异常坚定。卡钦斯基没有考虑其他备选方案，丝毫没有意识到自己可能会犯错，请看下面文章的开头：

> 工业革命及其影响对人类来说是一场灾难……令我们社会动荡、生活空洞……技术的发展让情况恶化。……让人类在肉体痛苦和……中失去尊严，并且对自然造成严重破坏……如果现行体制继续存在，那么结果在所难免：我们无法改变或调整现行体制……

卡钦斯基的案例留下了很多关于他心理状态的未解疑问。但我还是忍不住想：如果学会质疑自己的观点，他还会为自己诉诸暴力进行合理化辩护吗？如果有能力发现自己的错误，他最终还会犯下那么严重的错误吗？

每当遇到新的信息时，我们都有选择的权利。我们可以让观点附加在身份之上，固执地进行传播和指控。我们也可以像科学家那样，把自己视为追求真理的人，即使这意味着要去证明自己的观点是错误的。

4

有益的“搏击俱乐部”：建设性冲突的心理学原理

争论是俗不可耐的，因为在道德社会里每个人都持有完全相同的观点。

——奥斯卡·王尔德

作为一个大家庭中最小的两个男孩，主教的两个儿子什么事情都一起做。兄弟俩创办了一份报纸并制造出一台印刷机。他们还一起开店卖自行车，之后开始自制自行车。经过多年的努力，他们解决了一个看似不可能的问题，他们成功地发明了第一架飞机。

威尔伯·莱特和奥维尔·莱特第一次抓住这个“飞”出来的想法是在玩坏了父亲带回家的一架玩具直升机的时候。他们把玩具飞机弄坏之后，就自己造了一架。从一起玩到一起工作，再到共同重新思考人类的飞行，兄弟之间从未产生过矛盾。威尔伯甚至说他和弟弟能够“一起思考”。尽管是威尔伯开启了这个发明项目，但是兄弟俩为项目的成功做出了同等的贡献。在决定谁将在基蒂霍克进行历史性试飞时，他们采用的方式是抛硬币。

和莱特兄弟类似，新的思维方式往往源于旧的纽带关系：蒂娜·菲和艾米·波勒这对喜剧组合的化学反应可以追溯到她们20岁出头的时候，那时，她们在一个即兴表演课上一拍即合；披头士乐队在音乐上的合作则开始得更早，高中时代，在共同好友介绍认识几分钟后，保罗·麦卡特尼就开始教约翰·列侬如何调吉他；Ben & Jerry's 冰激凌诞生于两位创始人从七年级体育课上开始的友谊。这些似乎表明，如果要一起取得进展，人们就需要保持一致。但实际情况和其他所有真相一样，都更为复杂。

澳大利亚组织心理学家卡伦·埃蒂·耶恩（下文称埃蒂）是世界顶尖的冲突领域研究专家之一。当想到冲突时，你可能会先想到埃蒂定义的“关系冲突”，即充满摩擦和敌意的个人化情感冲突。比如，我超级讨厌你；怕你听不懂我会用简单的词，你这个可悲的小丑；你把头埋在马桶里还挺开心。

但埃蒂还发现另一种风格，叫作“任务冲突”，即想法和观点的冲突。当争论该雇用谁，选哪家餐厅用餐，或者给孩子起名为格特鲁德还是奎扎尔时，我们就有了任务冲突。问题在于，这两种类型的冲突是否会产生不同的结果。

几年前，我研究了硅谷数百个新组建的团队，多次调研他们在前6个月磨合期发生冲突的情况。我发现，即便每个团队的成员不断争论、无法达成共识，他们对冲突类型的认识也非常一致。当项目完成时，我请经理来评估每个团队的表现。

最终表现不佳的团队，往往在开始阶段有更多的关系冲突而非任务冲突（如图4–1所示）。他们陷入个人恩怨，忙于相互厌恶，因而对挑战彼此感到不适。许多团队花费数月时间才能真正理顺关系问题，等到他们可以讨论关键决策、重新思考团队方向时，往往已经太迟了。

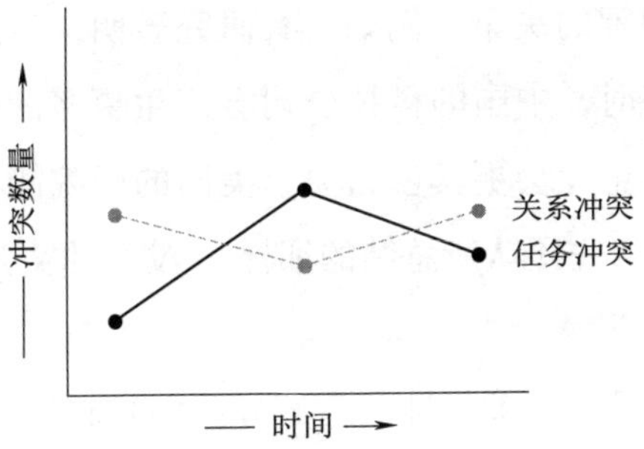

图 4-1　表现不佳的团队

表现卓越的团队是怎样的（如图 4-2 所示）？如你所料，他们起初的关系冲突较弱，并在整个工作过程中共同保持弱关系冲突的状态。但这并没有阻止他们在初期存在任务冲突：他们毫不犹豫地提出各种观点。当解决了一些意见冲突后，他们能调整到同一方向上，并继续工作直到遇到新的问题再一次进行争论。

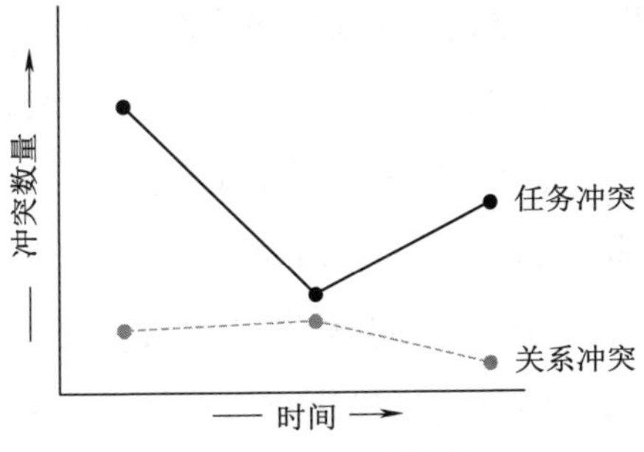

图 4-2　表现卓越的团队

概括来说，现在已有 100 多项研究，分析了 8 000 多个团队的冲突类型。对这些研究的元分析表明：关系冲突通常对绩效不利，而一些任务冲突却可能对绩效有利，这些冲突能激发更高的创新力和更明智的决策。例如，有研究表明，当团队初期经历中等任务冲突时，中国的科技公司会产生更多的创新想法，荷兰的物流服务企业会更具创新力，美国的医院能做出更好的决策。正如一个研究团队所总结的那样："没有冲突并不代表和谐，而是代表冷漠。"

关系冲突是具有破坏性的，部分原因是它阻碍了重新思考。当某种冲突变得个人化、情绪化时，我们就会变成传教士、检察官和政客，自以为是地四处布道，满怀恶意地控诉批判，一意孤行地排除异己。而建设性的任务冲突能带来观点的多样性，防止我们陷入过度自信的循环，帮助我们保持谦逊，直言不讳，并让我们对可能忽略的信息保持求知欲。这会令我们重新思考，在不损害人际关系的情况下，更加贴近真相。

能够富有成效地提出不同意见，是一项关键的生存技能，但大多数人从未充分地发挥这一能力。这一问题可以追溯到早期经历：父母只有在关上门后才相互争论，担心夫妻间的冲突导致孩子焦虑，或者以某种方式影响他们的性格。但研究发现，父母争论的频率并不会对子女的学业、社交或情感发展造成影响。与争论的频率相比，更重要的影响变量是父母如何在相互尊重的情况下进行讨论。那些父母有建设性冲突的孩子，在小学阶段有更多的安全感，并在后续几年和同学的相处中更加乐于助人，也更有同情心。一场有益的争论不仅让我们更加"文明"，还"锻炼"了我们的创造力。在一项经典研究中，与技术水平高而原创力较弱的同行相比，极具创造力的建筑师更有可能来自发生过很多摩擦的家庭。这些建筑师通常在“紧张但安全”的家庭中长大，正如心理学家罗伯特·艾伯特分析的那样：“有创造力的人绝对不会来自一个和谐的家庭，而是会来自一个‘不稳定’的家庭。”当然，有创造力的人的父母并不会对其进行身体或语言上的虐待，但他们也不会回避冲突。他们的父母不会告诉孩子“行胜于言”，而是鼓励孩子勇敢地表达自己。孩子学会如何给出意见，也学会接受意见。这正是莱特兄弟的童年经历。

当莱特兄弟说他们一起思考时，真正的意思是一起论战。争辩可以说是他们的家族事业。他们的父亲虽然是当地教堂的主教，但会在书房里面陈列无神论者的书籍，并鼓励孩子们阅读和辩论。莱特兄弟鼓起勇气，为自己的观念而战，这同时培养了他们放弃分歧而不失决心的韧性。在解决问题时，他们的争论通常会持续几小时以上，甚至是数周乃至数月。兄弟俩不断争论，不是因为气愤，而是因为乐在其中且能从中受教。“我喜欢和奥维尔打架。”威尔伯回忆。如你所知，他们最激烈、最持久的争论，促使他们重新思考一个重要假设，这个假设曾经阻止了人们冲上云霄这一梦想的实现。

讨好型人格的困境

自记事起，我就决心当一个和事佬。这可能是因为一群朋友在上中学时抛弃了我，也许是遗传，又或许是我父母的离婚。不管原因为何，心理学上都有一个名词可以定义我的烦恼，这个词是“宜人性”，这是世界上主要的人格特质之一。高宜人性的人通常都是亲切、友好、礼貌的，比如加拿大人给人的一般印象。①

我的首要动机是避免一切冲突，即便它是最微不足道的。当我坐进通过优步叫的车时，空调在猛吹，我却很难开口让司机把冷气关小一点儿，只是坐在那儿瑟瑟发抖，直到我的牙齿开始打战。当别人踩到我的时候，我会为自己的脚挡了别人的路、给对方造成不便而道歉。当学生填写对我的课程评估时，最常见的抱怨是我“过于支持愚蠢的评论”。

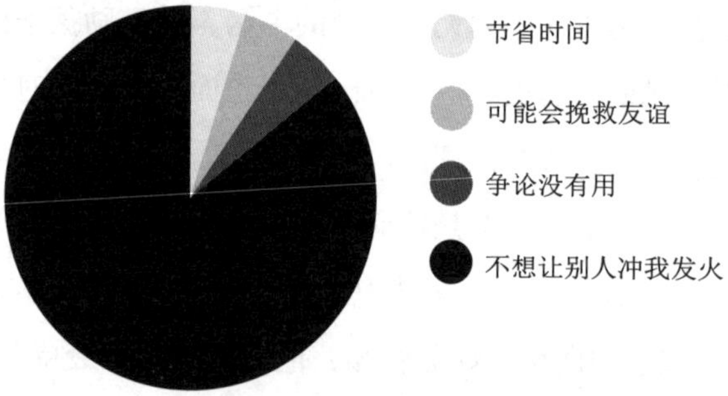

图 4-3　我为什么要避免冲突

低宜人性的人通常更具有批判性、怀疑性以及挑战性，他们会比同龄人更适合成为工程师和律师。他们不仅适应冲突，而且会因冲突变得充满活力。如果你是一个非常难相处的人，那么相

① 通过对 4 000 多万条推特进行分析，美国人比加拿大人更喜欢使用“屎”、“婊子”、“恨”以及“该死”这类词，而加拿大人更喜欢一些宜人的词，比如“谢谢”、“太好了”、“好”以及“当然”。

较于友好谈话，争论会让你获得更多快乐。这种性格特质往往伴随着不太好的口碑，低宜人性的人给人的刻板印象是，他们是抱怨所有观点的乖戾之人，或者是吸走每一场会议的欢乐的摄魂怪。然而，当开始研究皮克斯公司时，我得到了截然不同的看法。

2000 年，皮克斯大火，推出了第一部动画大片《玩具总动员》，用计算机技术重新定义了动画电影。它还推出了两部热门大片。然而，公司创始人不满足于当时的成就，他们从外部招募了导演布拉德·伯德来推动变革。布拉德的电影处女作刚刚上映，当时该片的评价很好但票房不佳，所以他渴望做出大胆的尝试。当他提出自己的愿景时，皮克斯的技术负责人认为这是不可能实现的：至少需要 10 年时间以及 5 亿美元才能成功。

布拉德并没有打算放弃。他为自己的项目找到了皮克斯最不合群的人，即那些不太友好、愤愤然心有不甘的人。有人称他们是害群之马，其他人叫他们海盗。布拉德在将他们组织起来时提醒他们，没有人相信他们能完成这个项目。而仅仅 4 年后，他们不仅成功发行了皮克斯史上最复杂的电影《超人总动员》，还成功降低了每分钟的制作成本。该片的全球票房超过 6.31 亿美元，并斩获奥斯卡最佳动画长片奖。

值得注意的是，布拉德“没有”做什么，他没有让团队里全是高宜人性的人。这类人会令团队形成很好的支持网络：他们会兴奋地鼓励我们，并为我们喝彩。而这样的团队不利于重新思考。重新思考能否成功，取决于另一种工作关系：充满挑战性的人际网络，让一群我们信任的人来指出我们的盲点并帮助我们克服弱点。这些挑战者令我们对专业知识保持谦逊，对自己的知识存疑，并对新观点保持好奇心，以此激活重新思考的循环。

理想的挑战关系应当由低宜人性的人来建立，因为他们能够无畏地质疑我们一直以来处理事情的方式，并让我们肩负起重新思考的责任。有证据表明，低宜人性人群发言的频率更高，尤其是在领导者不太愿意接受意见的情况下，他们还能引发更多的任务冲突。就像电视剧《豪斯医生》里的那名医生或者电影《穿普拉达的女王》里面的女总编，他们会提供一些我们可能不想听却需要听的关键反馈信息。

驾驭低宜人性的人并非易事。如果具备特定的条件就会有所帮助。针对石油钻探和科技公司的研究表明：只有当人们感到被接纳和支持时，不满情绪才会激发创造力，当与同事形成牢固关系时，那些不适应企业文化的人最有可能给公司带来附加价值。[①]

早在布拉德·伯德上任之前，皮克斯已经开始鼓励人才突破边界。但是，之前的电影都是以玩具、虫子和怪兽为主角，动画制作相对简单。对当时的团队来说，制作一部栩栩如生的人类超级英雄电影，超出了计算机动画的制作能力，因此，技术团队对布拉德《超人总动员》的设想犹豫不决。就在此时，布拉德创建了他的挑战者团队。他招募了这群“海盗”，激发任务冲突并重新思考制作过程。

布拉德把海盗们聚集到皮克斯的影院，告诉他们尽管财务人员和高管可能不信任他们，但他信任他们。召集完团队，他尽力挖掘他们的想法。“我想要那些有更好的做事方式却因无法

---

① 在组建团队时，一些维度上的一致性很重要，而从另一些维度来看，不一致反而会增加价值。研究表明，我们需要的团队成员是处事原则相似、特征和背景不同的人。在这样的团队中，个性和经验的多样性为重新思考带来了新鲜的想法，也为新的方法补充了技能，而共同的价值观能促进承诺和协作。

施展能力而心怀不满的人。”布拉德告诉我，“赛车若不上路比赛，那就只是在车库里转转轮子。这时你打开车库大门，哥们儿，他们能带你到任何地方。”海盗们挺身而出，寻找昂贵技术的平价替代品，探求棘手问题的变通方法。当开始制作超人家庭动画效果时，他们没有纠结于过度呈现复杂的肌肉结构，反而发现滑动的圆柱体组合可以成为复杂肌肉的基础构件。

图 4-4　萨维奇鸡漫画

资料来源：www.savagechickens.com

当我问布拉德是如何认识到海盗们的价值时，他说，这是因为他也是其中一员。长大后，当去朋友家晚餐时，他惊讶于朋友父母礼貌地问他们：在学校过得怎样？布拉德家的晚餐更像一场食物大战，他们会发泄、辩论并谈论自己的想法。布拉德发现，这种交流有争议却很有趣，他把这种心态代入他在迪士尼的第一份理想工作。在很小的年纪，他就受到一群迪士尼大师的指导和训练，他们将质量放在首位，而让他感到很沮丧的是，那些继任者——在工作室监督新员工的人——却没有坚持同样的标准。刚到迪士尼开始动画工作的几个月里，布拉德就敢于批评高层领导墨守成规、制作不合格的作品。他们让他闭嘴干好自己的活儿，他拒绝了，迪士尼解雇了他。

我见过太多领导者为了保护自己，避免任务冲突的案例了。一旦获得权力，他们就不再理会那些直言者，而是听马屁精的话。这些领导者变成了政客，周围都是高宜人性的应声虫，他们更容易被阿谀奉承者诱惑。研究表明，当公司表现不佳时，沉迷于奉承和言听计从的首席执行官会变得过度自信。他们坚持既有的战略计划，不能及时掉转船头，很不幸地走上触礁倾覆的道路。

我们能从质疑我们思维过程的人身上学到比肯定我们的人更多的东西。强大的领导者因从谏如流而变得更加强大，软弱的领导者因闭目塞听而变得更加软弱。这种反应模式不仅限于掌权者。虽然我们可能赞同批评使人进步的原则，但在实践中，我们经常会忽视挑战网络的价值。

在一项试验中，当受到同伴的批评而非赞扬时，人们想要换一个新同伴的可能性提升到原来的四倍多。在多个工作场所中，当受到同事的严厉批评时，人们默认的反应是躲开这些同事，或者干脆将其从工作关系中完全剔除，而在接下来的一年中，这些受到批评的员工的工作表现会受到不利影响。

而另一些组织和职业则把挑战网络纳入企业文化，以此来对抗上述趋势。五角大楼和白宫会不定期派出故意命名为“谋杀委员会”的小组来挑起任务冲突，这个委员会专门招募思想顽固的成员来否决计划和候选人。在谷歌的“射月工厂”——X 实验室，有一个快速评估小队负责重新思考提案：成员们进行独立评估，只推进那些既大胆又可实现的项目。在科学研究中，挑战网络通常是同行评审工作的基石。我们匿名提交论文，由独立专家盲审。我永远不会忘记我收到的那封拒绝信，其中一位评审员鼓励我“回去好好读读亚当·格兰特的作品”。我暗想：哥们儿，我就是亚当·格兰特。

在我写书时，我喜欢建立自己的挑战团队。我会招募一群最有思想的评判者，并让他们狠批每一章的内容。我明白这些批评者的价值观和个性都很重要，因为我寻找的都是低宜人性的付出者，而非获取者。低宜人性的付出者通常是最好的评论家：他们批评的目标是提升工作表现，而不是满足自己的自尊心。他们不会由于没有安全感而去批判，他们质疑是因为他们在乎，他们会付出严格的爱。①

欧内斯特·海明威说过：“一位好作家最重要的天分就是拥有内在坚定的直觉，像垃圾检测器一样，能够分辨糟粕。”我的挑战网络就是我的垃圾检测器。我认为这是一个很不错的搏击俱乐部。俱乐部的第一条规则是：不把争论视为不礼貌的行为。沉默是对每个人观点价值的漠视，它意味着不尊重我们能够文明地提出不同意见的能力。

---

① 我们接受批评的程度取决于批评的内容以及我们与批评者之间的关系。在一项研究中，当人们被告知“我给你这些评价，是因为我对你有非常高的期望，并且相信你能达到”后，人们接受批评的可能性至少会提高 40%。当残酷的批评来自一个相信你潜力并关心你成功的人时，接受就会变得出奇地容易。

布拉德·伯德遵守了这条规则。他和长期合作的制片人约翰·沃克有着传奇性的争论。在制作《超人总动员》时，他们争辩每一个角色细节，甚至包括角色的头发，比如，超能先生的发际线该后退到什么程度，他处于青春期的女儿是否应该拥有一头飘逸的长发。有一次，布拉德想让超人宝宝变形成黏液，呈果冻状，但是约翰坚决反对，因为这样的动画制作非常困难，而且他们的进程已经严重滞后。"我只想把你赶到终点。"约翰大笑着说。"我只是想让我们超越，哥们儿。"布拉德用拳头回击道，"我只是想让我们成为第一名。"

最终约翰劝说布拉德放弃了果冻宝宝的想法。"我喜欢和约翰一起工作，因为他能直接告诉我坏消息，"布拉德说，"我们俩意见不一致，这很好。我们一定要争出个输赢，也很好。这使得我们的合作更坚固。"

这些争论帮助布拉德赢得两项奥斯卡奖，并使他成为一个更好的学习者和领导者。就约翰而言，他其实没有完全拒绝制作果冻宝宝动画，只是告诉布拉德需要再等一会儿。果然，14 年后，当《超人总动员》第二部上映时，果冻宝宝和浣熊打了起来，并变成了一摊黏液，这可能是我见过的让孩子们笑得最厉害的一幕。

不要顺从不认同的观点

挑战竞争性观点存在潜在的负面影响，需要进行风险管理。在第一部《超人总动员》电影制作过程中，一颗特效制作新星冉冉升起，她就是妮可·格林德尔，她用计算机技术成功地模拟出头发。妮可远距离观察了约翰和布拉德的互动，了解他们的争论方式。当妮可和约翰一起制作《超人总动员》第二部时，她的一个担忧是两位非常有成就的领导者的争论音量太大了，可能会淹没那些不愿意说话的人，包括新来的人、内向的人、女性以及少数族裔。在此情况下，缺乏权力和地位的人通常会转向政客模式，压制自己的不同观点并支持最高收入者的意见。有时，为了生存下去，他们别无选择。

为了确保这些少数派的顺从不会妨碍任务冲突的引入，妮可鼓励新人提出不同想法。一些人直接在组内发声，另一些人则找她寻求反馈和支持。虽然妮可不是一名“海盗”，但是她发现当自己想在人物角色和对话上主张不同观点时，她更愿意去挑战布拉德。“布拉德仍然是第一次来皮克斯时那个坏脾气的家伙，所以当提出一个相反观点时，你一定要做好有一场激烈辩论的准备。”

“激烈辩论”一词抓住了一些要点，告诉我们好的“搏击”为什么会发生以及如何发生。当看到布拉德和他的同事们争辩，或者与海盗们互相争论时，你可以很快发现，这种紧张是思维层面而非情绪上的。争辩的语气是充满活力而活跃的，并非好斗的或者咄咄逼人的。他们不会为了反对而反对，他们的反对源自在乎。“无论你的反对声音是大还是小，你都要坚持提出不同的观点。”妮可解释，“我们团队在一起是为了一个共同的卓越目标，那就是制作伟大的电影。”

在近距离观察他们的互动后，我终于明白长期以来自己感受到的性格里的矛盾：我如何做到在高宜人性的同时钟爱高效的争辩。宜人性的目标是寻求社交上的和谐，而非认知上的共识。有不同意见并不代表难以相处。虽然我害怕伤害他人的感情，但是当质疑别人的观点时，我并不害怕。实际上，与某人争论并不是一种不尊重，而是尊重的表现，这意味着我足够重视他们的观点，从而提出异议。如果他们的意见对我来说不重要，我就不会费心反驳。如果能很愉快地证明某个人是错的，我就知道我和这个人有化学反应。

高宜人性的人并不总是避免冲突。他们通常会非常配合周围的人，并适应群体的规则。我最喜欢的例子是我的同事珍妮弗·查特曼和西加尔·巴尔萨德做的一项实验。研究发现，高宜人性的人的适应能力通常比低宜人性的人更强，但前提是前者要在同一个合作团队中。当高宜人性的人被分配到一个竞争团队中时，他们也会表现得和低宜人性的队友一样。

这也是与布拉德·伯德一起工作后约翰·沃克受到的影响。约翰的天然倾向是避免冲突：在餐馆，如果服务员上错菜，他会继续吃。“但是当我加入一项比自己更重要的事业时，”他说，“我感觉我有了一个机会，真正有责任大声讲出来，去辩论。每天早上的工作就像晨哨一响就拼命战斗一样，而一到下午五点就一起出去喝啤酒。”

这种适应性在莱特兄弟的关系中也能看到。在面对威尔伯时，奥维尔有一个“只属于他们的内部”挑战网络。威尔伯是公认的低宜人性的人：他对其他人的意见无动于衷，而且习惯于别人刚提出想法就去抨击。奥维尔则为人温和开朗，且对批评很敏感，然而，这些性格差异在两兄弟的关系中似乎没有体现。“他可真能吵。”威尔伯说。一个不眠之夜，奥维尔想出一个主意，要建造一个可移动而非固定的舵。第二天早饭时，当奥维尔准备对威尔伯提出这个想法时，他向他们的一位同事眨了眨眼睛，希望威尔伯进入挑战模式来驳倒自己。令他惊讶的是，威尔伯立刻看到了这个想法的潜力，这也成为他们最重要的发现之一。

低宜人性的人不仅质疑我们，让我们重新思考，还能让高宜人性的人舒服地进行争辩。我们暴脾气的同事没有逃避摩擦，而是直接参与进来。行动表明他们能很好地处理争论，他们为其他人建立了一个可以依照的规范。不过，如果我们不小心，一开始的冲突就可能演变成争斗。我们要如何才能避免矛盾升级呢（见图 4–5）？

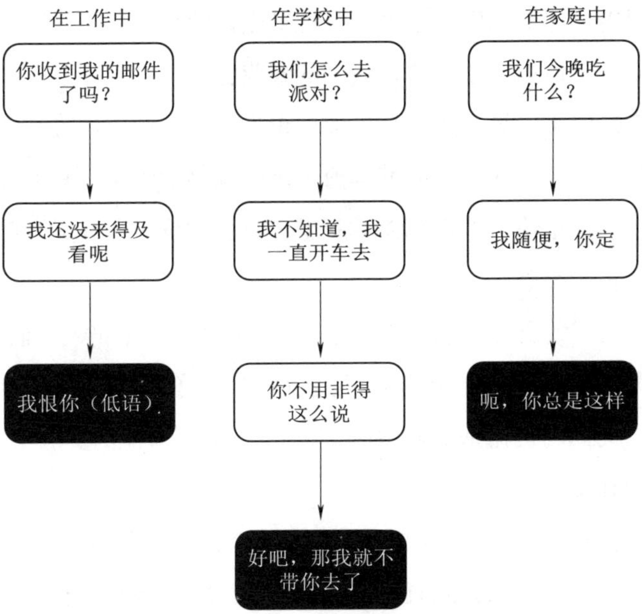

图 4–5　任务冲突如何转化为关系冲突

冷静的激辩

任务冲突的主要问题是，它经常会演变为关系冲突。前一分钟你们还在为应该在感恩节火鸡上撒多少调料争辩，下一分钟你就会发现自己在大叫“你臭死了”。

虽然莱特兄弟一生都在探索彼此的情绪开关，但这并不意味着他们总能保持冷静。他们起飞前的最后一次大挑战，是他们剩下的唯一难题：设计螺旋桨。他们知道，如果没有这个部件，飞机就飞不起来，但是合适的部件还没有找到。他们在诸多方案中艰难地选择，经常一次争吵数小时，还经常抬高音量。这种不和持续了好几个月，两人轮流宣扬自己方案的优点，并指责对方的缺点。最终，妹妹凯瑟琳威胁他们，如果再不停战，她就离家出走。但他们依然不管不顾地继续论战，直到一天晚上，争论演变成了他们一生中音量最大的喊叫比赛。

奇怪的是，第二天一早，他们走进自家的商店，表现得像什么事都没发生一样。他们继续前一天螺旋桨的争论，只不过不再大喊大叫。很快，他们都在重新思考自己的设想，并无意间完成了一项重大突破。

在处理激烈的任务冲突、避免令其演化为关系冲突方面，莱特兄弟是大师。他们抬高音量，这反映的是争论的激烈程度而非敌意。他们的机械师对此感到诧异：“我不认为他们真的生气了，但他们确实十分激动。”

实验表明，将争论简单地定义为辩论而非分歧，意味着你愿意接受不同的意见并改变自己的想法，这反过来会激励其他人与你共享更多的信息。“分歧”让人感觉其中含有私人恩怨和潜在的敌意，我们希望辩论是关于想法的，而非情绪的。在表达不同意见之前，先问一句“我们能辩论吗?”，可以表明你希望像科学家一样思考，并且鼓励其他人也这样做，而不是表现得像个传教士或检察官。

莱特兄弟的家庭把分歧看作富有成效且令人愉悦的事，这种成长环境令他们受益良多。然而，当他们与他人争论时，却经常不得不尽力调整自己的行为。“坦率的辩论只不过是从彼此眼中移除光束和尘埃的过程，这样双方都能看清楚。”威尔伯曾经写信给一位同事，后者在一场航空学领域的激烈辩论后自尊心受到了伤害。威尔伯跟他强调这并非私人恩怨，要把争辩看成检验和完善自己想法的机会：“我看你又玩起了老把戏，还没到一半就放弃了。我对自己的立场很有把握，但我期待在问题解决之前能享受一场激烈的争论。讨论能够带来看待事物的新方式。”

在为螺旋桨争论时，莱特兄弟犯了一个常见的错误。每个人都在宣扬为什么自己是对的，为什么对方是错的。当争论“为什么”时，我们会冒着在情感上依恋自身立场以及蔑视对方的风险。而如果我们争论的是“怎么办”，那么更可能发生一场有益的争论。

当社科学者问人们为什么赞成某项税收、医疗保健或者核制裁的具体政策时，他们往往会重申自己的观点。而当研究者要求人们解释这些政策如何在实践中起作用，或者问他们怎么向专家解释这项政策时，重新思考的循环就会被激活。人们会意识到自己知识的缺乏，怀疑自己的结论，并且变得不那么极端，他们更想了解其他的政策选择。

心理学家发现，我们中的大多数人很容易陷入解释性深度错觉。如果我问对日常生活中的自行车、钢琴或者耳机有多少了解，人们通常会对已掌握的知识过于自信：他们自认为对这些物品的工作原理所知甚多。要求人们分析这些物品的工作机制，可以帮助他们看到自身理解的局限。自行车上的齿轮是如何工作的？钢琴键是如何发出声音的？耳机是如何将声音从手机传导到你耳中的？人们会惊讶地发现回答这些问题有多困难，并很快意识到自己知之甚少。这就是莱特兄弟“喊叫比赛”之后发生的事情。

次日早上，莱特兄弟用不同的办法讨论螺旋桨问题。奥维尔率先出现在店里，并告诉他们的机械师自己之前是错的：他们需要设计一个螺旋桨，用威尔伯的方法。然后威尔伯来了，开始反驳自己的想法，同时表明奥维尔是对的。

在转入科学家模式后，他们更少在意为什么不同的解决方案会成功或失败，而是更多地关注这些方法如何起作用。最终，他们发现了两种方案的问题，意识到之前两人都是错的。奥维尔在回忆录中写道：“在这件事上，我们想出了一个自己的理论，但很快发现，迄今为止所有的螺旋桨制作方法都是错的。”他惊呼他们新的设计方案“完全正确（直到我们有机会在基蒂霍克进行试飞，并发现了新的问题）”。

即使设计出更好的解决方案，莱特兄弟也保持着重新思考的开放心态。在基蒂霍克，他们发现螺旋桨的新设计方案确实是正确的。他们还发现，飞机不是需要一片螺旋桨，而是两片。它们朝相反方向旋转，就像旋转的翅膀一样。

这正是任务冲突的美妙之处。在一场伟大的争论中，我们的对手不是失败，而是一片螺旋桨。随着双螺旋桨以不同方向旋转，我们的思想不再困在原地，而是腾空而起。

第二部分

人际层面的重新思考

启迪他人心智

5

与对手共舞：如何赢得辩论和影响他人

在争论中让某人力竭，并不等于将其说服。

——蒂姆·克雷德

哈里什·纳塔拉詹在31岁时，已经赢得36场国际辩论赛冠军。他知道这创造了一项世界纪录，但今天他的对手发起了一个独特的挑战。

黛布拉·乔·普雷切特是来自以色列海法的神童。8岁的她去年夏天才第一次涉足公开辩论，但她为这一刻已经准备了好几年。黛布拉从不计其数的文章中获取知识，深入研究演讲稿来打磨表达的清晰度，甚至练习在阐述观点时加入幽默语言。现在她已经准备好去挑战辩论赛冠军了。她的父母期待她能创造历史。

哈里什也是个神童。8岁的时候，他就已经可以在餐桌上就印度种姓制度话题辩赢自己的父母了。后来，他成为欧洲辩论赛冠军和世界辩论锦标赛决赛选手，并在世界锦标赛上执教高中辩论赛菲律宾国家队。我以前一个非常聪明的学生把我介绍给哈里什，这位学生曾经和哈里什交过手，他还记得自己在辩论中输掉了“很多”（可能是完败）。

2019年2月，在美国旧金山，哈里什和黛布拉在众多观众面前亮相了。他们在上场前对辩论的话题一无所知。当他们走上舞台时，主持人宣布了此次辩论的主题：学前教育是否应该由政府进行财政补贴？

在短短15分钟的准备之后，正方黛布拉将要提出她支持补贴的最有力的论据，反方哈里什将提出他反对补贴的最佳理由。辩论的目标是在学前教育补贴问题上赢得观众的支持，但两位辩手对我的影响更为深远：他们最终改变了我对赢得辩论所需条件的看法。

黛布拉以一个小幽默开场，她对哈里什说，虽然他可能保持着辩论赛获胜的世界纪录，但他从未和她这样的人辩论过，这引起现场一阵笑声。黛布拉接着总结了大量令人印象深刻的研究，引用了大量资料，从学术性、社会性和专业性的角度说明了学前教育项目的好处。为了更好地类比，她借用一位前首相的表述，说学前教育是一项“明智的投资”。

哈里什承认了黛布拉陈述的事实，但随后提出了自己的观点：补贴学前教育并不是解决贫困造成的伤害的合适方案。他建议从两个方面评估这个问题：一是学前教育目前是否存在供给不足和消费不足？二是学前教育是否能够帮助最贫穷的人？哈里什认为，作为一道是非题，补贴学前教育并不是使用税金的最佳方案。

辩论开始前，92%的观众已经选好支持哪一方了，我就是其中之一：我很快就明白了自己对学前教育补贴的立场。在美国，公立教育从幼儿园到高中都是免费的。我熟悉的证据表明，对摆脱贫困来说，孩子在生命早期接受的教育，比以后学到的任何东西都更关键。我相信教育是一项基本人权，就像水、食物、住所和医疗一样。这让我加入了黛布拉的阵营。在我观看辩论时，她最初的论点引起了我的共鸣，以下是一些重点节选：

> 黛布拉：研究清楚地表明，良好的学前教育，可以帮助孩子克服与贫困相关的不利因素。

这是制胜的数据！平静一点儿，我跳动的心。

> 黛布拉：大家都听到我的对手在谈论不同事项的优先级。他可能会说教育需要补贴，但学龄前儿童不需要。我想问你，纳塔拉詹先生，我们为什么不先查实相关证据和数据，然后做出相应的决定呢？

我以前的学生告诉我，如果哈里什有什么致命弱点，那就是他出色的论点往往没有事实的支撑。

> 哈里什：让我从我方中心论点开始。如果我们相信学前教育从原则上是好的，那么给予补贴当然是值得的。但是，我认为这还不足以成为财政补贴的理由。

黛布拉显然做了功课。她不仅在数据上钉死哈里什，还提前料到他的反驳。

黛布拉：政府预算的总额很大，可以做到在补贴学前教育的同时，补贴其他领域。因此，认为有更重要的领域值得补贴的观点，和是否补贴学前教育并不相关，因为不同的补贴并不是取舍的关系。

瓦解了哈里什有关取舍的理论。好极了。

哈里什：也许国家有预算来做所有的好事，也许国家有预算来负担医疗保健费用，也许它的预算足够支付福利费，还有足够的预算提供自来水和学前教育。我很想生活在那个世界，但那不是我们生活的世界。我认为，我们生活在一个各国政府的支出存在切实限制的世界里，即便这些限制不是实际产生的，但在政治上仍然受限。

哦！有效得分。即使一个项目有可能自负盈亏，也需要投入大量的政治资本，而这些资本原本可以投资于其他方面。

黛布拉：给不幸的人提供机会应该是每个人的道德义务，也是国家的重要职能。需要明确的是，我们应该为学前教育提供资金支持，而不能依靠运气或市场力量。这个问题太重要了，不能没有安全网。

对！这不仅仅是一个政治或经济问题，这是个道德问题。

哈里什：我想首先指出（我们）在哪些方面达成了一致。我们都承认贫穷是可怕的，贫穷的人没有自来水……努力养活家人……没有医疗保障，这都是可怕的。这些都是我们需要解决的问题。然而，上述问题没有一个是仅靠补贴学前教育就能解决的。为什么会这样？

嗯……黛布拉能不能反驳呢？

黛布拉：普及全日制学前教育，不仅可以在医疗方面节省花费，还可以减少犯罪、降低福利依赖和虐待儿童等情况的发生。

哈里什：也许优质的学前教育会减少犯罪，但是其他预防犯罪的措施会起到同样的作用。

黛布拉：优质的学前教育提高了高中毕业率。

哈里什：也许高质量的学前教育可以给个人生活带来巨大改善。但我不确定当上幼儿园的孩子大量增加时，他们能否进入好的幼儿园。

呃哦。哈里什说得对：最贫困家庭的孩子最终会上最差的幼儿园。我开始重新考虑我的立场。

哈里什：即使是政府资助幼儿园，也不意味着所有的孩子都会去上。问题是，你要帮助谁？你帮助不到那些最穷的人，只是给中产阶级带来了额外好处，这增加了不公平。

明白了。由于学前教育不是免费的，即使获得资助，弱势群体也可能仍然负担不起。现在我为自己的立场而苦恼。

你已经看到了双方的争论。在我告诉你谁赢了之前，考虑一下你的立场：你对政府资助学前教育的看法是什么？你重新思考过多少次自己的观点？

如果你和我一样，那么你会多次重新考虑你的观点。改变观点不会让你变成墙头草或伪君子，反而表明你愿意学习。

回顾过去，我对自己在辩论开始前就形成观点感到失望。当然，我读过一些关于儿童早期发展的研究，但我对补贴的经济性以及这些资金的其他投资方式一无所知。我给自己的提示是：在下一次登上“愚昧之巅”时，我要记得拍一张自拍。

辩论结束后观众投票，弃权人数和开场前是相同的，但支持正反方的天平从黛布拉滑向了哈里什。对学前教育补贴的支持率从 79% 下降到 62%，反对率从 13% 上升到 30%，增加了一倍多。黛布拉不仅有更多的数据、更好的证据和更有启发性的个人形象，还有一旁的观众参与辩论。即便如此，哈里什也说服了我们中的一些人重新考虑立场。他是怎么做到的？关于辩论的艺术，我们能从他身上学到什么？

本书的第二部分是如何说服他人重新思考。当试图说服他人时，我们经常采取对抗性的方法。但这无法打开他们的思维，只是在强压或激怒他们。他们会竖起盾牌来防御，通过宣扬自己的观点并驳斥我们的观点来进攻；或者他们会玩策略，只说我们想听的话，但自己的真实想法并没有改变。我想探求一种更具协作性的方法——我们可以表现出更多的谦卑和好奇心，并邀请他人像科学家一样去思考。

谈判的科学

几年前，我以前的学生杰米打电话给我，希望我在她选择读哪家商学院方面提出建议。我知道她的事业处于上升期，所以我告诉她读商学院是在浪费时间和金钱。

我跟她这样分析：没有研究证据表明硕士学位会对她的未来产生切实的影响，她读完以后会有学历过高而经验不足的风险。她坚称，只有获得工商管理硕士学位，老板才会给她升职，我告诉她我知道有例外，并指出她可能不会在那家公司干一辈子。最后，她回击："你是个逻辑恶霸！"

什么？

"逻辑恶霸，"杰米重复道，"你只是用理性的论述压倒了我，我并不同意，但我无法反击。"

一开始我对这个标签很得意。作为一名社科学者，我觉得这就是对我身份的生动描述：用最好的数据赢得辩论。然后，杰米解释，我的论述实际上没有作用。我争辩得越激烈，她越深陷其中。我突然意识到我以前也多次引发了他人同样的抵抗。

图 5-1 “我能等会儿给你打回去吗？我正在进行最喜欢的争论。”

资料来源：戴维·赛普雷斯，《纽约客》作品集，卡通银行，康泰纳仕出版集团

在我的成长过程中，我的空手道师父教导我：除非准备好成为最后唯一站着的人，否则永远不要开始战斗。这就是我在工作中和朋友们进行辩论的方式：我认为取胜的关键在于，用严密的逻辑和严谨的数据武装自己。然而，我进攻越猛烈，对手反击就越猛烈。我全神贯注企图说服他们接受我的观点，并重新思考他们的观点，但我的表现却像传教士和检察官。尽管这些心态有时会促使我坚持己见，但最终通常会让我疏远我的听众。我不是赢家。

几个世纪以来，辩论一直被誉为一种艺术形式，但现在“如何做好辩论”正在发展成一门科学。在正式辩论中，你的目标是改变听众的想法。而在非正式辩论中，你的意图是改变谈话对象的想法。这是一种谈判，你们试图就真相达成一致。为了培养在辩论中取胜的知识和技巧，我研究了谈判心理学，并最终将所学知识融入向企业和政府领导人传授谈判技巧的课程。最终我确信，我的直觉——以及我在空手道中学到的东西——是大错特错的。

好的辩论不是打仗，甚至不像拔河比赛那样，只要用力拉绳，

就能把对手拉到你这边。辩论更像一场未经编排的舞蹈，你需要和一个步伐节奏不同的舞伴协调。如果你太过强势，你的舞伴就会抗拒；如果你能调整你的舞步来配合她的动作，并让她也这样做，你们就更有可能步调一致。

在一项经典研究中，尼尔·拉克姆带领团队研究了谈判者的不同做法。他们招募了一组普通谈判者和一组技术高超的谈判专家，后者战绩赫赫，并被同行评价为高效谈判者。为了比较他们的技巧，研究人员记录了两组谈判者在劳工和合同谈判中的表现。

在战场上，我们的目标是获得而非失去阵地，所以我们通常害怕放弃几场战斗。在谈判中，同意他人观点就像解除自己的武装一样。然而谈判专家意识到，在这场舞蹈中，他们不能指望对方做出所有的动作而自己一动不动。为了与对方一致，他们需要时不时地后退一步。

还没走上谈判桌，两组谈判者的一个明显差异就显现出来了。在谈判之前，研究人员采访了两组的谈判计划。普通谈判者已经武装完毕准备上战场，他们几乎没有关注任何可能达成一致的方面。相比之下，谈判专家设计了可能与对手共舞的一系列舞步，将超过 1/3 的谈判计划用于寻找共同点。

当普通谈判者开始讨论可选项并做出提案时，第二个差异出现了。大多数人认为争论就像一个天平：支持自己观点的理由越多，越能使天平朝着有利于自己的方向倾斜。然而，谈判专家的想法恰恰相反：实际上，他们提出支持自身观点的理由更少。他们不想稀释自己的优势论点。正如拉克姆所说："弱论点通常只会冲淡强论点。"

在谈判中，我们提出的理由越多，人们就越容易摒弃其中最不稳固的那个。一旦否定了我们的一个理由，他们就可以轻易推翻我们的整个观点。这种情况经常发生在普通谈判者身上：他们带了太多种武器上场。他们败下阵来，不是因为他们最具说服力的理由不够强，而是因为他们最不具说服力的理由太弱了。

这些习惯导致了第三个差异：普通谈判者更有可能陷入“攻防螺旋”。他们不屑一顾地否决对手的提议，更加坚定自己的立场，这使双方都无法打开思路。谈判专家很少进行攻防，而是选择用提问来表示好奇，比如，“你完全看不出这个提案有什么价值吗”？

两组之间的第四个差异是提问。专家组每发表五条评论，至少有一条以问号结尾。他们看起来不那么坚定，却很像在舞蹈中引导舞伴先迈步。

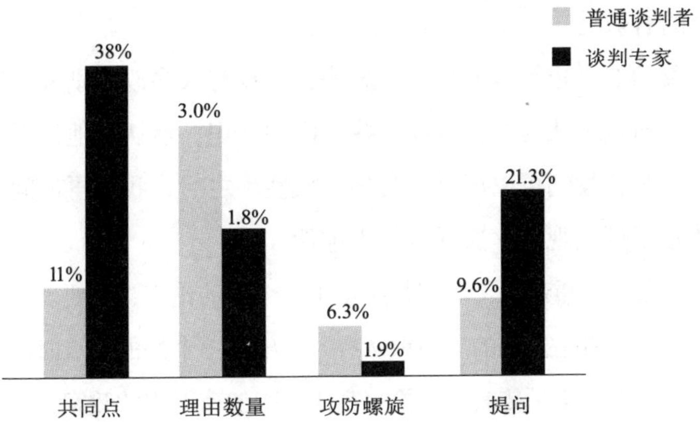

图 5-2　普通谈判者和谈判专家的差异

最近的实验表明，即便只有一个谈判者能保持科学家式的谦逊和好奇心，也能改善双方的谈判结果。因为这样的谈判者会寻找更多的信息，找到让双方都获益的方法。他们不会告诉对方该怎么想，而是请对手共舞。这正是哈里什·纳塔拉詹在辩论中采用的方式。

节奏一致

一开始更多观众支持学前教育补贴，因此哈里什能够引导更多观众改变观点。但他也面临着更艰巨的任务，要为不受欢迎的立场辩论。他借鉴了谈判专家的剧本，叩开了观众的心扉。

哈里什首先强调了共同点。当上台阐述反方观点时，他马上请观众关注他和黛布拉的共识。他一上来就说："所以，我认为我们的分歧远没有看上去那么大。"在提出反对补贴之前，他重申了两人在贫困问题上的一致看法，肯定了黛布拉所引用的一些研究的有效性。

我们如果拒绝改变自己的想法，就没有太多改变别人想法的机会。通过承认与批评者在一些方面的共识，承认从他们那里学到了什么，我们可以展示自身的开放性。之后，我们再询问他们愿意修正哪些观点，这样做并不虚伪。

说服他人重新思考不仅是要提出一个好的论点，也要确定我们这样做的动机是正确的。当承认有人提出了一个好的观点时，我们就表明了自己不是传教士、检察官或试图加速议程的政客。我们是科学家，在试图弄清真相。哈里什告诉我："争论往往太富有斗争性和对抗性。你应该主动听别人讲话，并给予他们很大的信任。这会让你看起来像一个理性的人，考虑问题也会更全面。"

从字面上讲，理性意味着别人可以和我们讲道理，我们愿意根据逻辑和数据更新我们的观点。那么，在与哈里什的辩论中，黛布拉为什么没有做到这一点？她为什么忽视了共同点？

并非因为黛布拉只有8岁，还不够成熟，而是因为她不是人类。

黛布拉·乔·普雷切特是我虚构出来的名字，她的正式名字是“辩手计划”，她是一台机器。具体来说，黛布拉是IBM（国际商业机器公司）开发的人工智能辩手，就像和人类下国际象棋的机器人一样。

IBM于2011年首次提出了“辩手计划”的想法，并在2014年开始深入研究。短短几年，“辩手计划”就发展出能在公共场合进行智慧辩论的非凡能力，包括事实、连贯语句，甚至反驳。她的知识库由4亿篇文章构成，大部分来自权威的报纸和杂志。她的观点检测引擎可以用来定位关键论点，确定议题范围，并权衡证据。对于任何一个辩论话题，她都可以在自己的知识图谱中即时搜索相关数据，并形成一个逻辑案例，在时限内以女性的声音清晰地（甚至是有趣地）表达出来。她在补贴学前教育辩论中的第一句话是：“你好，哈里什。我听说你有一项世界纪录是辩赢人类的次数，但我怀疑你从未和机器人辩论过。欢迎来到未来。”

当然，哈里什之所以获胜，有可能是因为观众对计算机存在偏见，更为支持同类。不过，值得注意的是，哈里什在那场辩论中的做法与他此前在国际舞台上击败无数人的做法并无二致。令我感到诧异的是，计算机能够掌握多种复杂的功能，却完全忽略了最关键的这一点。

在研究了几百亿个句子之后，一台计算机能够表达幽默，而这项技能通常被认为只限于具有高超社交能力和情商的有感知生物。计算机已经学会了逻辑论证，甚至可以预见对方的反驳。然而，它还没学会赞同对方的论点，显然是因为在4亿篇文章中，人类也很少展现这种行为。人们往往忙于鼓吹自己的论点，驳斥对手，使用手段来谋求支持，结果却适得其反。

当我问哈里什如何更好地寻找共同点时，他给出了一个非常实用的建议（如图 5–3 所示）。在辩论时，大多数人会马上从找“稻草人”开始，攻击对方最薄弱的环节。哈里什的做法恰恰相反：他从对方最有力的提案开始，就像我们熟知的“钢铁侠”。出于迎合或说服别人的需要，政客可能偶尔会采用这种策略，但哈里什这样做是为了学习，就像优秀的科学家一样。哈里什没有试图驳斥学前教育对孩子有益的论点，而是承认这一观点是正确的，这使他能够将对手的观点、观众的观点与自己的联系起来。然后，他表达了对补贴能否惠及最贫困家庭孩子的担忧。这样的表述既合情合理，又兼顾平衡。

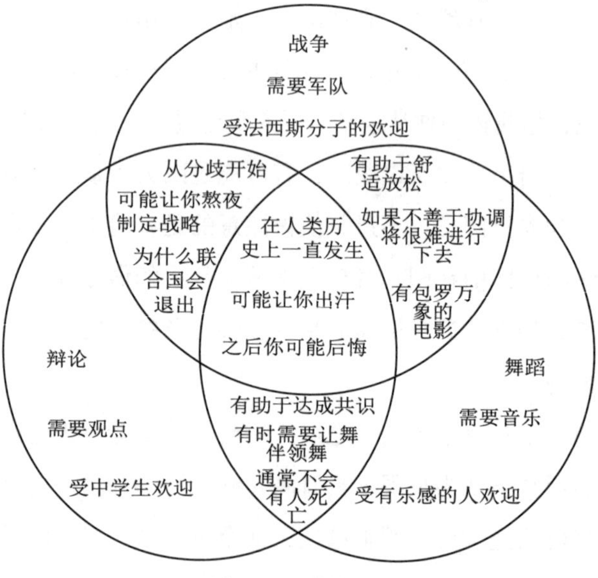

图 5–3 寻找共同点

和谈判专家一样，哈里什不仅能够引发观众对共同点的关注，避免陷入攻防螺旋，还非常谨慎地不让自己表现得过于强势。

过犹不及

哈里什的下一个优势来自他的“劣势”，即他永远无法像计算机那样掌握海量信息。辩论结束后，在被问及“从哪个辩手身上学到更多”时，绝大多数观众的回答是“计算机”。但哈里什成功改变了很多观众的观点。为什么？

计算机罗列了大量研究结论来支持学前教育补贴的一长串理由。而哈里什就像一个娴熟的谈判者，他只专注于两个反驳论点。他明白，如果提出太多的观点，可能会影响他展开、阐述并强化最有力的观点。哈里什对我说：“如果观点太多，你就会稀释每一个观点的力量，观点太多反而不太好解释，我不知道观众是否会接受每一个观点，我想观众不会相信它们都足够重要。大多数顶级辩手都不会引用太多的信息。”

上述做法一直是参与辩论的最佳方式吗？答案是：要视情况而定，就像社会科学中的其他问题一样。观点的数量因情况而异。

有时，说教和控诉的方式可能更有说服力。研究表明，方法的有效性取决于三个关键因素：人们有多关心这个问题，人们对特定论点的接受程度，以及人们整体上的信念有多坚定。如果人们并没有特别关心某个话题，或者已经接受了我们的观点，提供更多理由会有所帮助：人们倾向于将数量视为一种高质量的标志。话题对他们越重要，理由的质量就越重要。如果受众对我们的观点持怀疑态度，或者在这个问题上有利害关系，并且有固执的倾向，那么堆砌理由的做法很可能适得其反。如果他们不愿意重新思考，那么更多的理由只会给他们提供更多的弹药来驳倒我们的观点。

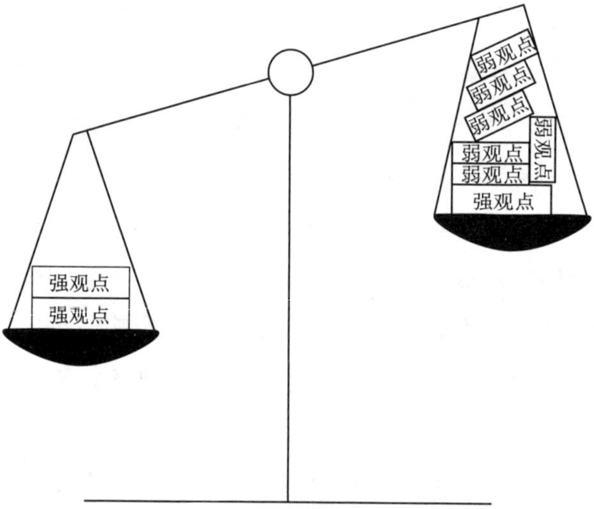

图 5-4　辩论的天平

不过，高质量的论证不仅取决于论点的多少，还取决于整合的方式。有一次，一所大学来找我，想看我能否从那些从未给学校捐过一分钱的校友那里获得捐款。我和同事们做了一个实验，测试了两种不同的信息对捐赠率的影响，目的是说服数千名有抵触情绪的校友慷慨解囊。一条信息强调捐赠是做好事的机会：这些资金将使学校的学生、教师和员工受益。另一条强调捐赠是可以让捐赠者感觉良好的机会：捐赠者将享受赠予带来的温暖感受。

这两条信息同样有效：在两个组别中，都有 6.5% 的吝啬校友最终捐了款。然后我们把两条信息结合起来，因为我们觉得两个理由总比一个好。

但结果并不是这样的。当我们把这两个理由放在一起时，捐赠率下降到 3% 以下。一个理由本身的效果，是两个理由加起来的效果的两倍多。

这些校友已经对捐款心存疑虑。当我们给他们各种各样的理由让他们去捐款时，他们会意识到有人在试图说服他们，反而会产生抵触情绪。单个论点就像一场对话，而多个论点就会形成攻击。在这样的情况下，说服的方式就从传教士模式变成了检察官模式，观众赶走了传教士，请了最好的辩护律师来驳斥检察官。

与论点的数量和质量同样重要的是论据的来源，最有说服力的来源往往和观众最接近。

我班上的一个学生雷切尔·布罗伊豪斯注意到，尽管顶尖大学篮球队有狂热的球迷，但他们的篮球比赛场馆通常都是空座位。为了研究怎样激励更多球迷到场，在即将到来的比赛前一周，我们针对数百名季票持有者进行了一项实验。在不干预的情况下，这些所谓的铁杆球迷，大概有 77% 会到场观赛。我们认为，最有说服力的信息来自球队本身，所以我们给球迷发了一封电子邮件，里面引用了球员和教练的话，告诉他们：一大群欢呼的球迷的能量，构成了球队主场优势。但这种做法没有任何作用：该组球迷的上座率为 76%。

真正带来改变的是一封特别的邮件，我们只问了球迷一个问题：你打算参加吗？球迷上座率攀升至 85%。这个问题给了球迷自主性，让他们自己去选择。

心理学家早已发现，最有可能说服你改变主意的人是你自己。你可以选择你觉得最有说服力的理由，然后你会对其产生拥有感。

这就是哈里什最后的优势所在。每一轮他都提出更多的问题让观众思考。计算机用陈述句表达，在开场白中只问了一个问题，这个问题指向哈里什，而不是指向观众。哈里什在开场白中提出了六个不同的问题供观众思考。在第一分钟内，他断言，学前教育是好的并不意味着它就应该由政府补贴。然后他提出问题："为什么是这样？"他追问，学前教育是否供给不足，它是否帮助了最弱势的群体？为什么没有做到？为什么学前教育这么贵？谁是真正的受益者？

综上所述，在存在意见分歧的议题上，这些技巧增加了机会，让持不同观点的人放弃过度自信循环，启动重新思考循环。当我们指出，在某些领域我们同意并承认对方的一些有效观点时，我们就会树立自信谦虚的榜样，鼓励他们效仿。当用一致的、令人信服的理由来支持自己的论点时，我们也是在鼓励他们开始怀疑自己的观点。当提出真正的问题时，我们会令他们好奇地去想了解更多。不必一定说服他们我们是对的，只需要让他们敞开心扉，让他们接受自己犯错的可能性。其余的事就交给他们天生的好奇心去解决吧。

即使如此，上述步骤也永远不够。不管我们的邀请多么有礼貌，别人都不会总是愿意去跳舞。有时候，人们对自己的信仰如此执着，以至仅仅是一致的建议也让他们觉得有埋伏。那么，我们怎么办？

变身怪医和敌意先生

几年前，华尔街的一家公司请我做项目咨询，目的是吸引和留住初级分析师和合伙人。经过两个月的研究，我提交了一份报告，其中有 26 条基于数据的建议。在我向公司的领导团队展示时，其中一位成员打断了我："我们为什么不多付工资呢？"

我告诉他，光靠加薪大概没什么用。许多跨行业的研究表明，收入一旦让员工满足了自身的基本需求，薪水就不再是阻碍其跳槽的因素了，给员工更多的钱并不能阻止他们离开令人烦躁的工作和老板。这位高管开始争辩："这和我的经历不一样。"我以检察官的方式反驳："是的，这就是我给你展示随机对照的纵向数据实验的原因，你应该从大量经验中认真学习，而不是只从自己的过去吸取经验。"

这位高管继续反驳，坚持说他的公司不一样，所以我马上给出了员工的基本统计数据。在调查和访谈中，甚至没有一个人提到加薪。他们的工资已经很高了（或者说过高了），如果这有用，问题早就解决了。①

但这位高管仍然拒绝让步。最后我变得非常愤怒，我做了一些和自己的性格截然不符的事。我回击道："我从未见过一群聪明人表现得这么蠢。"

在计算机科学家保罗·格雷厄姆提出的反驳层次理论（如图 5–5 所示）中，最高的一层是反驳对方的核心观点，最低的一

① 薪酬不是我们用来激励员工的胡萝卜，而是我们重视员工价值的体现。管理者可以通过设计有意义的工作来激励员工，在这些工作中，员工能够有自由度、掌控感、归属感和影响力。管理者通过给出高薪来表达感激。

层是谩骂。几秒钟之内，我就从逻辑恶霸变成了校园恶霸。

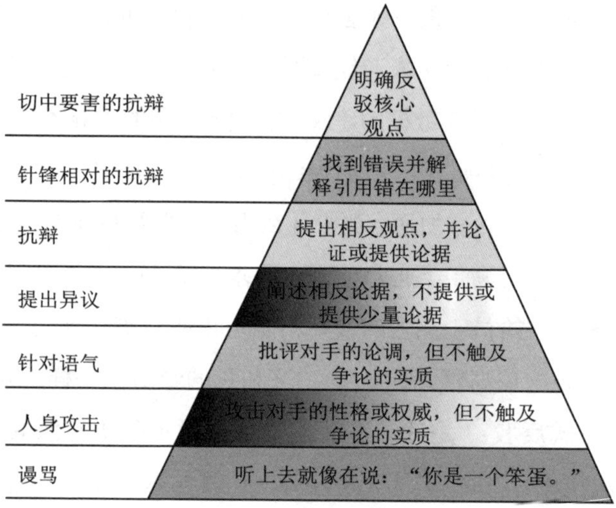

图 5-5 反驳的层次理论

如果这次能重来，我会从共同点开始，使用更少的数据。我不会用我的研究攻击他们的信念，我会问他们：怎样才能接受我的数据？

几年后，我有机会测试上述方法。在一次关于创造力的主题演讲中，我引用了论据，证明贝多芬和莫扎特的成功概率并没有比他们的同行高多少。尽管他们创作了大量的作品，这给了他们更多机会去展现自己卓越的才华。一位听众打断了我："胡说！"他喊道："你在亵渎音乐大师。你什么都不懂，你不知道自己说的是什么！"

我没有马上做出回应，而是等了几分钟，直到预定的休息时间，我走到质问者身边。

我：我很欢迎你对这些数据提出不同意见。但是，通过这样的方式来表达你的观点，我认为让人无法尊重。这也不是我接受的智慧辩论方式。你觉得呢？

音乐人：嗯，不。我只是觉得你错了。

我：这不是我的观点，而是两位社会科学家的独立研究结果。什么样的证据能改变你的想法？

音乐人：我不相信你能量化一个音乐家的伟大，但我想看看研究结果。

当我把研究文章寄给他时，他向我道歉。我不知道我是否成功地改变了他的想法，但我在启发他人重新思考方面做得更好了。

当他人变得敌对时，如果你把争论看作打仗，你的回应就是要么进攻，要么撤退。如果把它视为一支舞蹈，那么你还有另一个选择——你可以横跨一步。就对话本身进行对话，会把注意力从分歧的实质转移到对话的过程上。对方表达的愤怒和敌意越多，你表现出的好奇和兴趣就越多。当某人失去控制时，你的平静反而更能彰显力量。这会让他们情绪失控。很少有人会尖叫着说："尖叫是我最喜欢的交流方式！"

这正是谈判专家比普通谈判者更常采取的第五种做法。他们更有可能去评价自己对交流过程的感受，并检验自己对对方感受的理解。比如，我对这次讨论的展开方式感到失望——你觉得失望吗？我希望你会认为这个提议是公平的——我想知道自己的理解是否正确，你是不是认为这种方法没有任何优点？老实说，你对我的数据的反应让我有点儿困惑——如果不重视我所做的工作，那么你为什么要雇用我？

在激烈的争论中，你总是可以停下来问对方：“什么证据会改变你的想法？”如果答案是“没有”，继续辩论就没有意义了，牛不喝水强摁头是没用的。

软论点的力量

当在辩论中碰壁时，我们不必完全停止对话。讨论不应该以维持“不同意”结束，而应该开始一个新的对话，重点是理解和学习，而非争论和说服。这就是科学家模式下我们要做的：从长远看，问问大家“怎样才能更有效地进行这场辩论”。我们可以向不同的人提出同样的问题，或者另选一天，向同一个人提出不同的问题，这样做可能会让我们获益。

当我向一位华尔街高管询问“如何以不同的方式进行辩论”时，他的建议是：表达不要太坚定。在之前的辩论中，我可以很容易地转换表达方式：“我不确定我的26条建议中哪一条是相关的。”我也可以承认：“虽然加薪通常不能解决问题，但我从未见到有人测试过百万美元留任奖金的效果。那将是一个有趣的实验，你不觉得吗？”

几年前，我在《离经叛道》一书中说过，如果我们想与群体思想做斗争，那么“强有力的观点，微弱的坚持”是有帮助的。但是自从华尔街的辩论结束后，我改变了想法，我现在认为自己在书中的观点是错误的。如果我们认为观点的力量很弱，激烈地进行表达，结果就会适得其反。如果能在沟通时保持一定的不确定性，我们就可以表明我们在保持自信的谦虚，还能激发他人的好奇心，引导双方更细致地讨论。研究表明，在法庭上，专家证人和审议陪审员表现出适度自信，比高度自信或低自信更可信，更有说服力。[①] 这些原则的应用不仅适用于辩论，也适用于我们为自己和自己的主张谋求支持的各种情境。

2014 年，一位年轻女性米凯莱·汉森看到一家投资公司发布了一则产品经理的招聘启事。她对这个职位很感兴趣，但她并不符合职位要求：她没有金融方面的背景，缺乏岗位需要的工作经验。如果你和她一样决定去争取，那么你会在求职信中说什么？表 5–1 模拟了一次诚实的面试。

表5–1　一次诚实的面试

面试官	面试者
五年后你对自己有怎样的期望？	得到你们的职位，提出更好的面试问题
用一句话描述你自己	简洁
你最大的弱点是什么？	当然是我的肱三头肌
你为什么想要辞去现在的工作？	我不想辞职，是他们想让我辞职
你最大的职业成就是什么？	我保持着最长时间一封邮件也不回的纪录
你为什么想要这份工作？	挣钱吃饭，不被饿死
你如何应对压力？	适当发泄愤怒然后完全躺平
你的目标是什么？	挣钱吃饭，不被饿死
我们保持联系！	我是不是不会接到回信了？

---

① 在研究说服行为的元分析中，研究者发现：人们在驳斥对方的主要观点时，含有正反双方的信息比单方信息更有说服力。如果提出两种观点而不选择立场，那么与选择一方观点相比，说服力更弱。

在求职信的开头，你自然会强调你的优点，淡化你的缺点。正如在美剧《办公室》里，迈克尔·斯科特面无表情地说：“我的缺点就是工作太努力、对事情太上心，有时我对自己的工作投入太多。”但米凯莱·汉森恰恰相反，她的开场白就像《宋飞正传》中乔治·科斯坦萨的台词：“我叫乔治。我失业了，和父母住在一起。”米凯莱没有试图掩饰自己的缺点，而是坦诚相告：“我可能不是你期待的候选人。”她在求职信的开头说：“我没有10年的产品经理经验，也不是国际金融理财师（CFP）。”在说完自己的劣势之后，她强调了雇用她的几个理由：

> 但我所具备的是教不会的技能。我负责的项目远远超出我的职级和职责范围。我不会等着别人告诉我该做什么，我会自己去找要做的事情。我会全身心投入项目，这体现在我所做的每一件事上，包括我白天工作中的项目和晚上自己花时间做的项目。我有创业精神，我能把事情做好，我会成为领导该项目的联合创始人的得力助手。我热爱开拓创新，从零开始（我之前的任何一位老板都能为我证明）。

一周后，一位招聘人员联系她，要求跟她进行一次视频面试，然后她和团队进行了第二次视频面试。在面试中，她问：“公司最近进行的尝试中，哪个最出乎意料？”这个问题本身就让团队出乎意料——他们举了一些尝试的例子，起初大家确信这些尝试是对的，但后来被证明是错的。米凯莱最终得到了这份工作，事业一路上升，并被提拔为产品开发负责人。这样的成功并非仅此一例，有证据表明，人们在招聘时更愿意雇用那些承认自己有合理缺点的候选人，而不是吹牛或以谦虚的方式自吹自擂的人。

即使意识到自己在打一场硬仗，米凯莱也没有单纯地防守或进攻。她没有宣扬自己的资历，也没有纠结于与职位要求相关的问题。通过认同对方对她求职信的质疑，她先发制人地承认自己并不符合对方的期待，这表明她有足够的自知之明，能够发现自己的缺点，并有足够的底气承认这些缺点。

有见地的观众总能发现我们论述中的漏洞，我们不如用谦虚的态度去探求，有远见地去发现，以诚实的态度去承认。米凯莱在简历中着重强调了少数核心优势，避免了论点被淡化，将注意力集中在强项上。她对公司团队的出错次数表示好奇，这有可能促使他们重新思考自己的录用标准。招聘者意识到，他们想要找的不是一个拥有一堆技能和证书的人，而是一个有学习动机和能力的人。米凯莱知道自己不知道的事情，并且有信心承认这一点，这是一个明确的信号：她可以学会她需要知道的东西。

在辩论时，通过向观众提问，而不是代替他们思考，我们邀请他们成为我方一员，促使他们自主思考。如果我们把争论看成一场战争，那就会有赢家和输家；如果把它更多地视为一支舞蹈，我们就可以设计舞步，和对手一同前进。通过关注对手最强的论点，我们将回应限制在几个最佳舞步上，这样就有更多机会找到和谐的节奏。

6

钻石上的仇怨：动摇刻板印象，减少偏见

我真心讨厌纽约扬基队，甚至在忏悔中我第一次向主承认，我有伤害其他人的想法，也就是说，我希望扬基队的队员们都摔断胳膊、腿和脚踝……

——多丽丝·卡恩斯·古德温

1983 年的一个下午，黑人音乐家达里尔·戴维斯来到马里兰州的一间酒吧，在一场乡村音乐表演中弹奏钢琴。他已经不是第一次作为现场唯一的黑人演员进行表演了。夜幕降临前，他将第一次与白人至上主义者交谈。

演出结束后，一位年迈的白人男子走到达里尔面前跟他说，看到一名黑人音乐家像杰瑞·李·刘易斯一样演奏，他感到十分惊讶。达里尔回答，其实他和刘易斯是好朋友，刘易斯也承认他的风格受到了黑人音乐家的影响。这个人虽然不太相信达里尔说的话，但还是邀请达里尔坐下喝一杯。

很快，这个人坦言，他以前从未和黑人一起喝过酒。后来他

向达里尔说明了背后的原因：他是一名三 K 党成员。三 K 党是个白人至上主义仇恨团体，一个多世纪以来谋杀了大量非洲裔美国人，两年前还私刑处决了一名男子。

当你发现和你坐在一起的人，对你和与你相同肤色的人都十分憎恨时，你本能的选择可能是对抗、逃走或愣在那里——这很合理。可是达里尔做出了另外一种反应：他突然大笑起来。当这个人拿出他的三 K 党会员证表明自己并非开玩笑时，达里尔回想起自他 10 岁起就萦绕在脑海中的疑问。20 世纪 60 年代末，他正走在童子军游行队伍中，这时有些白人观众开始向他投掷易拉罐、石子和瓶子。这是他记事以来第一次面对公开的种族主义行为，他理应觉得愤怒，但当时他更多的感受是困惑："你都不认识我，为什么会恨我?"

当交谈结束时，这名三 K 党成员把自己的电话号码给了达里尔，告诉他，只要是到当地演出，就可以联系他。达里尔欣然接受，一个月后这名三 K 党成员带着一群朋友一起来看达里尔的演出。

此后，两人的友情越来越深。最终，这名三 K 党成员退出了三 K 党。对达里尔而言，这份交情也是他生活的转折点。没过多久，达里尔就与三 K 党的高级成员——"帝国巫师"和"巨龙"坐在一起，问出了那个困扰自己多年的问题。自那时起，达里尔说服了很多白人至上主义者放下仇恨，离开三 K 党。

我想弄明白这种变化是如何发生的，充斥着对整个黑人群体刻板印象和偏见的种族主义过度自信循环是如何被打破的。说来也奇妙，我的探寻之旅是从一场棒球比赛开始的。

来棒球赛恨我吧

“扬基队超烂！扬基队超烂！”那是芬威公园的一个夏夜，我第一次也是唯一一次出现在波士顿红袜队棒球比赛的现场。第七局，在毫无征兆的情况下，3.7 万观众突然一起唱起了圣歌。全场观众非常一致地开始侮辱扬基队。

这两支球队有着近百年的竞争史，被认为是美国职业体育运动中最热门的球队。我觉得波士顿球迷仇视扬基队不足为奇，只是我没想到，这一切会在那天发生，因为扬基队根本就不在那里。

波士顿红袜队正在和奥克兰运动家队打比赛，波士顿的球迷却对数百英里之外的扬基球队发出嘘声。这就像汉堡王要在口味测试中与温蒂汉堡一较高下，而汉堡王的粉丝却突然开始高喊“麦当劳太差了”。

我开始怀疑，红袜队的球迷是不是恨扬基队比爱自己的球队更多。众所周知，波士顿的家长会教孩子向扬基队竖中指，还厌恶一切和扬基队队服一样有细条纹的东西，“扬基队超烂”显然是波士顿历来最受欢迎的 T 恤衫之一。当被问及付多少钱能让他们嘲讽自己的球队时，红袜队的球迷平均要求 503 美元。若是为扬基队加油，他们要价更高：560 美元。我猜，这种情绪如此高涨，神经学家甚至能够看到球迷们被“点亮”的大脑区域：当红袜队球迷看到扬基队失败时，他们大脑中与奖励和快乐相关的区域立即被激活。不只是波士顿红袜队，2019 年在一项对推特的分析中，美国 50 个州中有 28 个州最讨厌扬基队，这或许解释了图 6–1 中的 T 恤为什么会如此流行。

图 6-1　美国流行的T恤和美国人讨厌的棒球队

图中文字："妈妈告诉我永远不要和陌生人或者扬基队球迷说话。"

我最近打电话给一个朋友，他是红袜队的铁杆球迷，我问了他一个简单的问题：在什么条件下他会支持扬基队？他毫不犹豫地说："如果他们和基地组织打比赛……我也许会吧。"

热爱你的球队是一回事，但厌恶你的对手到如此地步，以至会想到让他们和恐怖分子打比赛，那就是另一回事了。如果鄙视某个球队和其球迷，你就会对一群人产生强烈的看法。这些信念是刻板印象，而且通常会演变成偏见。你的态度越强烈，你就越不可能对其进行重新思考。

竞争并非体育界独有。每当我们对一个与我们争夺资源或者威胁我们身份的群体抱有敌意的时候，竞争就会出现。在商业领域，制鞋企业彪马和阿迪达斯之间的竞争如此激烈，以至几代人以来，很多家庭因对不同品牌的忠诚度而"自我隔离"：由于喜欢的品牌不同，不同的家庭会去不同的面包店、酒吧和商店，甚至拒绝和在敌对品牌上班的人约会。在政治领域，你可能听说过，一些民主党人认为共和党人贪婪、无知、无情，而一些共和党人则觉得民主党人懒惰、狡诈、敏感脆弱。随着刻板印象和偏见的加深，我们不仅认同自己所在的群体，也将自己和对手区别开来，以宣称“我们不是 ××”的方式，来强化我们的身份。我们不仅宣扬己方的美德，还从控诉竞争对手的恶行中找到自我价值。

人们在对竞争对手抱有偏见时，往往愿意不惜一切代价抬高所在群体，削弱竞争对手，即使这意味着会造成伤害或者做错事。我们经常看到人们在体育比赛中越界。[①] 进攻不仅发生在赛场上：从巴塞罗那到巴西，足球球迷间经常发生肢体冲突。作弊分子也很猖獗，不仅限于运动员或者教练。在对俄亥俄州立大学学生进行的一次有偿实验中，参与者被告知，如果愿意对其他大学的学生说谎，他们可以获得双倍报酬，而对方学生的报酬会减半。结果显示：如果其他学生就读于他们学校最大的竞争对手密歇根大学，而非加利福尼亚大学伯克利分校或者弗吉尼亚大学，这些参与者撒谎的概率会提高到原来的四倍。

是什么让人们从一开始就对竞争对手形成了刻板印象，如何让他们重新思考这些刻板印象？

---

① 1993 年，当莫妮卡・塞莱斯在网球场上被刺伤时，我知道不止一个施特菲・格拉芙的球迷在庆祝。在 2019 年 NBA 总决赛中，当凯文・杜兰特受伤倒下时，一些多伦多猛龙队的球迷开始欢呼，说明加拿大人也很残忍。一位体育电台主持人辩解：“在职业体育界，没有一个球迷不会在对手的大牌球星受伤时感到高兴，理论上这会让你支持的球队更容易成功。”恕我直言，如果你更关心你支持的球队能否赢得一场比赛而不是一个人在现实生活中会不会受伤，那么你可能是一个反社会者。

融入群体和脱颖而出

几十年来，心理学家发现，即使群体之间的界限微不足道，人们也能够对其他群体产生敌意。举一个看似无关痛痒的问题：热狗是三明治吗？当学生们回答这个问题的时候，大多数人都强烈地感受到，他们宁愿少赚一美元，也要确保那些不同意自己观点的人获得更少的钱，这可谓损人不利己（如图 6–2 所示）。

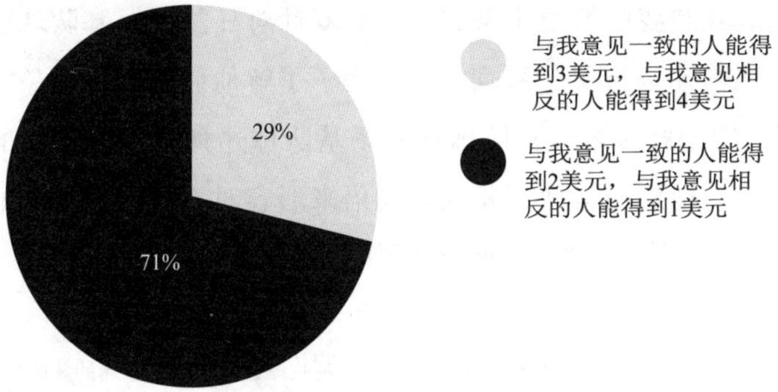

图 6–2　热狗三明治调查

在每个社会中，人们都有追求归属感和社会地位的动机。认同一个群体需要同时满足两个条件：一是成为群体的一部分；二是当群体获胜时，我们会感到骄傲。在大学校园进行的经典研究中，心理学家发现，当所在大学的球队赢得一场足球比赛后，学生们更有可能穿着校服四处走动。从亚利桑那州立大学到圣母大学，再到南加州大学，沉浸在周六比赛胜利荣耀中的学生们，周日会穿上学校校服。如果他们的球队输了，他们会不穿校服，用“他们输了”而不是“我们输了”拉开自己和球队的距离。一些经济学家和金融专家甚至发现，如果一个国家的足球队赢得了世界杯比赛，该国的股市就会上涨，如果输了，股市就会下跌。①

竞争对手最有可能在两个地理位置接近、经常竞争且势均力敌的球队之间产生。扬基队和红袜队符合这个模式：两支球队都在东海岸，每赛季会交锋 18 场或 19 场，它们都有赢球的历史。截至 2019 年，它们已经交手 2 200 多次，双方各自至少赢过 1 000 次。两支队伍的球迷也比其他任何职业球队多。

我决定检验一下到底怎样才能让球迷重新思考他们对死敌的看法。我和我的博士生蒂姆·昆德罗针对狂热的扬基队球迷和红袜队球迷进行了一系列实验。为了了解他们的刻板印象，我们要求 1 000 多名红袜队球迷和扬基队球迷列出对方最大的三个缺点。他们通常使用相同的词语来形容对方，抱怨对方的口音、胡子、体味（“闻着像放久了的玉米片”）（见图 6–3）。

红袜队球迷对扬基队球迷的坏印象　　扬基队球迷对红袜队球迷的坏印象

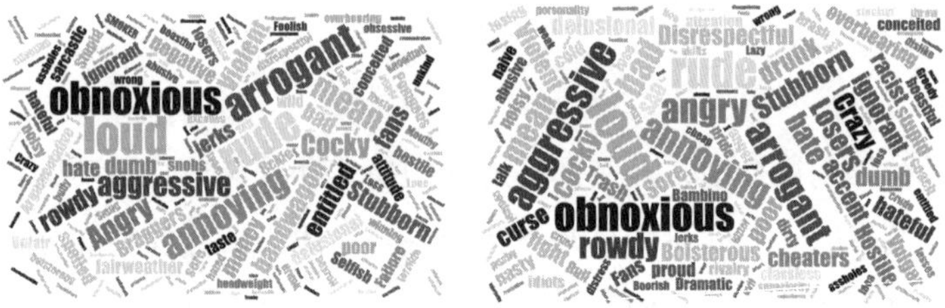

图 6–3　红袜队球迷和扬基队球迷对对方的坏印象

---

① 足球比赛失利对股票市场的影响是人们广泛讨论的话题：尽管许多研究已经证明了这种影响，但部分研究结果未能支持这一论点。我的直觉是，这种情况更有可能发生在足球运动最受欢迎、球队有望夺冠、比赛赌注很高、即使失败也十分接近胜利的国家。不管比赛如何影响股市，我们都知道比赛结果会影响情绪。一项针对欧洲军官的研究表明，当他们最喜欢的足球队在星期日输球后，他们在星期一的工作就不会那么投入了，也就是说，他们的工作表现可能会受到影响。

基于心理因素和社会因素，某种刻板印象一旦形成，就很难再消除。根据心理学家乔治·凯利的观察，我们的信念如同一副虚拟现实眼镜。我们凭借这副眼镜来理解世界并定位所在环境。观点一旦受到威胁，眼镜就会被击碎，视线就会变得模糊。我们的本能反应就是提高警觉。凯利发现，当内心已然深知自己捍卫的观点是错的时，我们会怀有更大的敌意。与尝试去戴另一副眼镜相比，我们更愿意进行精神上的“柔术”，扭曲并转换自己的视角，直到找到一个角度，让当前的观点站住脚。

从社会因素的角度看，人们的刻板印象如此顽固还有另一个原因：我们倾向于和有相同看法的人互动交流，这使得群体偏见变得更加极端。这种现象被称为“群体极化”，已经在数百个试验中得到证实。有权威主义倾向的陪审团在仔细讨论之后，会建议法官给出更严厉的惩罚；某些公司董事会在集体商议后，更有可能同意公司支付离谱的附加费用；那些原本就对平权行动和同性婚姻抱有明确观点的公民，在与一些持相同观点的人谈论之后，会形成更极端的观点。他们对观点的宣扬和对反对观点的控诉朝着政治化的方向发展。群体极化因从众性得到加强：外围成员通过跟随群体中最典型的成员（通常是持有最强烈观点的人）而融入并获得地位。

如果在一个红袜队球迷家庭长大，那么你一定会听到一些扬基队球迷让人不快的事情。如果定期去一家棒球场，那么你会发现，那里坐满了和你一样厌恶扬基队的人，而且随着时间的推移，你对扬基队的蔑视只会越来越深。这种情况一旦发生，你就会自动去看自己喜欢的球队最好的一面和对手最差的一面。有证据表明，当球队通过提醒球迷“这只是一场球赛”来淡化竞争时，效果会适得其反。球迷会觉得自己的身份被贬低了，反而变得更加咄咄逼人。如何打破这种模式？我的第一个主意来自太空。

假设1：跳出自己的阵营

如果你曾离开地球，那么你或许会重新思考你对其他人类的感受。一个心理学家团队对上百名宇航员进行了采访、调研，分析了一些人的自传，以此研究他们去太空前后的变化，揭示进入太空的经历对内心世界的影响。从太空回来之后，宇航员更少关注个人成就和幸福感，更加关心集体利益。“你立刻产生了一种全球意识……那是对世界现状的强烈不满并对此采取行动的冲动。”阿波罗 14 号宇航员埃德加·米切尔回忆说：“从月球上看地球，国际政治显得如此渺小。你很想抓住一个政客的后脖颈，把他拽到 25 万英里之外，对他说：‘看看地球，你这个混蛋。’”

这种反应被称为“总观效应”。对其描绘最生动的宇航员是航天飞机指挥官杰夫·阿什比。他回忆说，第一次从太空回望地球，这一刻永远地改变了他：

> 在地球上，宇航员看着星星，我们中大多数人都是星星迷，但是在太空中，星星看起来和地球上是一样的，不同的是地球带给你的视角。我第一次从太空看地球，是在首次飞行大约 15 分钟后，当我从仪表上抬起头时，地球明亮的一侧突然进入我的视线，舷窗朝下，我下面就是非洲大陆。当时的移动速度就像我们坐在飞机上看城市一样，90 分钟能环绕整个地球一圈。你能看到稀薄的大气层形成的蓝色弧

线。看到全人类都赖以生存的薄薄一层空间是多么脆弱，从太空中你能看到地球这边和另一边的人之间的联系，他们之间没有明显的边界。我们都在同一个“层面”上共同生活着。

当从太空看到地球的概貌时，你会意识到，你和所有人类有一个共同的身份。受此启发，我想创造一个属于棒球球迷的“总观效应”。

有证据表明，共同身份能在竞争对手之间架起桥梁。在一项实验中，心理学家给曼联球迷随机提出一个简单的问题，让他们回答。研究人员随后设置了一种紧急情况：一名路过的跑步者滑倒了，正抓住脚踝痛苦地叫喊。这名跑步者穿着曼联最大的竞争对手球队的T恤衫，那么问题来了，这些曼联球迷是否会停下来帮助他？如果球迷刚回答完“为什么喜爱自己的球队”这个问题，那么只有30%的人会去帮忙；如果他们刚回答完“自己和其他球迷之间的共同点”这个问题，那么70%的人会帮忙。

然而，当我和蒂姆尝试让红袜队球迷和扬基队球迷仔细回想他们作为棒球迷的共同点时，我们并没有成功。他们最终未对彼此有更加积极的看法，也未在紧急情况下产生更强的帮助彼此的意愿。共同身份并不适用于所有情况。如果一名竞争对手球队的球迷刚发生了事故，那么共同身份可能促使我们去帮忙。不过，如果对方没有陷入危险或者没有迫切的需求，那么我们还是会很容易把对方看成另一个混蛋，或者觉得不是自己的责任而不予理会。“我们都喜欢棒球，”一名红袜队球迷评论道，“扬基队球迷只是喜欢了错误的球队。”另一位球迷则认为，对棒球的共同热爱并没有影响他的看法：“扬基队超级烂，他们的球迷也很烦人。”

假设2：同情我们的敌人

接下来，我会转而使用能够使双方达成和平的心理学方法。多年前，心理学先驱、大屠杀幸存者赫布·克尔曼通过促进巴以冲突双方互相理解和同情，来减弱双方存在的刻板印象。他设计了一个互动式问题解决研讨会，在会上以色列和巴勒斯坦有影响力的领导人私下探讨达成和平的途径。多年来，他们聚在一起分享各自的经验和观点，回应彼此的需求和恐惧，并探索解决冲突的新方案。随着时间的推移，研讨会不仅打破了刻板印象，还让一些参与者最后建立了终生的友谊。

与战争中的敌对双方相比，在体育运动中，将对手人性化应该更加容易，因为这样做的风险更低，而且竞争环境更加公平。我从体育运动中的另一对儿宿敌开始，它们是北卡罗来纳大学与杜克大学。肖恩·巴蒂尔在 2001 年带领杜克大学获得了美国全国大学体育协会（NCAA）篮球联赛冠军。我问肖恩，怎样才能让他支持北卡罗来纳大学。他立刻回答："如果他们和塔利班比赛。"我不知道竟然有这么多人幻想在最喜欢的运动中击垮恐怖分子，我想知道，让"杜克大学学生"这一身份更加"人性化"，是否会改变北卡罗来纳大学学生对他们的刻板印象。

在和同事艾利森·弗拉加莱、卡伦·诺尔顿进行的一项实验中，我们要求北卡罗来纳大学学生帮助修改一名同龄人的求职申请。如果我们提到求职者来自杜克大学而不是北卡罗来纳大学，而且他经济状况窘迫，那么北卡罗来纳大学的参与者就会花更多时间帮助他。也就是说，北卡罗来纳大学学生一旦对求职者的困境感到同情，就会把他看成一个值得帮助的特例并更加喜欢他。然而，当我们测试北卡罗来纳大学学生对杜克大学学生的整体看法的时候，北卡罗来纳大学学生还是会将他们视为竞争对手，他们说如果听到有人批评杜克大学就会认为是对自己的恭维，如果听到有人称赞杜克大学就会认为是对自己的侮辱。我们成功改变了北卡罗来纳大学学生对某个杜克大学学生的态度，但无法改变他们对杜克大学学生群体的刻板印象。

当蒂姆和我尝试重新定义一名扬基队球迷的身份时，类似的事情也发生了。我们让红袜队球迷阅读一篇由棒球爱好者写的故事，这个人小时候和祖父一起学习这项运动，童年充满了和妈妈一起玩接球的美好回忆。在文章的最后，作者提到他是一名扬基队的铁杆球迷。“我觉得这个人非常真实，在扬基队球迷中很罕见。”一位红袜队球迷评论道。另一位球迷评论：“这个人是懂球的，而且他不是那种典型的扬基队球迷。”还有一位球迷惋惜道：“呃，我真的很喜欢这篇文章，直到我读到他是扬基队球迷。但我认为，与典型的、刻板印象里的扬基队球迷相比，这个人和我有更多相似之处，这个人很好。”

赫布·克尔曼在以色列人和巴勒斯坦人身上遇到相同的问题。在问题解决研讨会上，他们开始信任桌子对面的个人，但是对他们的族群仍然持有刻板印象。

在理想情况下，了解群体中每个个体的最佳方式是把群体还原成“人”，但更普遍的情况是，更好地了解一个人只会让其更加区别于所属的群体。当遇到挑战刻板印象的群体成员时，我们的第一直觉不是将他们视为榜样并重新思考刻板印象，而是把他们视为特例并坚持既有的信念。所以，我们那次的尝试也失败了。一切从头开始。

假设3：揪出习惯的怪兽

我永远最爱的那条广告以一对儿男女的接吻特写镜头开始。当镜头拉近时，你能看到男孩穿着俄亥俄州立大学七叶树队的运动衫，女孩穿着密歇根大学狼獾队的T恤衫。这两支球队也是宿敌。广告的标题是："若没有体育运动，这不会让人觉得恶心。"

作为密歇根大学狼獾队的终身球迷，我从小就对七叶树队球迷发嘘声。我叔叔的地下室装满了密歇根大学狼獾队的各种装备，我们每周六凌晨三点起床开始装车，然后开着一辆侧面印有密歇根大学狼獾队标志的货车出门去看比赛。当我在密歇根大学读研究生时，我之前的大学室友在俄亥俄州立大学医学院上学，我很自然地在电话里宣扬我们学校的优越性，还会发短信鄙视他的智商。

几年前，我认识了一位70多岁、心地非常善良的女士，她当时和大屠杀幸存者一起工作。去年夏天，当她提到她上过俄亥俄州立大学时，我的第一个反应仍是不屑。接着我对自己感到厌恶。谁管她半个世纪之前在哪儿上学？我的思维怎么会这样程式化？突然，我觉得任何一个厌恶一支球队的人都很奇怪。

古希腊的普鲁塔克写道，忒修斯从克里特岛乘木船到雅典。为了保护这艘船，雅典人会用新的木板替换掉腐烂的旧木板。最终所有的木板都被替换了。它看起来是同一艘船，但是它的零部件都不一样了。它还是那艘船吗？后来，哲学家增加了一个难点：如果你收集了所有的原始木板并将其制成一艘船，那么它还是同一艘船吗？

“忒修斯之船”和职业球队有很多共同点。如果你来自波士顿，那么你可能会讨厌1920年的扬基队得到了球员贝比·鲁斯，或者1978年扬基队粉碎了你支持的球队进入世界棒球锦标赛的希望。虽然现在的球队用的是相同的名字，但是每个零部件都变了。球员们早就走了，经理人和教练也一样，体育场也换了。“你其实支持的是那些衣服，”杰瑞·宋飞打趣说，“球迷们可能会非常喜欢一个球员，但是如果他去了另一支球队，他们就会嘘他。由于同一个人穿了不同的球衣，球迷现在讨厌他。嘘！别家的球衣！嘘！”

我认为这是一种仪式，一个有趣但主观的仪式，一个我们出于习惯而进行的仪式。当年轻且易受影响，或者刚来到一座城市想寻求团队精神的时候，我们就会将其铭记在心。诚然，在我们的生活中，团队忠诚有时很重要，它让我们在酒吧和熟人击掌，在胜利游行中拥抱陌生人。团队给我们一种团结的感觉。不过，如果你反思一下就会发现，憎恶对手并非与生俱来。如果你出生在纽约而非波士顿，那么你还会讨厌扬基队吗？

为了检验我们的第三种方法，我和蒂姆招募了一些红袜队球迷和扬基队球迷。为了证明自己的忠诚度，他们需要准确说出一张照片中各自球队成员的名字，以及该球队最近一次赢得世界棒球锦标赛冠军的年份。接下来，我们采取一些方法打破他们的原有思维。首先，为了帮助他们认识到信念的复杂性，我们要求他们列出对方球迷的三条优点和三条缺点。前文已经列出了双方共有的缺点，但他们也提了一些彼此的优点（见图6–4）。

红袜队球迷对扬基队球迷的好印象　　扬基队球迷对红袜队球迷的好印象

图 6-4　红袜队球迷和扬基队球迷对对方的好印象

然后，我们随机选择一半受试者进入下一步，重新思考他们的敌意是多么武断。

> 想一想并写下扬基队球迷和红袜队球迷是如何因一些非常武断的原因而厌恶彼此的。例如，若你出生在一个对方球迷的家庭，如今你可能也是他们的球迷。

为了衡量他们对对方的敌意，我们提供了一个机会，我们给出的实验背景是消费品研究员要在棒球场做辣酱的口味测试，让他们决定在对手的体育场出售的辣酱辣度，我们的假设是，敌意越强，辣度越高。实验结果显示，那些被随机分配到反思刻板印象有多武断的组别的球迷，为对手体育场选择了辣度较低的辣酱。我们还给了他们一个机会，在一项计时的付费数学测试中，受试者可以设计更难的题来影响对方球迷的表现。那些认为刻板印象非常武断的受试者，会为对方球迷设计更简单的题目。

这些人不仅仅是对单个粉丝更具同情心，他们改变了对对方整个球队和球迷的看法。他们不太会把竞争对手的失败视为自己的成功，将竞争对手的成功视为人身羞辱，或者将批判竞争对手视为对自己的赞美。他们甚至更愿意以不可思议的方式支持竞争对手球队：穿竞争对手的球衣，在比赛中坐在对方的球迷阵营中，在全明星赛上支持对手的球员，甚至在社交媒体上表明支持对方球队。对一些球迷来说，这几乎相当于离经叛道，但以下评论清楚地表明，他们正在重新思考自身的立场：

> 我认为，仅仅因为某人喜爱和支持的球队就讨厌他们是非常愚蠢的。这让我愿意重新思考自己对不喜欢的球队的球迷的看法。
>
> 如果某人因为我喜爱的球队而讨厌我，那么我感觉不公平，这几乎是一种偏见。他们会因为我的一件事情而评判我，并因为这件事而讨厌我。在感受到这些想法后，我可能会改变与红袜队球迷互动的方式。
>
> 他们支持某个球队并不一定代表他们是谁，即使他们是错的。

我们终于取得了一些进展，下一步是调查球迷观点转变背后的关键因素。我们发现，真正重要的是去思考敌意的武断性，而不是对手的优良品质。不管他们是否产生了喜欢对手的理由，当思考这种恩怨有多么愚蠢时，球迷们表现出的敌意都会减少。了解了因荒谬的理由而被讨厌的感受，有助于他们看清这种冲突的真正含义，而对对方球迷的恨意也不全是乐趣和游戏。

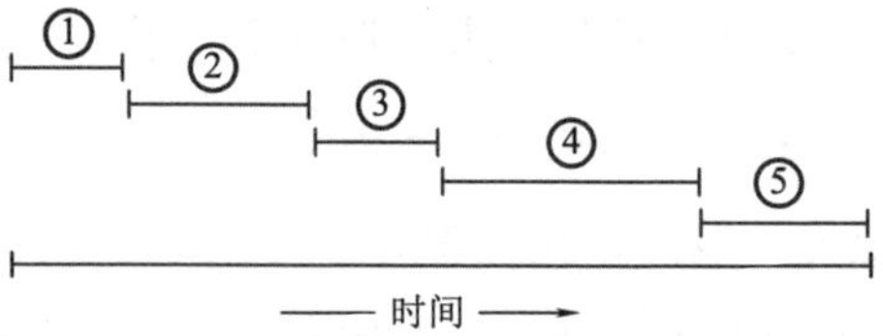

① 有一段经历：一个梳着莫西干发型的孩子偷了我的自行车

② 形成一次刻板印象：梳莫西干发型的孩子都是贼

③ 有一段新的体验：一个梳莫西干发型的孩子对我很友好

④ 质疑刻板印象：有没有可能梳莫西干发型的孩子不是那么坏？

⑤ 质疑总体刻板印象：你不能用一个孩子的外貌来评判一个整体

图 6-5 刻板印象时间线

进入平行宇宙

在实验室外，消除刻板印象和减少偏见很难一蹴而就。当看法遭遇挑战时，即使一开始没有防范，人们也会迅速防御。想要说服他们，仅仅告知他们观点太过武断是远远不够的。关键的一步是让他们做出与事实相反的思考：让他们想象如果生活在平行世界，他们的观点会是什么。

在心理学中，“反事实思维”是设想我们的生活在何种情况下会以不同的方式进行。当意识到持有不同的刻板印象是多么简单时，我们可能更愿意更新观念。[①] 为了激活反事实思维，你可

① 这并不是说刻板印象从来没有事实依据。心理学家发现，当比较群体时，许多刻板印象与群体的平均水平相匹配，但这并不意味着他们对理解群体中的个体有帮助。几千年前，当人们很少在不同群体之间互动时，对其他部落存在偏好可能会帮助我们的祖先保护自己的部落。而如今，群体间交往非常普遍，对一个群体的假设就不再具有相同的效用，对了解个体没有太大帮助。心理学家已发现，当我们与另一个群体发生冲突，批判与自己截然不同的群体的意识形态时，我们的刻板印象就变得越来越不准确。若刻板印象延展并变成偏见，它就是在提醒我们应该重新思考。

以问别人这样的问题：如果你出生时就是黑人、西班牙裔、亚洲人或者美洲原住民，那么你的刻板印象会有何不同？如果你是在农场而非城市长大，那么你会持有怎样的观点？如果你生活在18世纪，那么你会坚持怎样的信仰？

你已经从辩论冠军和谈判专家那里学到，提出问题可以激发他人重新思考自己的结论。而这种“反事实”问题的不同之处在于，它可以令人们探索信念的起源，并重新思考对其他群体的态度。

当重新思考不同的环境如何导致人们产生不同的信念时，人们就会变得谦虚。他们可能会得出“一些过去认定的事情其实过于简单化了”这样的结论，而且会开始质疑自己的一些负面观点。这种怀疑会让他们对之前抱有成见的群体更加好奇，最终意想不到地发现一些彼此的共同点。

最近，我偶然发现了一个促进反事实思维的机会。一家初创企业的创始人邀请我参加一次全员大会，就“如何更好地理解他人和自我的个性”分享我的见解。在虚拟围炉夜话环节，创始人提到她是一个星座迷，而且公司里其他人都是。我想知道我能否让在场的一些人意识到，他们对别人持有不准确的刻板印象，是基于他们出生的月份。以下是当天讨论的摘录：

我：没有证据表明星座会影响性格，对吗？

创始人：这就是摩羯座会说的话。

我：我是狮子座。我很想知道什么样的证据会改变你的想法。

创始人：我的另一半从开始约会时就不断尝试。他已经放弃了。没有什么能让我改变想法。

我：那你就不是像科学家一样思考。星座变成了你的信仰。

创始人：是的，也许有一点儿。

我：如果你出生在其他国家而不是美国呢？有证据表明，在某些国家，如果你是处女座，你在招聘和约会中就会受到歧视。这些可怜的处女座被贴上难相处和脾气暴躁的标签。[①]

创始人：亚当，在西方，相同的歧视发生在天蝎座身上。

尽管创始人一开始对我的观点表示抗拒，但考虑到如果生活在某个国家她可能会持有不同的刻板印象，她发现了一个熟悉的模式：仅仅因为降生那天太阳和月亮的所在方位，一群人就遭到了不公平对待。

意识到基于星座的歧视是多么不公平，这位创始人最终开始帮助我积累案例。当我们结束谈话时，我提议将就人格科学再进行一次讨论，公司超过 1/4 的人报名参加。之后，其中一位参与者写道，“这次聊天最大的收获是知道了‘反向学习’的重要性，以避免自己陷入无知”。在了解自己的刻板印象是多么武断之后，他们更愿意重新思考自己的观点。

心理学家发现，我们的许多观念都是文化意义上的“真理”：广泛存在却很少被质疑。如果仔细观察，我们就会发现这些观念的基础并不牢固。刻板印象没有像精心打造的船只那样的稳定结构。它们更像是积木游戏中的塔——少量的积木块摇摇晃晃，缺少一些关键支撑。要想把它撞倒，有时只需要轻轻一戳。我希望

① 事实上，心理学家最近对此进行了研究，任何对十二星座的武断命名都会导致刻板印象和歧视。比如处女座容易让人联想到对老处女的偏见，比如老处女爱批判，害怕生育，难取悦而且非常挑剔。

人们能迎难而上，并且能在更坚实的基础上建立新的观念。

这种方法会扩大人与人之间的分歧吗？我完全不相信它会解决巴以冲突或者阻止种族歧视。不过，我认为这是朝着更根本的改变迈出的一步，而不仅仅停留在反思刻板印象上。我们可能会质疑深层的信念：我们对各个群体持有的看法到底有没有意义？

如果你让人们停下来反思，那么他们可能会认为将群体刻板印象置于个人身上是荒谬的。研究表明，不同群体之间的相似性比我们已知的要多，而群体内部的差异通常比群体之间的要多。

有时，放弃刻板印象意味着明白这样一个道理：在自己憎恶的群体中，许多成员其实并不坏。当我们与他们面对面时，这种情况更有可能发生。半个多世纪以来，社科学者一直在测试群体间接触的效果。一项对500多份研究和超过25万名参与者进行的元分析发现，在94%的研究案例中，与另一组成员的互动使参与者减少了偏见。虽然群体间交流不是万能的，但这是一个惊人的统计数字。每个人的刻板印象就像积木堆成的塔，能够帮助人们把不稳定的积木块从中抽出的最有效办法，就是亲自与他们交谈。这正是本章开头黑人音乐家达里尔·戴维斯所做的。

黑人音乐家如何对抗白人至上主义者

一天，达里尔驾车和三K党分会会长一同出行，会长的正式名号叫“上位独眼巨人”。很快，独眼巨人就表达了他对黑人的成见。他说黑人是低等物种，大脑更小，所以不够聪明，而且有遗传的暴力倾向。当达里尔说自己是黑人，却从未向任何人开过枪或者偷过车时，独眼巨人告诉他，犯罪基因是潜伏的，只是还未显现出来。

达里尔决定将计就计，打败独眼巨人。他向对方发出挑战，要他说出三个黑人连环杀手的名字。当独眼巨人说不出名字时，达里尔飞快地列出一长串著名白人连环杀手的名字，而且告诉独眼巨人，他也一定是。当独眼巨人反驳说自己并未杀过任何人时，达里尔以其人之道还治其人之身：独眼巨人的连环杀手基因必定处于潜伏状态。

“呃，那太愚蠢了。”慌乱的独眼巨人回答。“好吧！”达里尔认可，“你说得对，我对你说的话很愚蠢，但并不比你对我说的话更蠢。”独眼巨人随后变得非常安静，改变了话题。几个月后，他告诉达里尔他还在思考那次谈话。达里尔在他心里播下了怀疑的种子，让他对自己的观念产生了好奇。独眼巨人最终退出了三K党，并把他的兜帽和长袍送给了达里尔。

达里尔的作为显然非同凡响：他不仅有能力发动一场针对偏见的个人战争，还有这样做的意愿。一般来说，拥有更大权力的人需要更多的重新思考，因为他们的观点会被赋予更多特权，也更不容易被质疑。在大多数情况下，遭受压迫和边缘化的人不得不极大地扭曲自己的观点，以便融入群体。

达里尔自小便是种族主义的攻击目标，一生都有正当理由对白人怀有敌意。但他仍然愿意以开放的心态对待白人至上主义者，给他们重新思考的机会。而以身犯险去挑战白人至上主义者，不应该是达里尔的责任。在理想情况下，独眼巨人应该承担起教育同伴的责任。事实上，其他三K党前成员已经站出来，要么独自活动，要么和达里尔合作，为被压迫者辩护，在一个原本制造压迫的组织中进行结构改革。

当我们努力实现系统性变革时，达里尔还敦促我们不要忽视对话的力量。当因为他人的刻板印象或偏见而选择不与之接触时，我们就放弃了打开他人思维的机会。“我们虽然生活在非常现代化的时代，但仍有很多的人在用石器时代的思维思考，”达里尔反思，“我们的思维方式需要赶上技术进步的脚步。”据他估算，他已经帮助过 200 多名白人至上主义者，让他们重新思考，并离开三 K 党和其他新纳粹团体。他们中的许多人继续教育家人和朋友改变观念。达里尔随即指出，他并没有直接劝说这些人改变想法。“我没有改变任何人，只是给了他们一个重新思考人生方向的理由，他们思考后觉得，‘我想要一条更好的路，这就是我要走的路’。”

达里尔不是通过说教或控诉来做到这一点的。当他开始和白人至上主义者对话时，他的深思熟虑让很多人感到惊讶。当他们开始视达里尔为独立个体，花更多时间与他相处时，他们往往会围绕音乐等共同爱好形成新的共同身份。随着时间的推移，达里尔帮助他们发现，他们并非个人原因加入这些仇恨团体，他们的仇恨要么可以追溯至几代人的家庭传承，要么是曾有人告诉他们“工作都被黑人抢走了”。当意识到自己对其他群体了解甚少，刻板印象如此肤浅时，他们就会开始重新思考。

一位名为“皇家巫师”的三 K 党成员，在认识达里尔之后，不仅退出，还关闭了分会。几年后，他还邀请达里尔做他女儿的教父。

7

疫苗耳语者和温和的询问者：如何用正确的倾听方式促使人们做出改变

很少有人想听逆耳之言。

——（据称出自）迪克·卡维特

2018 年 9 月，玛丽–埃莱娜·艾蒂安–鲁索即将临盆，她难过得大哭起来。她的孩子原本要到 12 月才足月。可就在午夜前，玛丽的小儿子托比出生了，体重只有两磅，身体非常小，玛丽甚至可以把他的头放在自己的手掌中。玛丽担心他活不下来。托比在母亲怀里只待了几秒钟就被送往新生儿重症监护室。小托比要靠面罩呼吸，没过多久就因为内出血被送进了手术室，之后还要在医院待几个月，才能获准出院回家。

在托比住院期间，母亲玛丽去给他买纸尿裤，这时她看到一则头条新闻，报道了麻疹在魁北克省蔓延的情况。她还没有给托比接种疫苗。这简直是一个不用考虑的问题——托比看起来太虚弱了，没法打疫苗。但是，她也没有给其他三个孩子接种疫苗，当时在她的社区，大家都是这么做的。她的朋友和邻居们理所当然地认为疫苗是有害的，并且到处散播关于疫苗副作用的恐怖故事。尽管如此，麻疹的危害仍在持续：在过去10年里，魁北克省已经暴发了两次严重的麻疹疫情。

至少从过去50年来看，发达国家的麻疹病例首次呈上升趋势，死亡率约为1‰。在发展中国家，死亡率接近1%。据估算，2016—2018年，全球麻疹死亡人数增长了58%，伤亡人数超过10万。疫苗本可以避免这些死亡病例的出现。在过去20年里，疫苗挽救了大约2 000万人的生命。尽管流行病学家建议人们接种两剂麻疹疫苗，这能让最低免疫率达到95%，但实际上，全球只有85%的人接种第一剂，67%的人继续接种第二剂。许多逃避疫苗的人根本不相信科学。

政府官员想要用惩罚手段解决这一问题。一些政府发出警告，未接种疫苗的人可能会被处以不超过1 000美元的罚款，并被判处最高6个月的监禁。许多学校不接受未接种疫苗的儿童。还有一个县政府甚至禁止未接种麻疹疫苗的儿童进入封闭的公共场所。当这些措施均未能解决问题时，政府官员的策略变为宣传疫苗的好处。他们觉得，人们对疫苗怀有毫无根据的恐惧，因此是时候用“一剂”真理来教育他们了。

而结果往往以失败告终。在德国进行的两项实验中，向人们介绍疫苗安全性的研究结果适得其反：人们反而认为疫苗风险更大。与之类似的是，在针对一群美国人的实验中，当受试者阅读有关麻疹危险性的报道，看到麻疹患儿的照片，或得知一名婴儿差点儿死于麻疹时，他们接种疫苗的意愿根本没有增加。当被告知“没有证据表明接种麻疹疫苗会导致自闭症”时，那些原本对此担心的人接种疫苗的意愿反而降低了。看来，任何逻辑论证或基于数据的解释都不能动摇他们“疫苗是不安全的”这种信念。

这是在说服他人过程中常见的问题：那些不能动摇我们的信息，可以使我们的信念更加坚定。就像疫苗激发我们的身体免疫系统去对抗病毒一样，抗拒的行为也会强化我们的心理免疫系统。反驳一种观点会令我们产生抗体，用来对抗未来想要影响我们的其他企图。我们对自己的观点越来越确信，对其他观点的好奇心也越来越少。对立的观点不再让我们感到惊讶或难堪，我们已经做好了反驳的准备。

本章开头的母亲玛丽也经历了这样的过程。她之前带着其他孩子去看医生时，经历的都是同一个熟悉的剧本。医生先是宣传疫苗的好处，警告她拒绝接种疫苗的风险，并坚持使用通用的表述，而不是去回答她的具体问题。在整个过程中医生都高高在上。玛丽感觉自己似乎受到了攻击，“她好像在指责我想让孩子生病，就好像我是个坏妈妈”。

在医院住了 5 个月后，小托比终于可以出院了，但他仍极其虚弱。护士们知道，这是最后一次劝说玛丽给托比接种疫苗的机会，所以他们请来了一位疫苗“耳语者”。他是当地的医生，采取了一种全新的方法，帮助年轻父母重新思考对疫苗接种的抗拒。这位医生没有向父母说教或谴责他们，也没有要什么手段，而是以科学家的角色去采访这些父母。

图 7-1　不怕改变

资料来源：比尔·沃特森，《凯文的幻虎世界》，1993 年，安德鲁斯·麦克梅尔出版社再版，版权所有

以访谈来动员

20 世纪 80 年代初，心理治疗师和咨询师经常指责滥用药物的人是病态的说谎者，这些人生活在否认中。当时，一位名叫比尔·米勒的临床心理学家，被医生对成瘾者的这种态度困扰。米勒的工作是治疗酗酒患者，上述态度和他在工作中近距离观察到的情况不符。在这方面，对酗酒者进行说教和谴责通常会适得其反。“酗酒的人通常会意识到这一点，”米勒对我说，“如果你试图说服他们，说他们确实喝得太多或需要改变，就会引发抗拒，他们也不太可能做出改变。”

米勒没有攻击或贬低他的患者，而是开始向他们提问，倾听他们的回答。不久之后，他发表了一篇阐述其理念的论文，这篇论文被斯蒂芬·罗尔尼克读到了，他是一名从事成瘾治疗的年轻实习护士。几年后，两人在澳大利亚巧遇，发现他们共同探索的不仅仅是一种新的治疗方法，更是一种全新的帮助人们改变的方式。

接下来，他们共同开发了这种被称为“动机式访谈”的实操方法，设立了核心原则。该方法的核心前提是：我们很少能说服其他人改变，最好的方法是帮助他人找到自我改变的动力。

假设你是霍格沃茨学院的学生，你担心你叔叔是伏地魔的粉丝。动机式访谈可能是这样进行的：

你：我很想更好地了解你对那个不能透露姓名的人（伏地魔）的感受。

叔叔：嗯，他是世上最强大的巫师。而且，他的追随者答应给我一个漂亮的头衔。

你：有意思。他有什么你不喜欢的地方吗？

叔叔：嗯，我对所有的谋杀都不感兴趣。

你：嗯，没有人是完美的。

叔叔：是的，但杀人真的很糟糕。

你：听起来你对伏地魔有些保留。是什么阻止了你放弃他？

叔叔：我怕他可能会来杀我。

你：这样的担心很合理。我也有这种感觉。我很好奇，有没有什么原则对你非常重要，以至你愿意冒这个险？

动机式访谈始于访谈者谦逊而好奇的态度。我们不知道哪些因素可能促使别人改变，但我们真的很渴望找到答案。访谈的目的不是告诉人们该做什么，而是帮助他们摆脱过度自信的循环，发现新的可能性。我们的角色就像举起的一面镜子，让对方更清楚地看到自己，进而激发他们审视自己的信念和行为。这可以激活一个重新思考循环：从更加科学地看待自己的观点，到更加谦逊地评估自己的知识水平，继而对自身的观念产生更多怀疑，对其他观点更加好奇。

动机式访谈涉及的前三项关键技巧是：

- 提出开放式问题
- 进行反思性倾听
- 肯定个人愿望和改变的能力

当玛丽准备带托比回家时，护士们给疫苗耳语者阿诺·加尼厄尔打了一个电话。阿诺是一位新生儿专家和研究员，他的专长是将动机式访谈技术应用于疫苗接种的沟通过程。当阿诺与玛丽坐下来谈话时，他既没有因玛丽没有给孩子接种疫苗对她进行评判，也没有命令她做出改变。正如记者埃里克·布德曼在报道他们会面时描述的那样：阿诺就像一名科学家或一位不那么刻薄的“苏格拉底式”学者。

阿诺告诉玛丽，他担心托比一旦得了麻疹会产生的后果，但他也接受玛丽不打疫苗的决定，并想更好地理解这个决定。在一个多小时的时间里，围绕玛丽是如何做出决定的，阿诺问了一些开放式的问题。他仔细听取了玛丽的回答，认同关于疫苗的安全性，我们周围充斥着令人困惑的信息。当访谈结束时，阿诺提醒玛丽，她可以自由选择是否接种疫苗，他相信她的能力和意愿。

最终，在离开医院之前，玛丽给托比接种了疫苗。她回忆说，一个关键的转折点是，“阿诺告诉我，无论我是否选择接种疫苗，他都尊重我的决定，作为母亲，我一定希望孩子得到最好的。这句话对我来说比世上的一切都珍贵”。

玛丽不仅答应给托比接种疫苗，还让一名护士到家里给其他孩子接种疫苗。她甚至询问阿诺是否可以跟她的嫂子讨论侄子接种疫苗的问题。玛丽说，在反对疫苗接种的群体中，她的决定是非比寻常的，“就像引爆了炸弹一样”。

玛丽是众多经历过这种转变的父母之一。疫苗耳语者不仅帮助人们改变了信念，还帮助他们改变了行为。在阿诺的第一项研究中，在访谈之前，72% 的母亲计划给孩子接种疫苗，而在与疫苗顾问进行动机式访谈后，这一比例提高到 87%。在阿诺的下一个实验中，如果母亲参加动机式访谈，那么孩子两年后完整接种疫苗的可能性会增长 9%。这一比例看上去是小幅上升的，但需要注意的是，这仅仅是发生在产科病房的一次谈话的结果，这次谈话足以改变母亲们 24 个月后的行为。政府卫生部门很快投入了数百万美元，用于推广阿诺的动机式访谈计划，将疫苗耳语者送到魁北克省每家医院的产科病房。

如今，在世界各地，成千上万的从业者使用动机式访谈，欧美许多地区都有注册培训师，阿根廷、马来西亚和南非等地也提供了培养访谈者必要技能的课程。已有 1 000 多个对照实验的研究主题是动机式访谈，仅列出这些研究的参考文献就要用掉 67 页纸。卫生专业人士已经有效地使用该方法帮助人们解决了烟瘾、滥用药物、酗酒、赌博和不安全性行为等问题，并帮助人们改善了饮食和运动习惯、克服了饮食失调，并成功减肥。动机式访谈也被成功地应用到以下实践中：教练培养职业足球运动员的毅力，教师督促学生保证睡眠充足，咨询顾问为组织变革做准备，赞比亚的公共卫生工作者鼓励人们对水进行消毒，环保人士帮助人们用行动应对气候变化。与动机式访谈类似的技巧，还帮助有偏见的选民敞开心扉。当冲突调解员帮助分居的父母解决孩子的抚养纠纷时，动机式访谈使双方达成一致的概率是标准调解手段的两倍。

整体而言，动机式访谈对大约 3/4 的人的行为改变有统计学影响和临床意义。心理学家和医生使用动机式访谈的成功率为 80%。在行为科学中，还没有太多理论在实践中具备如此有力的证据。

动机式访谈的应用不仅限于专业情境，也与日常决策和互动相关。一天，一位朋友打电话给我，询问她是否应该和前男友复合。我非常赞同，但我认为在这件事上我不应该告诉她怎么做。因此我没有提出意见，而是让她认真分析复合的利弊，看看和她想从伴侣身上获得的东西是否相符。她最终说服自己，选择了复合。我们的谈话非常神奇，我没有试图说服她，甚至没有给她任何建议。①

人们之所以忽视建议，并不总是因为他们不同意。有时，他们是在抗拒他人施压并控制自身决策的感觉。为了保护对方的自主性，动机式访谈者不会发出命令或提供建议，而是会说这样的话："以下是一些对我有帮助的事情，你认为其中哪个对你有用？"

---

① 几千年来，人类似乎一直都明白说服自己改变的魔力。我最近才得知，"abracadabra"（人们在表演魔法和魔术时说的咒语）来自一个希伯来语短语，意思是"我说话，我创造"。

表7-1 负面动机卡片

威慑	撤回关爱	说是为了我好	试图变成我的想法
大喊大叫	贬低	撤回支持	说教
操纵	根本不听我要讲的话	忽略我的感受	忽略我的想法
轻视我	撤回尊重	消极抵抗	羞辱

前文你已经看到提问是如何促进自我说服的，达里尔·戴维斯问三K党成员怎么会在不认识他的情况下恨他，就是提问在实际行动中的应用。而动机式访谈更进一步，引导他人自我发现。现在我要继续深入了解相关技术。当试图说服人们重新思考时，通常我们的第一本能是自己先说。然而，帮助他人敞开心扉最有效的方式，往往是倾听。

诊所之外

几年前，我接到一家生物技术初创公司的求助电话。首席执行官杰夫是一位训练有素的科学家，他喜欢在做决定之前掌握所有必要的数据。执掌公司一年半之后，他仍然没有提出公司的愿景，而公司面临失败的危险。接连有三位顾问试图给出建议，结果都被他解雇了。在放弃之前，人力资源负责人决定拼死一搏，于是联系了我。这是进行动机式访谈的最佳时机：杰夫似乎不愿意改变，而我不知道个中原因。当我们见面时，我决定看看我是否能帮助他找到改变的动力。以下是我们谈话的关键时刻：

我：我真的很开心在三名顾问被解雇后被聘用。我很想知道他们是怎么搞砸的。

杰夫：第一位顾问给了我答案，而不去问问题。这很自大，他怎么能在没花时间理解问题之前就解决问题呢？接下来的两个人做得更好，他们向我学习，但最终还是想教我怎么当老板。

我：那你为什么还要费力再请一个外人呢？

杰夫：我在寻求一些关于领导力的新想法。

我：不该由我来告诉你如何领导。领导力对你意味着什么？

杰夫：做出系统性决策，制定周密的战略。

我：哪些让你钦佩的领导者具备这样的能力？

杰夫：亚伯拉罕·林肯、马丁·路德·金、史蒂夫·乔布斯。

这是一个转折点。在动机式访谈中，持续型对话和改变型对话是有区别的。“持续型对话”是关于维持现状的评论。而改变型对话指向的是做出调整的愿望、能力、需要或承诺。当人们考虑改变时，很多人都会感到矛盾——一些理由让他们想要改变，另一些理由让他们希望一切照旧。米勒和罗尔尼克给出的建议是：在改变型对话中，要先询问和倾听，然后问对方一些为什么要改变以及如何改变的问题。

假设你有朋友提出想戒烟，你可以问她为什么有这样的想法。如果她说是医生建议的，那么你可以接着询问她她的动机，比如她对戒烟怎么看。如果她给出了决心戒烟的原因，你可以问她戒烟的第一步是什么。“改变型对话就像一根金线，”临床心理学家特雷莎·莫耶斯说，“你需要做的是拿起这根线，然后把它拉出来。”

我：在你提到的领导者身上，你最欣赏哪些方面？

杰夫：他们都有鲜明的愿景，能够激励他人取得非凡的成就。

我：这很有趣。如果史蒂夫·乔布斯处于你现在的位置，那么你认为他会怎么做？

杰夫：他可能会用一个大胆的想法激活他的管理团队，然后发挥自身超凡的影响力，就像“现实扭曲力场”那样，使想法变成现实。也许我也该这么做。

几周后，杰夫在公司外进行的高管会上，有史以来第一次进行了有关公司愿景的演讲。我得知后骄傲地笑了：我战胜了自己内心的“逻辑恶霸”，并引导他找到了自己的动机。

不幸的是，董事会最终还是决定关闭这家公司。

杰夫的演讲失败了。他结结巴巴地读着记在餐巾纸上的笔记，这并没有激发人们对公司未来的热情。我发现自己忽略了一个关键步骤，那就是帮助他思考如何有效实施变革。

动机式访谈的第四个技巧是总结，通常建议用在谈话结束和过渡点上。这样做的目的是解释你对他人改变原因的理解，检查你是否有遗漏或误解，并询问他们的计划和下一步的行动。

在访谈中，我们的目标不是成为领导者或追随者，而是成为引导者。米勒和罗尔尼克把这一角色比作在外国雇导游：游客不想遵照导游的命令到处走，也不想让导游跟着他们四处转。当我得知杰夫决定分享愿景的时候，我太激动了，所以我没有问愿景是什么，也没有问他在演讲中将如何呈现。我只是和他一起重新思考了是否应该发表演讲以及何时发表演讲，但没有涉及演讲的内容。

如果能重新来过，我会问杰夫准备如何表达他的主题思想，以及他认为团队将如何接受他的内容。一个好的引导者不仅仅是帮助人们改变他们的信念或行为。只有帮助对方实现目标，我们的工作才算完成了。

动机式访谈的优点之一，是能让问题在两个对立方向上具有更多的开放性。倾听能鼓励他人重新思考对我们的看法，也给了我们足够的信息，让我们去质疑他们的看法。如果认真对待动机式访谈的实践演练，我们就能学会重新思考。

对咨询师、医生、治疗师、教师和教练来说，动机式访谈的有效性不言而喻。当人们寻求帮助，或者当我们接受帮助他人就是我们的工作这个事实时，我们就能赢得他人的信任。当然，我们都面临这样的情况：我们总是试图引导人们朝着自己偏好的方向前进。父母和导师通常认为，他们知道什么对孩子和弟子最有利。销售人员、资金筹集者和企业家都有各自的利益诉求。

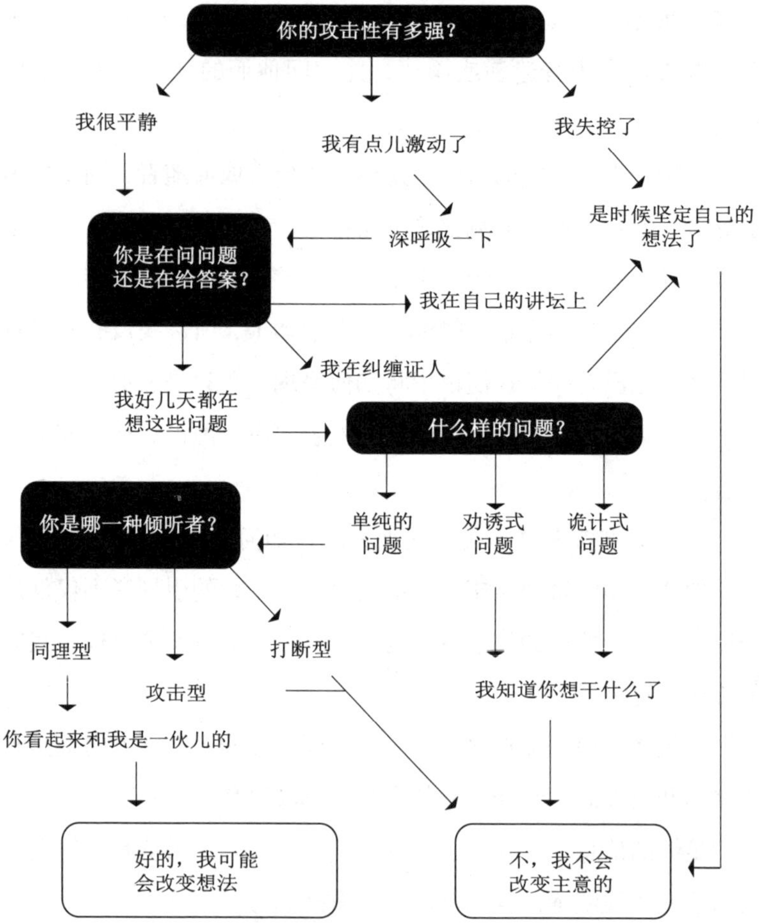

图 7-2　你会改变我的想法吗？

动机式访谈的先驱米勒和罗尔尼克早就警告：这种技巧不应被用于心理操纵。心理学家发现，当发现有人试图对自己施加影响时，人们就会产生复杂的防御机制。当他人觉得我们在试图说服他们时，我们的行为就有了不同的意义。一个原本直截了当的问题会被看成一种政客式的策略，一个反思性倾听后的陈述会被视为检察官式的操控，一个对他人改变能力的肯定听起来就像一个传教士的劝诱。

动机式访谈的引导者需要有帮助他人实现目标的真诚愿望。杰夫和我都希望他的公司成功。玛丽和阿诺都希望托比健康。如果你们的目标并不一致，那么你又怎么帮助他人改变想法呢？

有影响力的倾听之道

贝蒂·比贡贝已经在丛林中徒步了 8 英里，仍没发现任何生命迹象。她对长途跋涉并不陌生，她在乌干达北部长大，每天步行 4 英里去上学。小时候她每天只吃一餐，还是在有 8 个妻子的叔叔家的公共宅基地里。现在，她已经一路成长为乌干达议会的议员，她正在完成一个同事们都不敢接受的挑战：与一个军阀进行和谈。

约瑟夫·科尼是“圣灵抵抗军”的领袖。科尼和他的反叛组织造成 10 多万人死亡，3 万多名儿童被绑架，以及 200 多万乌干达人流离失所。20 世纪 90 年代初，贝蒂说服乌干达总统派她去看看能不能和科尼和谈，让他停止暴力活动。

经过数月努力，贝蒂终于与叛军取得了联系，而对方一想到要和一个女人谈判，就感觉受到了侮辱。然而贝蒂还是设法获得了与科尼见面的许可。科尼很快就称她为“妈妈”，甚至同意离开丛林，开启和平谈判。虽然和平谈判没有成功，但是能够促使科尼同意对话，这本身就是一项了不起的成就。[①] 凭借为结束暴力所做的努力，贝蒂被评为乌干达年度女性。最近在和她交谈时，我问她是如何成功地与科尼取得联系的，她解释说，沟通的关键不是劝说，甚至不是哄骗，而是倾听。

好的倾听不仅仅是少说话，更是一套提问和回答的技巧。倾听者先是从对别人的诉求表现出更多的兴趣开始，不要去判断他人的地位或证明我们自己的地位。记者凯特·墨菲写道，我们都能更好地提出“真正有好奇心的问题，这些问题没有隐藏任何固化、保留、建议、说服或纠正的企图”，同时有助于“促进他人清晰地表达想法”。[②]

让他人做出改变，可能是一项艰巨的任务。即便有最好的意图，我们也很容易陷入开坛布道的传教士、结案陈词的检察官或竞选演说的政客的行为模式。正如米勒和罗尔尼克所描述的那样，我们都容易受到“翻正反射”的影响，即想要解决问题并提供答案的愿望。一个熟练的动机式访谈者会抵制翻正反射，因为尽管人们希望医生为自己治疗骨折，但当涉及头脑中的问题时，他们通常更希望得到同情而不是解决方案。

这就是贝蒂·比贡贝在乌干达开始做的事情。她上山下乡，探访流离失所者的营地。她估计有些人的亲戚可能在约瑟夫·科

① 当乌干达总统无视贝蒂提出的为和谈制定基本规则的要求，而是公开威胁科尼时，和谈破裂了。科尼在阿蒂亚克屠杀了数百人作为报复。贝蒂悲痛欲绝，离开后去了世界银行工作。十年后，她发起了与科尼军队的另一轮和平谈判。她作为首席调解人返回乌干达，用自己的钱，而不是接受政府的资金，这样她就可以独立工作。当科尼在最后一刻退出时，她就快要成功了。如今，科尼军队的规模已缩小到原来的一小部分，不再被视为重大威胁。

② 贵格会有“厘清祷告会”为这一目的服务，提出问题以帮助人们明确他们的思想，并帮助他们脱离困境。

尼的军队里，也许知道他的下落。尽管没有接受过动机式访谈的培训，但她凭直觉掌握了这一理念。在所到的每一个营地，她都向人们表示，她不是来给他们上课的，而是来倾听他们的想法的。

她的好奇心和自信的谦逊让乌干达人大出所料。其他和谈者来这里的目标就是命令他们停止战斗。这些和谈者鼓吹自己带来的解决冲突的计划，并谴责过去失败的尝试。现在，作为一名职业政客，贝蒂没有告诉他们该怎么做。她只是在篝火前耐心地坐了几个小时，一边做笔记，一边时不时凑上前问一些问题。“如果你想骂我，尽管骂吧，”她说，“如果想让我离开，那么我会走。”

为了显示对和平的决心，贝蒂住在了营地里，尽管那里缺乏足够的食物和基本的卫生设施。她请人们表达不满，并给出补救措施的建议。人们告诉她，很少有外人让他们分享自己的观点，这也让当地人感到新奇。在贝蒂的鼓励下，人们能够提出自己的解决方案，这让他们产生了一种主人翁意识。最后，他们称她为 megu，字面意思是“妈妈”，也是对长辈的一种爱称。由于贝蒂是政府的代表，而且在许多营地，政府被视为压迫者，所以她能得到这样的荣誉尤为令人惊叹。不久，人们就主动把她介绍给约瑟夫·科尼游击队的协调员和指挥官。正如贝蒂说的那样：“就算魔鬼也喜欢被倾听。”

很多实验结果都显示，与一位具备同理心、不带偏见、专注的听众互动，人们会不那么焦虑和充满防御性。在这种情况下，来自思维中的矛盾带给他们的压力会减小，促使他们更深入地探索自己的观点，确认其中更多的细节，更公开地分享。这些倾听的好处不仅限于一对一地互动，还可以以小组形式出现。在政府机构、科技公司和学校进行的实验中，人们坐成一圈，每次有一个人拿起话筒，其他人都会专心听。这时人们的态度会变得更加复杂，不再走极端。心理学家建议，我们可以时常和难以理解的人坐下来进行这样的练习。我们想让他们知道，自己正在努力成为更好的倾听者，想听听他们的想法，我们会先听对方说一会儿再做回应。

许多沟通者想让自己看起来很聪明，而伟大的倾听者更希望沟通对象认为其睿智。倾听者帮助他人以更加谦逊、更有怀疑精神和充满好奇的态度对待自己的观点。人们在有机会大声自我表达时，往往会发现新的想法。正如作家爱德华·摩根·福斯特所说："如果看不到我说了什么，那么我怎么能明白自己的想法?"这样的理念令福斯特成为一个异常专注的倾听者。用一位传记作家的话来说，"与他交谈就是被一种逆向的魅力诱惑，当你感到自己被如此专注地倾听时，你就必须成为最诚实、最敏锐、最好的自己"。

逆向的魅力，这是一个多么美妙的词，能够概括卓越的倾听者的吸引力。可以想象，这样的倾听是多么少见。在被员工评为"最差倾听者"的经理中，94% 的人认为自己是好的或非常好的倾听者。达克效应的提出者邓宁和克鲁格可能对此有话要说。在一项民意调查中，有 1/3 的女性表示，她们的宠物比伴侣更善于倾听。看来不只是我的孩子需要一只猫。研究发现，即使患者可能只需要 29 秒来描述症状，医生也通常会在 11 秒内打断他们。而在魁北克，玛丽的经历与众不同。

当玛丽解释她担心自闭症和同时接种多种疫苗的副作用时，

阿诺并没有用一连串的科学事实来“轰炸”她，而是问她的消息来源是什么。和许多家长一样，她说她在互联网上读过与疫苗相关的消息，但忘了是在哪里。他对此表示理解，在相互矛盾的海量信息中，人们很难弄清楚免疫接种是否安全。

最终，在了解玛丽的观点之后，阿诺问她是否愿意听自己依据专业知识分享一些疫苗的信息。“我开始了一场对话，”阿诺告诉我，“对话的目标是建立信任关系。如果你未经允许提供信息，没有人会听你的。”阿诺对玛丽解释，麻疹疫苗是一种减毒的活疫苗，因此不良症状通常很轻微，没有证据表明疫苗会增加自闭症或其他综合征的患病率。阿诺的解释消除了玛丽的恐惧和误解。他不是在演讲，而是在讨论。按照玛丽的提问，阿诺分享了一些信息，他们一起重建了玛丽的知识结构。每走一步，阿诺都避免给玛丽施加压力。即使经过了科学讨论，在对话结束时，阿诺也告诉她，他会让她自己思考，并肯定了玛丽有自己做决定的自由。

2020 年冬天，在最严重的暴风雪期间，一对儿夫妇开车一个半小时去拜访阿诺。在此之前，他们没有给任何一个孩子接种过疫苗。在与阿诺讨论 45 分钟后，他们决定给四个孩子都接种疫苗。这对儿夫妇和玛丽 – 埃莱娜住在同一个村子，看到其他孩子接种疫苗后，孩子的母亲十分好奇，想了解更多信息，于是去拜访阿诺。

倾听不仅可以给人们空间，让人们思考自己的观点，还是尊重和关心的表现。当阿诺花时间去理解玛丽的顾虑而不是去否认时，他表现出对玛丽母子健康的真诚关心。贝蒂与流离失所的乌干达人同处难民营，听他们表达自己的委屈，这表明对她来说他们的倾诉至关重要。当倾听时，我们向他人提供了最稀有、最珍贵的礼物：我们的注意力。一旦展现出我们关心对方和他们的目标，对方就更愿意听我们说。

我们如果能成功地说服一位母亲给她体弱的孩子接种疫苗，或者让一个军阀考虑和平谈判，就更容易得出这样的结论：只要结局是好的，不管用什么方法都是正当的。但值得注意的是，方法是衡量人格的尺度。当成功地改变了他人的想法时，我们不应该只对自己的成就感到自豪，还要对取得成就的方法感到骄傲。

第三部分

群体层面的重新思考

创造终身学习者社区

8

激烈的对话：消除分歧的讨论

当冲突变成陈词滥调时，复杂就成了爆炸性新闻。

——阿曼达·瑞普利

关于堕胎，想要进行一场咬牙切齿、面红耳赤的争辩吗？或者讨论移民、死刑、气候变化问题？你如果认为自己能应对，那就前往纽约哥伦比亚大学校园一栋砖楼的二层吧，那里是“艰难对话实验室”的大本营。

如果有足够的勇气前往，你就会随机与一位陌生人匹配，你们俩将在一个有争议的话题（比如堕胎问题）上持相反观点，讨论时间为 20 分钟，时间一到，双方必须做出决定，是否就堕胎立法达成共识，同时撰写一份联合声明并签名。如果你能做到这一点（这并不容易），那么你的声明将被发布到一个公共论坛上。

20 年来，实验室负责人彼得·科尔曼召集人们探讨一系列两极化的问题。他的任务是解构成功的对话，然后检验其构成要素，以便复制更多这样的成功案例。

在展开堕胎问题的对话之前，为了让你有正确的心态，彼得给你和陌生同伴一篇新文章。文章是关于另一个争议性话题的，即枪支管制。你不知道的是，实际上，彼得准备的文章有好几个版本。你所读的版本将会对你们俩在堕胎问题上达成共识产生很大影响。

如果枪支管制文章讨论了问题的正反两面，就持枪权利和枪支管制权衡利弊，那么你和对手有很大机会就堕胎问题达成共识。在一次实验中，阅读完枪支管制正反两方面的观点后，46%的配对组合能够找到足够的共同点，起草并签署了一份关于堕胎的联合声明。这是一个了不起的结果。

接下来的实验让人更加大开眼界，彼得随机分配另一个版本的枪支管制文章给一些配对组合来阅读，最终让配对组合 100%都能起草并签署一份关于堕胎的联合声明。

相比之前的版本，新版文章提供了相同的信息，但呈现方式不同。文章没有将枪支管制描述成一个非黑即白的两极化问题，而是把辩论界定为有许多灰色地带的复杂问题，涵盖一系列不同观点。

世纪之交，人们对互联网的最大期望，是它能让我们接触不同的观点。而当网络迎来数十亿新用户和对话中的优势地位时，它也成了错误和虚假信息的帮凶。到 2016 年美国大选的时候，政治两极化问题变得愈加极端和白热化，在我看来，解决方案显而易见：我们需要打破新闻推送的“过滤泡”并粉碎网络“回音室”。如果我们能够向人们展示某个问题的另一面，人们就会开拓思维，变得更加明智。然而，彼得的研究挑战了这一假设。

我们现在知道，在复杂问题上，仅仅看到另一方的观点是不够的。社交媒体平台让我们充分接触了反方观点，却没有改变我们的想法。了解其他观点的存在，并不足以使传教士怀疑自己是否站在道德的一边，使检察官质疑自己是否站在正义的一边，也不足以使政客质疑自己的历史正确性。听到某个相反观点不足以促使你重新思考你的立场，反而会使你更坚决地支持持枪（或者禁枪）。呈两极分化的观点不是解决方案，反而促成了两极化。

心理学家将上述偏差命名为“二元偏误”，即将复杂连续体简化为两类，以此实现清晰化和达成结论，它是人类的本能倾向。套用幽默作家罗伯特·本奇利的话来说，世界上存在两种人：一种把世界上的人分成两类，另一种不是。

解决两极化的良方是复杂化：全面展示某个议题在各个角度上的观点。我们或许认为，像硬币的正反面那样呈现观点，可以在热点问题的讨论中取得进展。但事实上，当我们像棱镜一样从多个角度呈现观点时，人们才更有可能重新思考。借用沃尔特·惠特曼的一句话，只有展现多种维度的观点才能帮助人们意识到：自身的观点也是多维的。

呈现一定程度的复杂性，能帮助人们打破过度自信循环并刺激重新思考循环。复杂性让我们更谦逊地看待自身的知识，更多地质疑自身观点，也使我们有足够的好奇心去发现未知的信息。在彼得的实验中，他所做的是不把枪支管制看成只有两个极端立场的议题，而是将其定义为涵盖多个相互交织的难题的复杂问题。正如记者阿曼达·瑞普利描述的那样，这篇枪支管制文章“读起来不像律师的开场词，更像人类学家的田野笔记”。这些田野笔记足够帮助反对和支持堕胎的人在短短20分钟内找到一些共识。

这篇文章不仅可以让人们重新思考关于堕胎的观点，还会让人们重新思考自己在其他有分歧的问题（比如平权行动和死刑①）上的立场。人们在读到只呈现对立观点的文章时，他们只会更加捍卫自身观点，而不会对相反观点感兴趣。但若读的是复杂化的文章，那么他们对共识性观点的评论数量将是自身观点的两倍。人们坚持的观点数量更少，提出的问题却会更多。在对话结束前，他们会做出更复杂、质量更高的联合声明，在离开时双方对结果都更加满意。

在很长一段时间里，我没有万灵药，苦于不知如何处理本书中的政治问题。我并不信任政客。作为一名组织心理学家，我在考察选举候选人时，与政治立场相比，我会优先考虑他们作为领导者的能力。作为一个公民，我相信在每一个问题上形成一个独立的意见是我的责任。最终，我认为远离纷争的最好办法，就是去探索那些影响我们每个人的时刻，那些面对面或者在线上进行的扣人心弦的对话。

抑制简化问题的冲动，可以帮助我们对议题产生更好的认知。这将对有关两极化议题的对话起到深远的影响。在传统媒体中，复杂化帮助记者让人们更全面地了解令人不安的事实。在社交媒体上，复杂化能让人们在推特上拌嘴、在脸书上争吵的内容

① 新闻头条在报道某个关于美国枪支法案的分歧时，通常会缺失很多复杂性。确实，从支持禁枪和枪支回购的占比角度看，共和党和民主党之间有着47%~50%的差距。然而，民意调查显示，两党就购枪背景调查（共和党83%的支持率，民主党96%的支持率）以及购枪人心理健康检查（共和党81%赞成，民主党94%赞成）达成了共识。

更加丰富。在家庭聚会上，也许复杂化不会让你和你最讨厌的叔叔达成共识，但会阻止一场看起来无害的对话演变成地狱模式。而且在讨论对我们生活有普遍影响的政策时，复杂化可能会更快地达成更好、更可行的解决方案。这是本书这一部分想说的：要把重新思考应用到我们生活中的各个领域，这样我们就可以在人生的各个阶段持续学习。

图 8-1　不合逻辑的推论

资料来源：Non Sequitur©2016 Wiley Ink, Inc. Dist. 安德鲁斯·麦克梅尔出版社。允许转载。版权所有

不愿面对的真相

2006 年，阿尔·戈尔主演了一部有关气候变化的电影《难以忽视的真相》，赢得了奥斯卡最佳纪录片奖，在全球引发了一股行动浪潮，激励企业走向绿色环保，促使政府通过立法和签署具有里程碑意义的协议来保护地球环境。历史告诉我们，有时需

要通过传道、控诉以及政治化的组合来推动这种巨大的变革。

然而，到 2018 年，只有 59% 的美国人将气候变化视为主要威胁，还有 16% 的人认为气候变化根本就不是威胁。在西欧和东南亚的许多国家，越来越多的人开始意识到气候变化是一个严峻的问题。而在过去的 10 年里，美国人对气候变化的看法几乎没有改变。

这个棘手的问题，可以成为我们探究如何让分歧对话复杂化的天然试验场。重要的是，让人们注意到那些经常被忽视的细微差别，先从寻找并聚焦灰色地带开始。

期望偏差的基本前提是：我们的信念是由动机塑造的。我们相信什么，取决于我们想相信什么。从情感上说，气候变化意味着所有我们认识的人都可能处在危险之中，接受这一现实会让人感到不安，但是美国人质疑气候变化，还有一些其他的原因。从政治上讲，气候变化在美国被打上了自由主义的标签；在一些保守圈层中，仅仅是承认气候变化就可能让一个人被圈子迅速驱逐出去。有证据表明，随着教育水平的提高，民主党人对气候变化的担忧加剧，共和党人的担忧却在减少。从经济角度看，美国人认为，美国在应对气候变化上比全球大多数国家更有韧性，对此信心满满，而且我们也不愿放弃造就如今经济繁荣的发展方式。这些根深蒂固的信念是很难被改变的。

作为心理学家，我想把目光聚焦在另一个因素上。这是我们完全可以控制的事：关于气候变化的交流方式。很多人认为，充满激情和信念的传道是说服别人的必要条件，一个突出的例子就是阿尔·戈尔。当他在 2000 年美国总统选举中以微弱劣势落败时，失败的理由之一就是他缺乏个人能量。人们认为他的演讲干巴巴的，很无聊，像个机器人。然而，一晃几年过去，他的电影变得引人入胜，他个人的平台化能力也有了飞速提升。2016 年，当我在 TED 上看到戈尔演讲时，我发现他的语言生动有趣，声音情感丰沛，在台上挥洒着激情和汗水。如果过去是机器人控制了他的大脑，那么现在机器人已经宕机，他的大脑重新由人类来主宰。“一些人仍然怀疑我们是否有行动的意愿，”他大声说，“但是我认为，行动意愿本身就是一种可再生资源。”观众起立爆发出热烈的掌声，随后他被誉为“TED 猫王”。如果说他的交流方式没有问题，那么到底是什么原因让曾经的他没能打动观众？

在 TED 演讲中，戈尔向观众说，他的观众都有了很大的进步。对那些持不同观念的观众来讲，戈尔的说法并不总是能够引起共鸣。在《难以忽视的真相》中，戈尔对比了“真相”和“所谓的怀疑论者”的观点。2010 年，戈尔在报纸专栏中将科学家与“气候变化否认者”进行了对比。

这就是二元偏误在起作用。世界被假设成两个阵营：接受气候变化的人和不相信气候变化的人。只有一边是对的，因为仅有一个真相。我不会指责阿尔·戈尔的主张，他提供了严谨的数据并代表了科学界的共识。由于他是一个复出的政治家，看问题两极化一定是老习惯。但是，当黑与白是仅有的选项时，人们会很自然地陷入与他人进行对比的思维模式，并专注于非科学观点。对那些观点摇摆不定的人来说，当他们被迫站队时，情感上、政治上、经济上的压力都会令他们倾向于退出讨论或者忽视问题。

为了克服二元偏误，一个好的起点是，意识到在给定范围内的各种观点。民意调查显示，在气候变化问题上，至少有六大观点阵营。超过半数的美国人是相信者，但其中部分人为气候变化感到担忧，其余的人则感到震惊。而所谓的不相信气候变化的人，他们的态度其实分为四种程度：谨慎、冷漠、怀疑、轻视。

区别怀疑论者和否认者尤其重要。怀疑论者持有益的科学立场：他们不相信看到、听到或者读到的任何事情。他们会问批判性的问题，而一旦获得新的信息，他们就会更新自己的想法。否认者则处于轻视阵营，被锁定在传教士、检察官或政客模式中：他们不会相信来自对方的任何事情。否认者会通过忽视或者扭曲事实来支持自己预先设定的结论。正如怀疑论调查委员会向媒体提出的请求那样，怀疑论是“科学方法的基础”，而否认理论是“在没有客观思考的情况下对某些想法的先验拒绝”。①

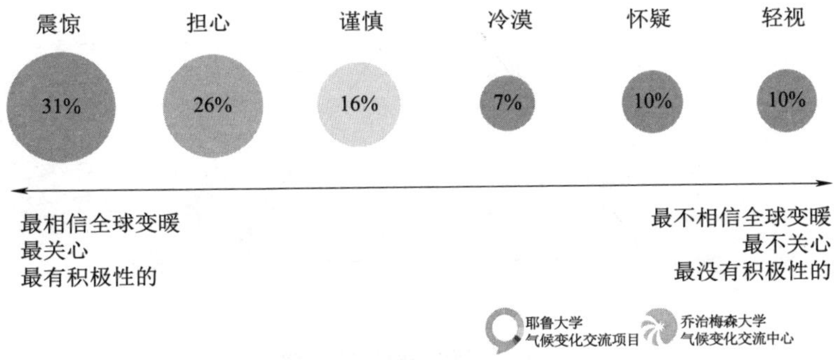

图 8-2　六大观点阵营（2019年11月）

资料来源：18 岁以上的美国人（样本数量为 1 303）

---

① 气候学家进一步指出，在否认者中，至少有六种不同类型的观点存在：（1）二氧化碳没有增加；（2）即使二氧化碳增加，气候变暖也不会发生；（3）即使变暖正在发生，也是自然原因造成的；（4）即使人类造成了气候变暖，影响也很小；（5）即使人类的影响不是微不足道的，也是有益的；（6）在情况变得真正可怕之前，我们会调整或解决它。实验表明，为否认科学的人提供一个公共平台可能会适得其反，因为它会传播错误的信仰，但反驳他们的论点或技术会有所帮助。

上述观念的复杂性常常在气候变化的报道中被忽略。虽然只有不到 10% 的美国人对气候变化持否定态度，但这些极少数的否认者却得到了最多的媒体关注。一项研究分析了 2000—2016 年上千篇有关气候变化的媒体文章，媒体曝光似乎也对那些否认气候变化的人有所倾斜：他们被报道的频率比专家型科学家高 49%。这就导致人们最终高估了否认者的普遍性，这个结果反过来让他们更加犹豫是否要倡导保护环境的政策。当观点光谱的中间部分不可见时，大多数人的行动意愿随之消失。如果其他人什么都不会做，那么我又何必自找麻烦？当意识到当下有多少人关心气候变化时，人们更愿意为此采取行动。

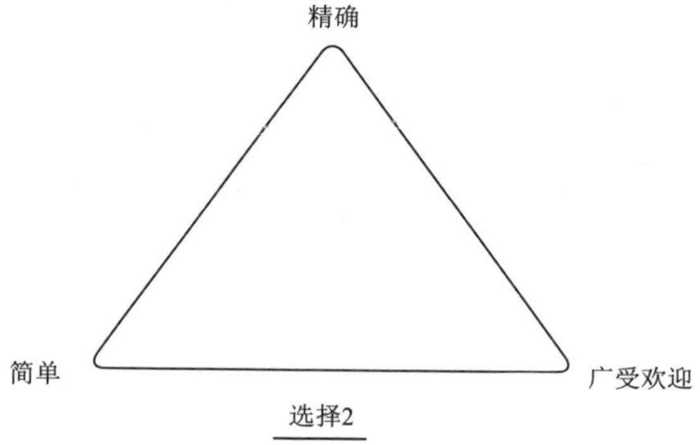

图 8-3　谈论充满争议的话题

作为信息的消费者，我们扮演着接受更微妙的观点的角色。我们在阅读、倾听或者观看时，可以学着将复杂性视为可信度的标志。我们应该偏爱那些从多个角度而非仅仅从一两个角度反映问题的内容和来源。当遇到简化的标题时，我们会询问在问题两极之间被忽略的其他观点是什么，以此来对抗接受二元化数据的倾向。

对信息传播者和生产者来说，上述原则同样适用。新的研究表明，记者在报道中承认气候变化和移民等复杂问题的事实存在不确定性，并不会损害读者对内容的信任。而且多个实验结果显示，若专家表达出疑虑，人们会认为他们更有说服力。当渊博的人承认不确定性时，人们会对此感到惊讶，最终会更加关注争论的实质。

当然，过于细化的观点似乎不能带来病毒式传播的效果。人的注意力持续时间很短，我们仅有几秒钟的时间来用一个抓人眼球的标题吸引读者。的确，复杂性并不总能让新闻报道名声大噪，但会催生伟大的对话。但是，有些记者找到了巧妙的办法，用几句简洁的话语就概括了复杂性。

几年前，有媒体报道了一项关于咖啡消费对认知影响的研究。不同报道的标题来自同样的数据，一些报纸宣扬喝咖啡的好处，而另一些媒体以喝咖啡的负面影响为标题：

- 有更多证据表明，饮用咖啡对你的大脑有好处——福布斯
- 研究：增加咖啡摄入损害大脑健康——哥伦比亚广播公司，亚特兰大
- 研究表明，咖啡能够预防轻度认知功能障碍——bustle 网站
- 这就是为什么多饮一杯咖啡有损你的大脑——《今日印度》

这篇研究的实际结果表明：和完全不喝咖啡、偶尔喝咖啡和重度咖啡依赖的人相比，每日饮用一至两杯咖啡的老年人，患轻度认知功能障碍的风险更低。但如果这些老年人每天多喝至少一

杯咖啡，与那些每天只喝一杯或者少于一杯的人相比，那么患病的风险反而更高。上面这些单一角度的标题仅用寥寥数语就误导了读者对咖啡产生的影响的看法。仅需要简短的言语就可以用更准确的标题迅速呈现研究的复杂性：

> 以往的科学研究发现：咖啡对大脑有好处。最新发现：没这么快……
>
> ——《华盛顿邮报》

想象一下，类似的标题会出现在气候变化的报道中，这种最低程度的复杂性会对人们产生怎样的影响？关于气候变化，绝大多数科学家都同意人为因素的影响，但是，他们对气候变化的实际影响和潜在解决方法也存在各种各样的观点。我们可以在对气候恶化感到震惊的同时，意识到还存在多种方法可用来应对和改善这一问题。[①]

心理学家发现，人们如果不喜欢某个问题的解决方案，就会忽略或否认该问题的存在。当自由主义者读到“严格的枪支管制法案会使房主更难自我保护”这样的观点时，他们就会对入室暴力问题更加不屑。与排放限制提案相比，当保守党人读到一份绿

---

① 记者和活动家在讨论气候变化的后果时，往往也缺乏复杂性。与气候变化相关的悲观信息可以让那些害怕地球变暖的人创造激烈讨论的话题。但是，对 24 个国家的一项研究表明，当看到改善气候行动的集体利益时——比如经济和科学的进步，以及建立更道德和更有爱心的社区，人们会更积极地倡导环境保护并采取行动。不同的气候变化怀疑论者，态度从震惊到怀疑的人，如果相信改善环境会产生明显的好处，就会更加坚定地采取主动措施。研究表明，记者可以强调普遍的价值观（如捍卫自由）以及更保守的价值观（如保护自然的纯粹性，或者把保护地球作为爱国行为的一部分），激发人们采取更多行动，而不是仅仅诉诸同情心和正义等已经产生刻板印象的自由主义价值观。

色科技政策的提案时，他们更容易接受与气候相关的科学研究发现。

在讨论解决问题的方法时，关注灰色地带能够帮助人们将注意力从“为什么气候变化是一个问题”转移到“怎样应对气候变化”上。正如我们在“解释深度错觉”的研究证据中看到的那样，询问“怎么做”有助于减少两极分化，为关于行动的更有建设性的对话奠定基础。在下面的示例中，文章作者用标题暗示了解决方案的复杂性：

我从事环保运动。我不在乎你是否回收

种一万亿棵树能阻止气候变化吗？科学家认为这要复杂得多

局限性警告和偶发事件

如果你想更好地传达复杂性，那么科学家的交流方式值得你仔细学习。一个关键步骤就是给出警告。很少有某项研究甚至系列研究是结论性的。研究人员通常会在文章中用多个段落阐释研究的每个局限。科学家很少将局限性看作工作的漏洞，而更多地看成未来新发现的入口。然而，当与科学家以外的人分享研究发现时，我们有时会忽略这些警告。

最近的研究发现，这样的省略是一个错误。在一系列实验中，心理学家发现，当包含研究警告时，新闻中的科学报道会成功地抓住读者兴趣并扩展他们的认知。以一项研究的报道为例，研究证实，不良饮食习惯会加速衰老。研究提及，由于现有的影响衰老的因素很多，因此科学家还不能给出强因果关系的结论。读者对这篇报道非常感兴趣，同时自身的观点也更具灵活性。研究还发现，哪怕仅仅是提到“科学家在该领域还需进一步研究”，也能发挥同样的效果。

我们还可以通过强调偶发事件来传达复杂性。实证研究的每一项发现都提出了新的尚未得到解答的问题：在什么情况下，这些研究结果能够被复制、被推翻或者得出相反的结论？偶发事件则是指所有可能改变结果的实验场所、人群等相关因素。

比如对多样性的研究，虽然我们在标题中经常看到“多样性是好的”，但研究证据充满了偶发事件。背景和思想的多样性是一种潜能，能帮助人们更广泛地思考，更深入地处理信息。但是，这种潜能在某些情况下能够实现，而在其他情况下则不能。最新研究表明，当标题的信息更加精细（和准确）时，比如“多样性是好的，但并不容易实现”，人们更有可能去考虑和推动多样性。[①] 承认复杂性并不会使演讲者或作者降低自身的可信度，反而会让他们更可信。复杂性没有令他们失去观众和读者，相反，在保持受众兴趣的同时，激发了他们的好奇心。

在社会科学中，研究者接受的训练不是去挑选信息来适配自己已有的论述，而是问自己是否应该重新思考并修改这些论述。当发现证据不完全符合自身的观念系统时，无论如何我们都会期

---

① 即使我们试图传达细微差别，一些信息也会在转述中丢失。最近，我和一些同事发表了一篇题为“在线多样性培训的多种效应”的文章。我认为我们已经非常清楚地表明，研究揭示了多样性培训的复杂性。但很快，很多评论都把这篇文章视为支持多元化培训价值的证据，同样数量的评论文章则把这篇文章视为多元化培训是在浪费时间的证据。我们由此发现，证真偏差和期望偏差仍然存在。

望分享新的发现。[①] 在过去写给公众的一些文章中，我很后悔没有在证据不完整或者存在争议的地方进行足够的强调。我有时候会回避讨论某个主题的多个研究结果，因为我不想让读者感到困惑。研究表明，一些作者也陷入了相同的陷阱，苦于"保持论述的一致性，而非记录的准确性"。

一个有趣的例子是关于情商的观点争鸣。争议的一个极端是让情商概念风靡世界的丹尼尔·戈尔曼。他宣称，从绩效角度看，情商比智商更重要，而且"近 90%"的领导者的成功表现都归因于情商。争议的另一个极端是乔丹·彼得森，他认为"根本不存在情商这种东西"，并指控情商是"一个欺诈概念，一种时髦，一股方便追逐的潮流，一种企业市场营销的伎俩"。

戈尔曼和彼得森都拥有心理学博士学位，但似乎都对准确的记录不感兴趣。彼得森如果费心阅读一下涵盖 200 个工作岗位的综合性元分析研究，就会发现：研究结果和他的主张相反，情商是真实存在的，而且很重要。即便控制了智商和个性两个变量，情商测试也能预测个人的绩效表现。戈尔曼如果没有忽视同样的研究数据，就会明白，如果想预测不同工作的人的业绩表现，智商的重要性是情商的两倍多（情商对业绩表现的解释力只有 3% 到 8%）。

我认为他们俩都没有抓住重点。与其在情商是否有意义上争辩，不如更多关注偶发事件，关注在什么情况下情商有更强或更弱的解释力。事实证明，在需要应对情绪的工作中，情商对工作

① 一些实验表明，当人们接受悖论和矛盾而非回避时，他们会产生更多有创意的想法和解决方案。但是其他实验表明，当人们接受悖论和矛盾时，他们更有可能坚持错误的观念和失败的行为。让这个悖论再腌制一会儿吧。

表现是有益的，反之，情商就不太重要了，甚至可能有害。如果你是一位房地产中介、客服代表或顾问，善于感知、理解并管理情绪，那么情商可以帮助你更好地服务客户并解决他们的问题。如果你是一名机械师或会计师，情商就没那么有用了，甚至可能会分散你的注意力。如果你在帮我修理汽车或者报税，那么我希望你别太关注我的情绪。

为了澄清事实，我在领英上写了一篇短文，讨论情商被高估的现象。我尽最大努力遵循自己的复杂性准则：

> 细微差别：这并不是说情商是无用的。
>
> 警告：随着更好的情商测试被设计出来，我们的认知可能会发生改变。
>
> 偶发情况：到目前为止，最好的研究证据表明，情商不是万灵药。
>
> 让我们认清情商是什么：在情绪信息丰富或重要的情况下，一种可能有益的技能。

超过 1 000 条评论蜂拥而至，我惊喜地发现，许多人对这一复杂信息反应热烈。有些人认为，没有什么是非此即彼的，数据帮助我们重新审视坚守的观念。其他人则敌意满满：他们对证据视而不见，并坚持认为情商是成功的必要条件，就好像他们属于某个“情商邪教”。

我经常会遇到一些“思想邪教”。这些组织煽动一批思想过于简单的知识分子。他们成为狂热信徒，招募追随者以广泛传播思想主张。他们宣扬“钟爱理论”的优点，并控诉任何要求呈现事实细微差别或者复杂性的人。在健康领域，即便在排毒食品和清肠保健品的骗局被曝光之后，“思想邪教”仍然在捍卫排毒、清肠等疗法的有效性。在教育领域，学习方式上存在着一种“思想邪教”，即应该根据学生的听觉、视觉和动觉模式的偏好设计教学方式，有些老师据此调整了他们的教学方式。其实，数十年来的研究已经证明，学生虽然有可能喜欢听、读和动手去做的学习方式，但实际上他们并没有因此学得更好。在心理学领域，当分享研究发现时，我无意中冒犯了“思想邪教”的成员，这些冒犯性观点包括：冥想不是预防压力或提升正念的唯一方法；迈尔斯－布里格斯人格类型测验的信度和效度介于星座和心脏监护仪之间；为人更真诚有时会让我们不那么成功。如果你发现自己在说“×× 总是好的，或者 ×× 从来都不是坏的”时，你可能就是一个“思想邪教”成员。对复杂性的重视提醒我们：没有一种行为是一直有效的，而且所有的解决方法都有意想不到的结果。

图 8-4　“网上有人是错的。”

资料来源：xkcd.com

在约翰·罗尔斯的道德哲学中，“无知之幕”是指我们在不知道自己处于社会中何种地位的情况下，对一个社会的正义程度进行评判。科学家的“无知之幕”则是在我们不知道研究结论的情况下，问我们是否会接受基于某种研究方法的研究结果。

复杂的感情

在两极分化的讨论中，通常的建议是要从对方的角度出发。从理论上说，换位思考能让我们与他人步调一致。但在实践中，却不是这么简单。

在一组实验中，受试者被随机分配去反思与他们持相反政见者的意图和利益，结果显示，这样的反思反而让他们更不愿意重新思考自己对医疗健康和全民基本收入问题的态度。25 个相关实验发现，想象他人的观点并不能让受试者获得更准确的见解，而且有时还会让受试者对自身并不准确的判断变得更有信心。换位思考总是失败的，因为我们是糟糕的读心者，我们只是在猜测他人的想法。

如果不理解某个人，我们就不能通过想象这个人的观点来获得顿悟。民意调查显示，民主党人低估了承认种族歧视和性别歧视的共和党人的人数，而共和党人则低估了以做美国人为荣并反对开放边境的民主党人的人数。我们和对手之间的距离越远，就越有可能过分简化对方的真实动机，并编造与实际情况相去甚远的解释。实际上，有用的不是换位思考，而是寻求新的视角：真正地和人们交谈以了解他们观点的详情。优秀的科学家会通过对话来检验自己的假设，而不会根据最少的线索对他人下结论。

我一直认为，让对话不再两极分化的最好办法就是将情绪排除在外。如果能抽离情绪，我们就更愿意重新思考。随后，我找到了一些研究证据，使我的观点变得更加复杂。

事实证明，即使与某人在某个社会问题上有强烈的分歧，当发现对方真的关心这个问题时，我们也会增加对她 / 他的信任。虽然可能仍然不喜欢对方，但是我们将其对原则的热忱看作正直的表现。我们反对对方的观点，但是会尊重观点背后的人。

在对话开始时，表达出对他人的尊重是有益的。有实验表明，如果一个持不同观点的人先表示“我十分尊重像你这样尊重原则的人”，对方就不太可能将这个人视为对手，并会表现得更为大度。

彼得·科尔曼将人们召集在他的“艰难对话实验室”中，他会在事后播放讨论的录音。他想了解受试者在听到自己的声音时每分每秒的感受。在研究了 500 多组这样的对话后，他发现，在那些无效对话中，正面和负面情绪的占比都比较有限，如图 8–5（左）所示。人们被困在只有一两种主要感受的简化情绪中。

正如你在图 8–5（右）中看到的二人组录音分析图，富有成效的对话包含了更加多样化的情绪光谱。他们的情绪并没有减少，而是更加复杂化。人们可能会一度对他人的观点感到愤怒，但是下一分钟，他们就希望了解更多。很快，他们可能又转为焦虑情绪，接着因为思考一个新视角而感到兴奋。有时，他们甚至会沉浸在犯错的喜悦中。

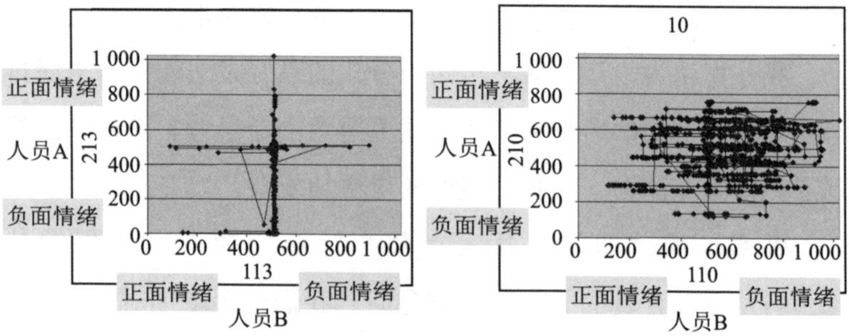

图 8-5　情绪录音分析

在一段富有成效的对话中，人们将其感受看作草稿。和艺术一样，情绪也是进行中的作品。我们很少能在第一幅草图上定稿。当获得新视角时，我们就会修改感受。有时我们甚至会从头再来。

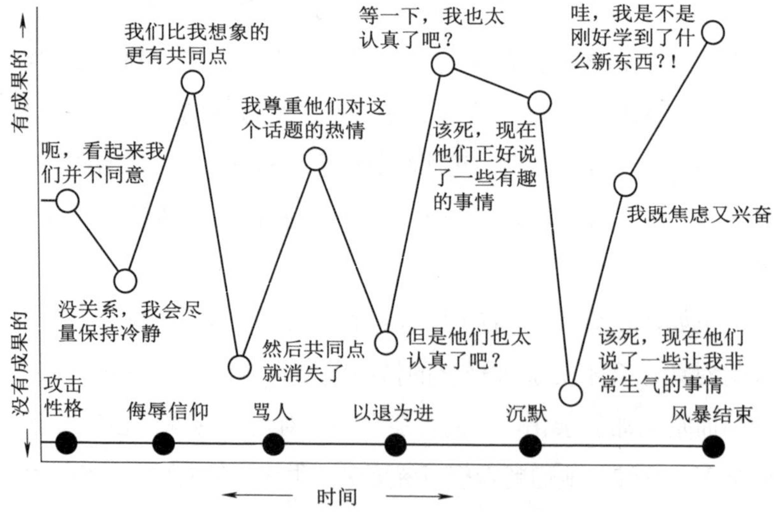

图 8-6　富有成效的对话vs无效的对话

妨碍重新思考的不是情感的表达，而一个有限的情感范围。那么，我们如何在激烈的对话中注入更多的情感变化，从而提高互相理解和重新思考的潜力呢？

想要达成上述目标，我们需要记住，在情绪上我们也可能会成为二元偏误的受害者，而不仅是在观点层面上，正如围绕热议话题的观点复杂程度要远大于两个极端观点，我们的情感通常也比认识到的更复杂。[①] 如果新的证据让你发现，你对实现枪支安全的最佳方案的想法可能错了，那么你会为自己学到的东西感到既沮丧又好奇。如果感到被某个持不同观念的人误解了，那么你可能既会对你们过去的交往感到愤怒，又会对未来的关系充满希望。如果有人认为你的行为和你的反种族歧视言论并不相符，那么你会同时体验到防卫心理（我是个好人！）和悔意（我原本可以做得更多）。

2020 年春天，一个名叫克里斯蒂安·库珀的黑人正在中央公园里观鸟。一名白人女性和她的狗从他身边走过。他恭敬地请这位女士遵照附近指示牌的要求把狗拴上。当她拒绝时，克里斯蒂安保持冷静并拿出手机录像。她反过来警告克里斯蒂安，说她要报警："我要告诉警察有一个非洲裔美国人正在威胁我的生命。"

---

① 事实表明，年轻的英裔美国人比年长的英裔美国人和亚裔美国人更容易抗拒复杂的情绪，比如同时感到快乐和悲伤。造成差异的原因似乎在于他们能否舒服地接受二元论和矛盾观点。我认为，用更丰富的语言来捕捉矛盾情绪，对我们接受复杂情绪有所帮助。例如，日语中的 koi no yokan 一词，意为不是一见钟情，而是随着时间的推移，我们逐渐爱上那个人。因纽特语中有 iktsuar pok 一词，用来形容当我们在家里等待客人到来时，既有期待又有焦虑的情绪。格鲁吉亚语中有一个词是 shemomedjamo，这是一种因为饭菜太好吃，所以即使吃撑也要继续吃的感觉。我最喜欢的一个关于情绪的词是德语词 kummerspeck，意为当我们悲伤时，情绪性的暴饮暴食会增加额外的体重。这个词直译为"伤心咸肉"。我发现这个词可以在激烈的对话中派上用场：我之前不是有意冒犯你，我也很悲伤，现在正在长伤心咸肉呢。

接着，她就拨打了911，跟接线员说了同样的话。

当关于这段冲突的新闻迅速传播开来后，社交媒体上的人们情绪反应不尽相同，有的义愤填膺，有的纯粹就是愤怒。这一事件让人回想起以往有过失的白人妇女对黑人男子进行虚假刑事指控的痛苦记忆，这些指控往往以毁灭性的后果告终。让人震惊的是，这位女士没有拴住她的狗，也没有拴住她的偏见。

“我不是种族主义者。我无意以任何方式伤害那个人。”这位女士在公开道歉中宣称，“我想我只是害怕了。”这样简单的解释忽略了导致她诬告行为的复杂情绪。她本可以停下来问问自己为什么感到害怕。在一段礼貌的对话中，这位黑人的什么观点导致她感受到威胁？她本可以停下来思考，为什么她觉得她有权向警察撒谎？什么样的权力变化让她觉得这是可以接受的？

她的简单否认忽视了复杂的现实，那就是种族主义是我们行为的功能，而不仅仅是我们观念的倾向。正如历史学家伊布拉姆·X. 肯迪所写的：“种族主义者和反种族主义者并不是固定的身份。我们可能这一分钟还是种族主义者，而下一分钟就变成了反种族主义者。”每个人都像两极化的问题，很少以二元形式出现。当克里斯蒂安·库珀被问到是否接受这位女士的道歉时，他没有给出简单的判断，而是对她做出了细化的评价：

> 我想她的道歉是真诚的。我不确定她是否在道歉中意识到，虽然她可能不是或者认为自己不是种族主义者，却做出了种族歧视的具体行为。
>
> 诚然，当时是一个突发的压力情境，可能有那么一瞬间她出现了严重的判断失当，但她确实那么做了。

她是种族主义者吗？我没办法回答，只有她才能回答……接下来她将如何表现，如何反思并审视当时的状况。

克里斯蒂安通过表达他的复杂情绪，以及不确定如何评判这位女士，展现出他愿意重新思考当时情况的意愿，并鼓励其他人重新思考自己的反应。当你读到这里时，你甚至可能也在感受一些复杂的情绪。

不应该由受害者给艰难的对话注入复杂性。重新思考应该从有错的人开始。如果这位女士负起责任，重新评估她的观念和行为，那么她可能已经成了榜样，人们可以从她的反应中找到自己的影子。虽然她无法改变过去的作为，但是如果她能认识到复杂权力机制是如何滋生并延续系统性的种族主义的，那就可能会引发深入的讨论，人们将由此探索通往正义的可能路径。

富有成效的对话需要细致入微的真相。当处于传教士、检察官或者政客模式时，现实的复杂性似乎是一个我们有心回避的事实。而在科学家模式下，复杂性却可能是振奋人心的真相，这表明，人们有新的机会去拓展认知，取得进步。

9

重写教科书：
教会学生质疑知识

我不允许任何学校教育干涉我的教育。

——格兰特 · 艾伦

10 年前，如果你跟埃林 · 麦卡锡说她会成为一名教师，她一定会笑着说不可能。大学毕业时，她最不想做的事情就是教书。她对历史很着迷，但对社会研究课感到厌烦。埃林把博物馆当作职业生涯的起点，目的是找到一种方法，让被人们忽视和遗忘的物品和事件重焕生机。不久之后，她开始为带学生来博物馆参观的教师们编写藏品手册，给各个学校的参观团做导览，让学生们参与互动项目。她发现，在参观博物馆的过程中，同学们展现出了极大的热情，而这样的热情正是课堂学习中缺乏的，于是她决定做点儿什么。

在过去的 8 年里，埃林一直在密尔沃基地区教社会研究。她的任务是培养学生对历史的兴趣，激励他们不断学习进取。2020 年，她被评为威斯康星州年度教师。

一天，一名八年级学生向她抱怨：历史教科书上的阅读作业表述不准确。如果你是一名教师，那么这样的批评无异于一场噩梦。使用过时的教科书，表明你没有好好了解教材，要是你的学生先于你发现错误，那就更令人尴尬了。

但埃林是故意把这个阅读作业布置给学生的。她收集旧的历史教科书，源自她喜欢追溯我们讲的历史故事是如何随着时间的推移而发生变化的。她决定把1940年版的历史教科书的部分内容作为作业。有的学生只是接受了表面信息，经过多年的教育，他们已经想当然地认为教科书讲的都是真相；另外一些学生对书中的错误和疏漏感到震惊，他们脑中根深蒂固的念头是教科书中的事实不容置疑。这样的课程让学生们开始像科学家一样思考，质疑他们所学的教材：教科书采纳了谁的故事，谁的故事又被排除在外？如果书中只分享了一两个观点，那么它还遗漏了什么？

在让学生们认识到知识能够演化这一事实后，埃林的下一步是向他们展示：知识总是在不断演化。为了讲述西部扩张的主题，她在教科书中自己设计了一节内容，描述当下中学生的生活。在她的设定中，所有主角都是女性，所有代词都只与女性相关。在她启用新教材的第一年，一名学生指出，这段内容缺少了男孩。“但这当中是有一个男孩的，”埃林回答，“男孩们都在周围，只是他们没做什么重要的事情。”对这个学生来说，这是一个顿悟时刻：他突然明白了整个性别群体在经过数百年的边缘化后，会是怎样的情景。

我最喜欢的是埃林的最后一项作业。作为探究式学习的热情拥护者，她让八年级学生做自我指导式的研究。这些学生通过研究，对某个问题进行检验、调查、询问和解释。学生们主动学习的热情在小组项目中达到高潮：他们从课本中挑选一章，选择自己感兴趣的历史时期和认为代表性不足的历史主题，开始重写教科书。

其中一个小组选了民权章节，这个章节没有提到 20 世纪 40 年代初的华盛顿游行，这场游行在最后一刻被取消了，却激发了 20 年后马丁·路德·金的历史性游行。其他的小组修改了关于第二次世界大战的章节，加入了西班牙裔步兵团和为美军作战的第二代日本裔士兵。“这是一个重要的灵光闪现的时刻。”埃林对我说。

图 9-1　这个iPad死机了

资料来源：JimBenton.com

即使不是专业的教师，你也可能要花时间教导他人，无论是作为父母、导师、朋友还是同事。事实上，每次试图帮助别人重新思考时，我们都在进行教育。无论这样的教育发生在教室、董事会、办公室还是餐桌上，我们都有办法让重新思考成为教学的内容和方法的核心。

由于过分强调传授知识和建立信心，所以很多老师在鼓励学生质疑自己和彼此方面做得不够。为了弄清楚如何改变这种心态，我找到了一些杰出的教育家，他们通过向学生灌输虚心学习的态度，鼓励怀疑的精神，培养他们的好奇心来建立重新思考循环。我还把自己的课堂变成一个鲜活的实验室，用来检验自己的一些想法。

学习，中断

回顾我自己的教育经历，最让我失望的事情是，我从未充分享受科学知识带给我的颠覆性体验。早在我对宇宙产生好奇之前，我的幼儿园老师就已经揭开了它的神秘面纱。我经常想，如果我在青少年时期才第一次了解我们不是生活在一个静止、平坦的圆盘上，而是生活在一个旋转、移动的球体上，那么我会有什么感觉？

我希望这些事实能够带给我震撼，而这种怀疑很快会被好奇心取代，并最终转化为对新发现的敬畏和犯错的喜悦。我想，在学会自信谦逊方面，这也是能够改变人生的一堂课。如果对自己脚下的东西都有那么大的误解，那么我还应该对多少所谓的真相画个问号呢？当然，我们的很多前辈在认识地球这个问题上都犯过错，但是，了解别人的错误观念和真正学会质疑自己的认知是有天壤之别的。

我意识到，这个思想实验是非常不切实际的，我们很难做到一直不让孩子们知道圣诞老人或牙仙子的真相。即使我们能够适当地拖延时间，但在真相揭开的那一刻，一些学生也还是会坚持己见。他们可能会陷入一个过度自信的循环，对虚假知识的骄傲会助长错误信念，而证真偏差和期望偏差会继续验证错误观念。

在意识到这一点之前，我们可能都成了相信“平面地球”的人（如图 9–2 所示）。

有证据表明，错误的科学观念如果在小学阶段得不到纠正，以后就很难被改变。心理学家德博拉·凯莱门写道：“学习反直觉的科学理念，就像要熟练掌握一门外语一样。这项任务拖延的时间越长，难度就越大，而且如果只有零碎的指导和低频次的练习，那么它几乎永远无法完成。”这正是孩子们真正需要的：经常练习去忘却学过的错误知识，特别是关于因果关系原理的知识。

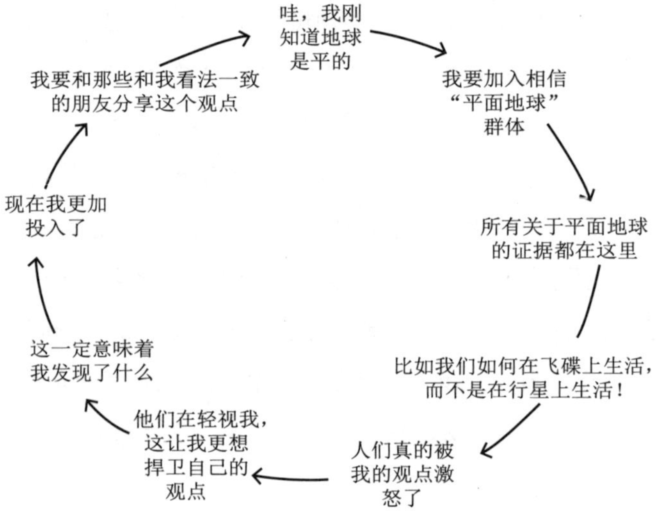

图 9–2　“平面地球”过度自信的循环

历史教育领域兴起了一场蓬勃发展的运动，教师提出的问题不再有单一的正确答案。在斯坦福大学开发的课程中，教师鼓励高中生批判性地审视导致美西战争的根本原因，罗斯福的新政成功与否，以及为什么蒙哥马利巴士抵制运动是一个历史分水岭。一些老师甚至让学生去采访和自己观点相左的人。重点不在于学生的答案是否正确，而在于更多地培养他们思考不同观点的技能，并进行富有成效的争论。

同时，这并不意味着对历史事件的所有解读都是正确的。当一名大屠杀幸存者的儿子来到课堂上，埃林·麦卡锡告诉她的学生，有些人否认大屠杀的存在，她教学生们检查证据，摒弃那些虚假的说法。这是一项影响更大的教学活动，培养孩子们像事实核查员一样去思考。活动的指导方针包括：（1）对信息展开调查，而不是简单接受；（2）拒绝把阶层和知名度作为可靠性的指标；（3）认识到信息的发送者通常不是其来源。

这些原则在课堂之外也有其价值。我家有时会在饭桌上举行颠覆固有观点的讨论。我和妻子分享了在学校学到的冥王星是一颗行星（不再是真的），哥伦布发现了美洲（永远不是真的，哥伦布一直以为他到达的是印度）。我们的孩子告诉我们，图坦卡蒙可能不是死于战车事故。他们高兴地解释，当树懒放屁时，毒气不是来自它们的屁股，而是来自嘴巴。

重新思考应该成为一种习惯。不幸的是，传统的教育方法并不总是允许学生养成这种习惯。

哑巴效应

在第十二周的物理课上，你将和一位颇受好评的新讲师一起，学习静态均衡和流体的知识。第一部分是关于静力学的，采用课堂授课的形式。第二部分是关于流体学的，采用“主动学习”模式。你的室友在上另一位同样受欢迎的讲师的课，他的课程形式和你的恰恰相反——静力学用主动学习的方式，流体学采用课堂授课的形式。

这两种课程组合的授课内容和讲义是相同的，唯一的区别是教学方式。在课堂上，讲师会展示幻灯片、给予说明、做演示并解决示例问题，学生会在讲义上做笔记。而在主动学习中，讲师不会亲自做例题，而是会让全班学生分组解决问题。在引导全班学生解决问题之前，讲师会进行提问并给出提示。最后，学生们要填写一份问卷。

在这个教学实验中，授课的主题并不重要：教学方法决定了学生们的学习体验。我原以为主动学习会在学习效果上胜出。但数据表明，当通过课堂讲授时，你和你的室友都会更喜欢这门课。你也会认为授课教师更有成效，甚至你可能会说：你希望所有的物理课都这样教。

仔细想来，生动的课堂授课的吸引力不足为奇。数百年来，人们都钦佩一系列以雄辩著称的人物，包括诗人马娅·安杰卢、政治家小约翰·肯尼迪和罗纳德·里根、传教士马丁·路德·金、教师理查德·费曼。如今，我们生活在一个演讲和口才的黄金时代，伟大的演说家在各种平台上以前所未有的影响力展开与受众的交流和教育。有创意的人过去只能在小社区内分享他们的方法，现在他们可以积累大量的 You Tube 视频网站和 Instagram（照片墙）的订阅者，数量抵得上一个小国的人口。过去，牧师在教堂向数百人布道；现在，他们可以在大教堂里通过网络在线触达成千上万人。教授们过去常常进行小班教学，可以和每个学生单独交流；现在，他们可以通过线上课程为数百万人授课。

很明显，这些讲授式课程内容既丰富又有趣，问题在于，这不是理想的教学方法。在物理实验中，学生们通过测试来评估他们对静力学和流体学的了解程度。尽管他们更喜欢听课，但实际上，他们从主动学习中获得了更多的知识和技能。主动学习需要更多的脑力劳动，这使它变得不那么有趣，但能让学生对知识有更深入的理解。

长久以来我都认为，人们在开心时会学到更多。上述研究让我确信我错了。这也让我想起了我最喜欢的物理老师，他因为让我们在课堂上打乒乓球而获得好评，但这对掌握摩擦系数的知识并没有多大作用。

主动学习的好处远远不止物理一个学科。一项对比讲授课程和主动学习的元分析，涵盖了对 4.6 万多名 STEM（科学、技术、工程和数学）本科生进行的 225 项研究。主动学习方法包括小组问题解决、工作表和导师课。平均而言，传统授课方式下的学生得分比主动学习低半级，而传统授课方式下的学生不及格概率是主动学习方式的 1.55 倍。研究人员估算，如果在课堂授课的课程里不及格的学生能够主动学习，就可以节省超过 350 多万美元的学费。

枯燥的授课会失败不难理解，但即便是魅力十足的课堂也可能因为某个不显眼、更令人担忧的原因而失败。课堂并不是为了容纳对话或分歧而设计的，这种形式把学生变成信息的被动接受者，而不是积极的思考者。在上述元分析中，从揭示已知的错误观念、引导学生重新思考方面看，课堂尤其无效。实验表明，当讲授者传递一个鼓舞人心的信息时，听众对内容检视的认真程度会降低，虽然他们声称记住了更多内容，但其实忘记的内容更多。

社会学家把这种现象称为“敬畏效应”，但我认为最好用“哑巴效应”来描述。圣人型讲授者经常宣扬新思想，但很少教我们如何独立思考。思维缜密的讲授者也会提出不准确的论点，并告诉我们该怎么思考，但不一定会告诉我们如何在反思中前行。魅力型讲授者会让我们陷入一种政治魔咒，在这种魔咒下，我们会追随他们以获得认可或者加入其阵营。与亮眼的包装相比，我们更应该被论点的实质内容说服。

要明确的是，我并不是建议完全取消课堂授课。我也喜欢看TED演讲，甚至学会了享受演讲的乐趣。正是这些精彩的演讲，激发了我对成为教授的好奇心，我并不反对在自己的课堂上做一些演讲。问题在于，课堂授课仍然是中学和高等教育的主要教学方法。很快就会有关于这个主题的讲座。

在北美洲的一些大学，超过一半的STEM教授至少花费80%的时间在讲课上，超过1/4的教授加入了一些互动，而只有不到1/5的教授真正使用了学生本位的教学方法，包括主动学习等。在高中，近一半的教师大部分或全部时间都在讲课。① 课堂授课并不总是最好的方法，也不足以将学生培养成终身学习者。如果学生们整个学年都在被灌输知识，却从来没有质疑的机会，他们就不会掌握生活所需的反思工具。

---

① 有证据表明，当教师花更多时间讲课而不是让学生主动学习时，中学生在数学和科学能力测试中的得分更高。对年轻学生而言，课堂授课是否更有效，或者这种差距是不是由主动学习方案执行不力造成的，还有待观察。

图 9-3 “现在我们进行自由发言，大家可以发表伪装成提问的简短演说了。”

资料来源：史蒂夫·马科恩，《纽约客》作品集，卡通银行，康泰纳仕出版集团

不能承受的重复之轻

在大学里，我只遗憾错过了一门课，这门课的授课教授是一位叫罗伯特·诺齐克的哲学家。他的一个想法因电影《黑客帝国》而出名：20 世纪 70 年代，诺齐克引入了一项思想实验，研究人们是否会选择进入一台“体验机器”，这台机器可以提供无限的快乐，但会将体验者从现实生活中移除。这项实验启发了人们对现实生活的反思。[①] 在他的课堂上，诺齐克创造了他自己的体验

① 诺齐克预测，我们大多数人会拒绝这台机器，因为我们重视行动和存在，而不仅仅是体验，因为我们不想把我们的体验局限于人类可以想象和模拟的东西。后来的哲学家认为，就算人们真的拒绝了机器，可能也不是出于这些原因，而是因为对现状的偏见：因为已经知晓现实，所以不得不离开。为了研究预测的可能性，他们改变了前提，进行了一项实验。想象一下，有一天你醒来，发现你的整个生活都是由一台你多年前选择的体验机器呈现的，现在你是拔掉电源，还是重新插上电源？在这种情况下，46% 的人说他们想重新接通电源。如果他们被告知，拔出电源将使他们回到“现实生活”，比如成为摩纳哥的艺术家，身家几百万美元，50% 的人仍然希望接通电源。似乎许多人不愿意放弃熟悉的虚拟现实，而选择不熟悉的现实，或许，有些人对艺术、财富和主权国家有厌恶感。

机器：坚持每年教授一门新课。他说：“我通过自己教的课来进行思考。”。

诺齐克教的课程，第一门是关于真理的课程，第二门是关于哲学和神经科学的，第三门是关于苏格拉底、佛陀和耶稣的，第四门关于对思考进行思考，第五门关于俄国革命。在 40 年的教学生涯中，只有一门课他教了两次：关于美好生活。他解释说：“提出一个精雕细琢、周密完备的观点，并不能让学生体会到原创哲学思想是如何从无到有的，并理解其产生机制。”可悲的是，我还没来得及参加诺齐克教授的课程，他就因癌症去世了。

在我看来，诺齐克的方法最具启发意义的一点，是他不满足于让学生们向他学习。他希望学生们和他一起学习。每次面对一个新议题时，他都有机会重新思考自己的现有观点。在改进我们熟悉的教学方法方面，他是一个杰出的榜样。当我开始授课时，我想采纳他的一些原则。我不想在整个学期都把不太成熟的想法强加给我的学生，所以我设定了一个准则：我的目标是每年更新 20% 的讲义，用新内容代替旧内容。如果每年都进行新的思考，我就可以和学生一起重新思考了。

然而，对于其他 80% 的讲义，我发现自己都失败了。当时我要给大三和大四学生上一学期的组织行为学课程。在介绍研究证据时，我没有给学生重新思考的空间。经过多年与这个问题的斗争，我意识到可以创造一个新的任务来教他们重新思考。我让学生们分组录制一段迷你播客或迷你 TED 演讲。他们的任务是质疑一种流行做法，支持一种违背传统观点的想法，或者挑战课上的授课原则。

当他们着手做这个项目时，我发现了一个令人惊讶的规律。

对这个任务感到最痛苦的是成绩优秀的学生，即完美主义者。有研究表明，尽管与同龄人相比，完美主义者在学校有可能取得更为优异的成绩，但他们在工作中的表现并不比同事好。证据显示，在众多的行业中，分数并不是预测工作表现的重要指标。

在学校取得优异成绩通常需要掌握老式思维，而在职场发挥影响力则需要新的思维方式。在一项关于杰出建筑师的经典研究中，最有创造力的建筑师在学校的平均成绩为 B。他们的“全优生”同行由于坚持做正确的事，常常没有冒险精神，不去重新思考正统的理念。类似的模式也出现在一项针对尖子生的研究中。教育研究员卡伦·阿诺德解释说：“那些优秀毕业生不太可能成为有远见的领导者。好学生通常会适应已有系统，而不是撼动它。”

这就是我在全优生身上看到的：他们害怕犯错。为了刺激他们冒险，我特意把作业的分值提高到占他们期末成绩的 20%。我改变了评分规则：现在他们将会因为重新思考，而非照搬知识而得到奖励。我不确定这种激励是否有效，直到我看到三名全优生的作品。他们的迷你 TED 演讲讨论了 TED 演讲中存在的问题，比如强化短时注意力，以及将表面化的润色置于深刻洞察之上的风险。他们的演讲非常缜密且有趣，我在班上进行了播放。在我们大笑的时候，他们面无表情地说：“如果你有勇气对抗 TED 的风格，不满足于这些油嘴滑舌、圆滑的回答，那么从现在起，你不要再看这些视频，请像我们一样，做一些真正的研究。”

从那时起，主动学习成为我课程中的主要内容。第二年，我想进一步重新思考我的课程内容和形式。通常在一次三小时的课堂上，我花在演讲上的时间为 20~30 分钟，剩下的都是主动学习时间，学生在模拟情景下做出决策，在角色扮演中进行谈判，然后我们进行汇报、讨论、辩论，找出问题的答案。之前我误把教学大纲当成了一份正式合约，认为自每年 9 月定稿后，它就是一成不变的。我觉得是时候改变这一点了，因此我邀请学生们重新思考课程本身的部分结构。

在下一个教学大纲中，我故意让一节课完全空白。学期过半，我邀请学生们以小组为单位，讨论如何度过开放日，然后让他们对各个小组的提议进行投票。

最受欢迎的想法来自洛朗·麦卡恩，她提出了创造性的举措，帮助学生认识到重新思考是一项有用的技能，这也是他们在大学里使用过的技能。

她请同学们给大一时的自己写一封信，内容包括希望当时的自己知道的事情。学生们这样鼓励年轻的自己：对不同的专业保持开放心态，而不是去选择第一个可以打消不确定性的专业；减少对成绩的执着，更加关注人际关系；去探索不同的职业可能性，而不是过早地选择一个能带来最高收入或声望的职业。

洛朗收集了几十名学生的来信，创建了一个名为 Dear Penn Freshmen 的网站。24 小时内，该网站的访问量破万。接着，6 所学校开始推出自己的版本，帮助学生重新思考自己在学术、社会和职业领域的选择。

这种做法远远超出课堂范围。当对待每一次人生转折（无论是第一份工作、第二次婚姻，还是第三个孩子）时，我们都可以停下来问问别人，在经历转折之前他们希望知道些什么。一旦经历过这些事件，我们就可以从另一个角度分享自己重新思考的东西。

研究已经反复证明，最好的学习方式之一就是将知识传授给他人。但直到让学生们设计了一天的课程，我才真正理解了什么叫教学相长。学生们不仅在反思自己学到了什么，还在反思可以向谁学习。

第二年，全班最受欢迎的提议让这种反思更进一步：学生们举办了一天的"激情讲座"，任何人都可以教同班同学自己喜欢的东西。在这次课上，我们学会了如何设计与自然相融合的建筑，进而让人类更好地远离过敏的危险。从那时起，分享自己的爱好就成为课堂互动的一部分。所有学生都充满激情地做了演讲，以此向同龄人介绍自己。年复一年，同学们对我说，充满激情地演讲让教室充满了强烈的好奇心，大家都渴望从别的同学那里获得见解。

图 9-4　"写作是交流、启发，发现，重写。"

资料来源：www.CartoonCollections.com

初稿三脚猫，手工艺大师

我问过几位教育领袖：他们遇到的最能启发人们重新思考的老师是谁？我反复听到同一个名字：罗恩·伯杰。如果你邀请罗恩到家里吃饭，他是那种一眼看到你有一把椅子坏了，就会问你手边有没有工具，然后当场修理的人。

在职业生涯的大部分时间里，罗恩都是马萨诸塞州农村的公立小学教师。当地的护士、水管工和消防员以前都是他的学生。在暑假和周末，他是一名木匠。罗恩一生致力于向学生传授追求卓越的精神。根据他的经验，掌握一门手艺意味着要不断修正我们的思路。手工艺是他课堂哲学的基础。

罗恩想让他的学生体验发现的乐趣，所以他没有从已有知识讲起。开学初，他向学生们介绍了“抓钩”法，即分阶段解决问题的方法。这种方法的过程是“思考—组合—分享”：孩子们先单独启动思考，在小组内确定新想法，然后将想法展示给班上的其他人，共同得出解决方案。例如，罗恩没有向学生介绍现有的动物分类，而是让他们先建立自己的分类方法。一些学生根据在陆地上行走、在水里游、在天上飞等运动方式对动物进行分类；其他人则根据颜色、大小或饮食来分类。大家学到的是：科学家总是有很多选择，同时其科学框架在某些方面是有用的，但在另一些方面是武断的。

当面对复杂的问题时，学生们常常感到很困惑。教师的本能冲动是尽快拯救他们，这样他们就不会感到失落或觉得自己无能。然而心理学家发现，开放思维的标志之一是，用好奇和兴趣来应对困惑。一个学生雄辩地说：“我需要时间来解决我的困惑。”困惑可能是一个线索，表明有新的领域需要探索，有新的难题需要解决。

罗恩不满足于只提供解除困惑的课程。他希望学生们接受困惑。他的愿望是学生们都能成为自主学习的领导者，就像他们在“DIY”（自己动手）手工项目中的表现一样。在这个项目中，罗恩鼓励学生像年轻科学家一样思考：自己发现问题，提出假设，并自己设计实验来检验假设。他让六年级学生走遍社区，检测当地家庭的氡气含量，让三年级学生自己绘制两栖动物栖息地地图。一年级学生则自己照顾一群蜗牛，持续测试它们喜欢140多种食物中的哪一种，以及它们对环境的喜好：热还是冷，亮还是暗，潮湿还是干燥。

在建筑学和工程学课程中，罗恩让他的学生为一栋房子绘制设计图。当他要求学生至少完成四份不同的草稿时，其他老师提醒他，年龄小的学生会感到气馁。罗恩并不同意，他已经在幼儿园和一年级的学生中针对这个想法进行了实验。他并没有要求他们简单地画一座房子，而是宣布：“我们将画四种不同版本的房子。”

有些学生并没有就此止步，许多人最终决定画8~10张草稿。学生们有一个同学支持网络，这个网络会为他们的努力加油。“质量意味着反思、返工和打磨，”罗恩回应，“他们需要感觉到，如果一切从头开始，他们会被赞扬，而不是被嘲笑……如果我不允许他们多做几个版本，他们很快就会开始抱怨。”

罗恩想教学生们根据他人的意见修改自己的想法，所以他把教室变成了一个挑战网络，学生们可以相互点评、共同进步。每周，有时是每天，全班都会进行一次评论会。一种形式是画廊式评论：罗恩把每个人的作品都展示出来，让学生们在房间里四处观看，然后讨论哪些是优秀的，并说出理由。这种方法不仅适用于艺术和科学项目，还适用于作文，同学们会评价一个句子或段落。另一种形式是深度评论：在一节课上，全班将重点放在某个学生或小组的作品上。作者要解释作品目的以及哪里需要帮助，罗恩指导全班同学讨论优势和不足。他鼓励学生具体而友善地做出评价，评价作品而非作者。他教导学生们避免说教和谴责，因为他们分享的是主观意见，而不是客观评估，所以他们应该说“我认为”而不是“这不好”。他鼓励他们谦逊而好奇，使用“我想听听为什么……”和“你考虑过……”这样的句式。

这门课不仅仅是对项目发表评论。每天他们都会讨论如何定义卓越，每个新项目都更新了标准。在重新思考自己的作品之余，同学们也在学习不断重新审视自己的标准。罗恩定期引入外部专家参与授课，帮助他们进一步发展这些标准。当地的建筑师和科学家会做出他们的点评，课程将他们的原则和意见加入未来的讨论。许多学生在进入初中和高中多年以后，还会回到罗恩的课堂并要求评价他们的作品，这样的情况并不少见。

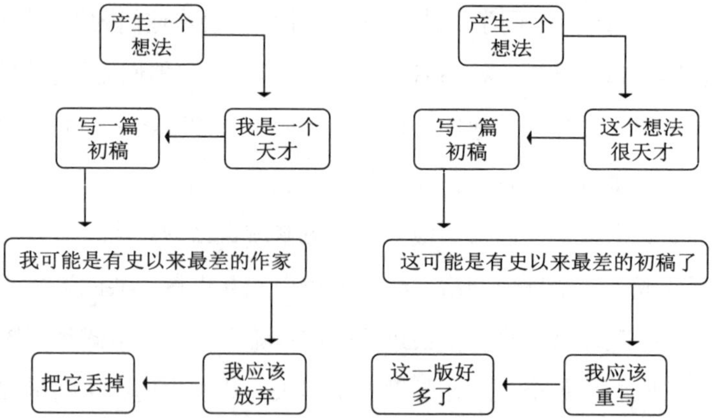

图 9-5 评判你自己vs评判你的作品

我刚和罗恩·伯杰取得联系没多久，就忍不住想去上他的课了。这并不是因为我缺少优秀的老师，而是因为我从未有幸在这种课程文化下，与竭力自我质疑和相互质疑的所有学生一起上课。

罗恩现在每天都在演讲、写作，在哈佛大学为教师开设一门课程以及给多所学校做顾问。他是 EL 教育的首席学术官，该组织致力于重新构想学校的教学和学习方式。罗恩和他的同事直接与 150 所学校合作，开发的课程已经惠及数百万学生。

在爱达荷州的一所学校里，一个名叫奥斯汀的学生的作业是画一只"从科学角度看是准确的"蝴蝶。他先画了一个初稿。

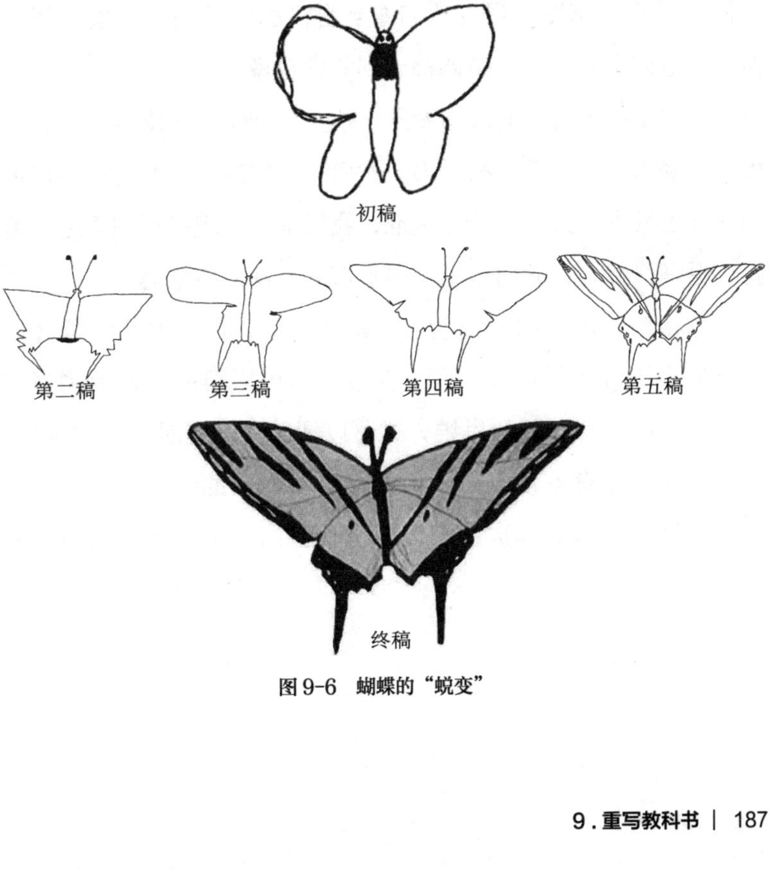

图 9-6　蝴蝶的"蜕变"

奥斯汀的同学组成了一个批评小组。他们给出了两轮关于改变翅膀形状的建议，帮助奥斯汀完成了第二稿和第三稿。批评小组指出翅膀不对称，翅膀又变圆了。奥斯汀并不气馁。在他下一稿的修改中，小组成员鼓励他补充翅膀上的图案。

在终稿上，奥斯汀准备给蝴蝶上色。当罗恩向缅因州课堂的小学生展示完成的绘画时，他们对奥斯汀的进步和最终作品惊叹不已。

我也大吃一惊，因为奥斯汀画这些画的时候，还在上小学一年级。

看到一个 6 岁的孩子经历了这样的蜕变，我又开始思考孩子们能够多么快地适应重新思考和修改。从那以后，我一直鼓励孩子们多画几幅草图。尽管他们看到自己的第一稿挂在墙上很兴奋，但他们会对自己的第四稿感到非常自豪。

我们中很少有人有幸与罗恩・伯杰一起学习画蝴蝶，或者与埃林・麦卡锡一起重写教科书。然而，我们所有人都有机会像他们一样去教书育人。无论在教谁，我们都能表现得更加谦逊，流露出更多好奇心，并向孩子们展示探索发现的感染力。

我相信，优秀的教师会引入新的想法，但伟大的教师会引入新的思维方式。从教师那里获取知识可以帮助我们解决当前的挑战，但理解教师的思维方式可以帮助我们应对一生的挑战。归根结底，教育不仅仅是我们在大脑中积累的信息，还是我们在不断修改草稿时养成的习惯，也是我们为不断学习而培养的技能。

10

这不是我们的一贯做法：
在工作中构建学习型文化

如果不是为了人类，那么地球将是工程师的天堂。

——库尔特·冯内古特

作为一名水肺潜水爱好者，卢卡·帕米塔诺非常了解溺水的风险。只是他没有意识到，同样的事情会发生在太空。

2013 年 7 月，36 岁的意大利人卢卡成为当时前往国际空间站最年轻的宇航员。在太空中，他完成了自己的首次太空行走，花费 6 个小时进行实验，移动设备并安装电源和数据电缆。一周后，卢卡和另一位宇航员克里斯·卡西迪准备进行第二次太空行走，并继续他们之前的任务，同时做一些维护工作。当准备离开气闸舱时，他们看到了下方 250 英里外的地球。

在太空待了 44 分钟之后，卢卡感觉有些不对劲：他的后脑勺好像有点儿湿。他不确定水是从哪里来的。这些水不仅看起来碍事，还会让他的麦克风和耳机短路，导致通信中断。他向休斯敦任务控制中心报告了这个问题，克里斯问他是不是出汗了。“我确实在出汗。”卢卡说，“但感觉好像有很多水。这些水流不出去，都在我的头盔里。上述信息供你参考。”说完，卢卡又回去工作了。

负责舱外活动的官员卡林娜·埃弗斯利知道，应该是出问题了。她觉得这并不寻常，于是快速组建一支专家队伍为卢卡梳理问题。液体的总量在增加吗？卢卡无法分辨。确定那是水吗？卢卡伸出舌头去舔飘浮在头盔中的水滴，感觉有金属的味道。

任务控制中心要求提前终止这次太空行走。卢卡和克里斯不得不分开，各自沿着他们的缆绳走，而缆绳的走向是相反的。为了绕过天线，卢卡翻了个身。突然，他看不清东西，也无法用鼻子呼吸，大量水珠盖住了他的眼睛，并且注满了他的鼻孔。水还在不断聚集，如果水流到嘴里，他就可能会溺水。他唯一的希望是迅速返回气闸舱。天渐渐黑了，卢卡被黑暗笼罩，只有头顶上一个小小的探照灯指引着他。随后他的通信中断了，他听不见自己的声音，也听不见其他人说话。

卢卡凭着记忆和缆绳的张力，设法找到了返回气闸舱外舱口的路。但他仍然处在极度危险中：在能够取下头盔之前，他必须等待克里斯关闭舱门并给气闸舱重新加压。在几分钟的通信中断里，没人知道他能否活下来。当他终于安全地取下头盔时，头盔里面有 1.5 夸脱 ① 水，但卢卡活下来了。数月后，这一事件被称为“美国国家航空航天局历史上最可怕的宇航服故障”。

技术更新紧随其后。宇航服工程师追踪到，这些水来自风机泵分离器，他们进行了替换，并不断改进。工程师们还增加了一个呼吸管，其工作原理类似于用一个通气管和一个衬垫来吸取头

---

① 夸脱：美制计算单位，1 夸脱相当于 0.946 升。——译者注。

盔中的水分。然而，漏水事故最大的错误并不是技术性的，而是人为的。

事故前一周，当第一次太空行走回来后，卢卡注意到头盔中有一些水滴。他和克里斯认为，这是宇航服中饮水袋漏水导致的，休斯敦基地的工作人员也同意了这一说法。安全起见，他们更换了饮水袋，但对漏水的讨论就此结束。

太空站总工程师克里斯·汉森负责卢卡宇航服问题的最终调查。克里斯告诉我，“头盔出现少量的水是正常的”，在空间站团队中，“人们的看法是饮水袋漏了，这被当成一种可能的解释，没人再深入探究”。

卢卡这次有惊无险的经历，在美国国家航空航天局已经不是第一次了，这证明了美国国家航空航天局在重新思考方面的失败是灾难性的。1986 年，美国国家航空航天局对 O 形圈失效风险只做了浅层分析，这导致挑战者号航天飞机发生爆炸。虽然这次事件已经被认定受到了发射时气温的影响，但在以往的发射任务中，美国国家航空航天局有过很多超越这一气温限制的记录，但没有任何问题发生。在这个异常寒冷的发射日，起到密封火箭助推器接头作用的 O 形密封圈破裂，热气烧穿燃料箱，7 名挑战者号宇航员全部遇难。

2003 年，哥伦比亚航天飞机也在类似的情况下发生解体事故。起飞后，地面团队注意到一些泡沫从飞船上掉落下来，但大多数人认为这不是什么大问题，因为以往的任务也出现过同样的情况，但没有发生事故。他们当时没有重新思考泡沫的来源，而是开始讨论飞船应该进行哪些维修，以减少下次任务的周转时间。实际上，泡沫掉落是一个关键问题：泡沫对机翼前缘造成破坏，使得航天飞机在重返大气层时，热气体泄漏到机翼中。灾难重演，7 名宇航员全部丧生。

重新思考不仅仅是一项个人技能，更是一种群体能力，在很大程度上取决于一个组织的文化。长期以来，美国国家航空航天局一直是绩效型文化的典范：卓越的执行力是最重要的价值。虽然美国国家航空航天局取得了非凡的成就，但很快就成为过度自信循环的受害者。当人们为自己的标准操作程序感到自豪，在日常工作中收获信念，看到自身决策因任务结果而得到验证时，他们错过了重新思考的机会。

重新思考更可能发生在学习型的组织文化中，其中“成长”是核心价值，“重新思考循环”是常规操作。在学习型组织文化中，人们要知道自己的无知，怀疑现有做法，并对要尝试的新方法保持好奇心，这才是常态。有证据表明，在学习型文化的组织中，创新越多，犯错越少。在对美国国家航空航天局和盖茨基金会进行研究，并提供变革行动建议后，我了解到，学习型文化的蓬勃发展需要两个特定因素的结合，它们是心理安全和过程问责制。

我错，故我学

几年前，工程师出身的管理学教授埃米·埃德蒙森对如何避免医疗失误产生兴趣。她进入一家医院，调查其职员在团队中感受到的心理安全：他们是否可以无惧受罚而甘冒风险？然后，她收集了每个团队医疗失误数量的数据，追踪其中严重的失误，比如错误地开出有致命危险剂量的药物等。她惊讶地发现：一个团队的安全感越高，其错误率越高。

心理安全似乎会滋生自满情绪。当团队中的信任根深蒂固时，人们可能觉得没有必要质疑同事或再仔细检查自己的工作。

但是埃德蒙森很快意识到研究数据的一个主要的局限性：所有的错误都是自我报告的。为了无偏差地衡量错误，她派了一名秘密观察员进入医院。当她分析新的数据时，结果发生了变化：具有心理安全的团队自我报告了更多问题，但他们实际犯的错误更少。通过坦承自己的错误，他们能够了解导致错误的原因，消除错误并获得改进。在缺乏心理安全的团队中，人们会掩盖自己的失误以免受惩罚，这使得任何人都很难诊断出问题的根本原因并预防未来的再次出现。他们会重复犯相同的错误。

从那时起，心理安全领域的研究繁荣发展。在我参与的对谷歌的研究中，我们要找出区分高绩效和幸福感团队的影响因素。我们发现：最重要的差异不是谁在团队中，甚至不是工作多么有意义，而是心理安全。

在过去的几年里，心理安全已经成为许多工作场所的流行语。尽管可能理解它的重要性，但对其真正含义以及如何创造心理安全，领导者常有误解。埃德蒙森迅速指出，心理安全不是一个放松标准，不是让人们感到舒适、友善和愉快，或无条件地给予赞扬。心理安全意味着培养尊重、信任和开放的氛围，人们在其中可以表达担忧和提出建议，而不用担心遭到报复。心理安全是学习型文化的基础。

在绩效型文化中，过分强调结果往往会破坏心理安全。当看到有人因为失败和错误受罚时，人们就开始担忧如何证明自己的能力，并保住自己的工作。我们学会了自我限定，保持沉默，而不是表现出疑惑和担忧。有时，由于“权力距离”的影响，我们害怕挑战高层领导。服从权威的压力是真实存在的，那些敢于偏离的人冒着被抵制的风险。在绩效型文化中，我们还会在知道所有答案的专家面前审视自己，特别是在我们对自身的专业知识缺乏自信的时候。

表 10-1　心理安全

当你拥有它时	当你没有它时
将错误看成学习的机会	将错误看成对事业的威胁
愿意承担风险并失败	不愿意找麻烦
在会上表达想法	把想法憋在心里
坦诚地分享你的困难	只吹嘘你的长处
信任你的队友和主管	害怕你的队友和主管
敢出头	认为枪打出头鸟

缺乏心理安全的问题在美国国家航空航天局持续存在。在挑战者号发射前，一些工程师确实发出了警告，却被上级领导消了音；还有些人的意见被忽视，最终选择沉默。哥伦比亚号发射后，一名工程师要求提供更清晰的照片以检查机翼的损坏情况，但是管理人员并没有提供。在一次评估航天飞机起飞后状况的重要会议上，这名工程师没有发言。

在哥伦比亚号发射前一个月左右，埃伦·奥乔亚成为航天员运行组副主任。1993 年，埃伦历史性地成为第一个上太空的拉丁裔美国人。而在 2003 年，埃伦担任领导者角色后的第一次航天计划以悲剧告终。她向空间站工作人员宣布了这个消息，并慰问了遇难宇航员的家人，之后，她决定亲自想办法阻止这类惨剧再次发生。

埃伦意识到，在美国国家航空航天局，绩效型文化正在侵蚀人们的心理安全。她告诉我："人们以自己航天工程上的专业和卓越表现而自豪。他们担心自己的专业知识会受到质疑，这会让他们变得很难堪。这是一种基本的恐惧，人们都怕自己被别人当成傻瓜，怕自己问的问题没人理会，或者自己的话让别人觉得不知所云。"为了解决这个问题，推动组织文化朝着学习型方向发展，她随时在口袋中放一张便笺，列出每次发射和做出重要决策时自己想问的问题，她的列表如下：

- 是什么让你产生了这样的假设？你为什么认为这是正确的？如果是错的，会发生什么？
- 你的分析有哪些不确定性？
- 我理解你建议中的优点，那么缺点是什么？

而在10年后，在宇航服渗水事故的背景下，美国国家航空航天局需要再次学习重新思考这门课。当飞行控制人员第一次发现卢卡·帕米塔诺头盔中的水滴时，他们做出了两个错误的假设：一是水滴来自饮水袋，二是其影响是无关紧要的。直到卢卡第二次进行舱外活动，并处在真正的危险中时，他们才开始质疑这些假设。

当工程师克里斯·汉森接任舱外活动办公室负责人时，他建立了一个规范，即像埃伦那样提问，比如，"在发现漏水时，所有人都应该问的是'你怎么知道是饮水袋漏了？'，答案可能是

‘因为有人告诉我们’。这样的回答本身需要引起高度关注，并且需要花 10 分钟来检查，但其实无人过问。哥伦比亚号事故同样如此。波音公司表态：‘我想我们知道这些泡沫是怎么回事。’但当有人问他们是怎么知道的时，却没有人能够回答这个问题”。

你怎么知道？这是一个我们需要经常问自己和他人的问题。它的力量源于坦诚。这并不是一道是非判断题，而是直接表达怀疑和好奇，并且不会令他人产生防卫心理。埃伦·奥乔亚并不害怕提出这个问题，但她是一个拥有工程学博士学位、担任高级领导职务的宇航员。对各行各业的很多人来说，问出这个问题感觉很难。构建心理安全知易行难，所以我开始探讨领导者该如何建立心理安全。

家门口的安全

当我第一次来到盖茨基金会时，人们都在私下谈论年度战略回顾。这个时候，整个基金会的项目团队会与联合主席比尔·盖茨和梅琳达·盖茨以及首席执行官会面，给出执行报告并收集反馈意见。虽然该基金会在消除疾病、促进教育公平等领域聘请了一些全球领先的专家，但这些专家常常会被比尔·盖茨吓到，他的博学和思想深度超乎想象。这些专家会不自觉地想：如果比尔发现我工作中有致命的缺陷怎么办？这会终结我在这里的职业生涯吗？

几年前，盖茨基金会的领导者找到我，想看看我是否能帮助组织建立心理安全。领导者担心，要求呈现缜密分析的压力会阻止人们承担风险。这通常会造成团队成员坚持执行有效的策略来取得渐进的进展，而不敢进行大胆的尝试，这些尝试可能会对全球最棘手的问题产生更大的影响。

我的工作从回顾创建心理安全的现有研究证据开始。我知道，改变整个组织的文化令人望而生畏，而改变团队文化更加可行。我们首先要做的是构建一种价值观，肯定并称赞那些榜样人物，并在同事中建立变革同盟。

在建立心理安全方面，给领导者的标准建议是，先为开放性和包容性树立榜样，再去征求员工对改进组织的反馈意见，这样会让人们觉得冒险发表意见是安全的。为了验证这个建议的有效性，我和博士生康斯坦丁诺斯·库蒂法里斯进行了一项实验。在多家公司中，我们随机指派了一些经理，让他们请求团队成员提出建设性批评意见。在接下来的一周里，他们所在的团队显示出更高的心理安全水平，但正如我们预料的那样，这种局面并没有持续下去。一些经理并不喜欢成员的反馈，还进行了反驳。另一些经理发现反馈信息毫无用处，或者反馈意见无法实施，这会阻碍他们继续寻求反馈，也阻碍了团队继续提供反馈。

另一组经理采取了不同的方法，这种方法在第一周不会完全生效，但是在之后的一整年都会带来心理安全的持续提升。我们没有要求这些经理寻求反馈，而是随机让这些经理分享他们以往接收反馈的经验，以及他们未来的发展目标。我们建议经理们给自己所在的团队讲述从建设性批评意见中受益的事例，并明确正在努力改进的方面。

这些经理在团队面前大声承认自身的不完美，这表明他们可以接受反馈，并且公开承诺对反馈保持开放态度。他们接受了人的脆弱性，令团队更加舒服地表达自己面临的困境。这些团队成员提供了更多有用的反馈意见，因为他们知道经理要在何处发力改善。这反而促使经理们创造出新的方式来保持开放：有的开始举办“有问必答”茶话会，有的每周举行一对一会议来征求建设性批评意见，还有的采取每月团队会议的形式，让每个人分享自己的发展目标和进展。

创建心理安全不能是一个孤立事件，或者只是待办事项中等待核销的一项任务。在我们的实验中，当讨论自身弱点时，许多经理一开始都感到尴尬和焦虑，他们的许多团队成员在看到经理们脆弱的一面时也惊讶得不知道该做何反应。一些人对此产生疑问，他们认为经理们可能只是沽名钓誉，或者是从建议中精挑细选了一些给自己装点门面。但随着时间的推移，当领导者一再表现出谦虚和好奇时，这种状况发生了变化。

在盖茨基金会，在已有研究的基础上，我希望更进一步。之前只是让经理们在自己的团队公开被批评的经历，我想看看如果换成让高层领导者在整个组织内分享类似的经验，结果会怎样。我突然意识到，有一种令人难忘的方式可以借鉴。

几年前，我们沃顿商学院的工商管理硕士想为他们的年度喜剧节目录制一段视频。这段视频的灵感来自深夜节目《吉米现场秀》中的“毒舌推特”环节。在“毒舌推特”中，名人们会大声朗读推特上别人给自己的最“毒舌”的评论。受此启发，我们录制的是“毒舌课评”，视频中，教师们会朗读学生在课程评估中给自己的最严厉的评论。“这可能是我这辈子上过的最差的一门课。”一位教授这样读道，他看上去很受挫。另一位女教授读道：“实话说，这个教授是个令人讨厌的人。但她是个不错的令人讨厌的人。”教授懊恼地补充：“谢谢你的好意。”我自己读出来的一条学生评论是：“你真傻，让我想起了提线木偶。”下面这条是给一位年轻教授的：“教授对流行文化一窍不通，还暗自以为爱莉安娜·格兰德是微软 Word 文档的一种字体。”

每年秋天开课的时候，我都会在教室里播放那段视频，结果一发不可收。学生们似乎更乐于分享批评和改进的建议，因为他们看到虽然我对待工作很认真，但是对待自己却乐于自嘲。

我把这段视频发给了梅琳达·盖茨，问她如果在盖茨基金会做类似的事情，是否有可能帮助组织提高心理安全。她不仅认为这种做法可行，还向全公司的高管层发起挑战，要求他们参与进来，并自愿打头阵。梅琳达的团队从员工调查中收集批评意见，打印在便笺上，让她在镜头前实时做出反应。她阅读了一位员工的抱怨，说她就像惹人厌的玛丽·波平斯——这是第一次人们听到梅琳达说脏话。梅琳达就此表明她是如何努力让自己的缺点更容易被发现的。

为了检验她的示范效果，我们随机选取了三组员工，第一组去观察梅琳达对严厉批评的反应，第二组去观看一段她泛泛而谈想要打造企业文化的视频，第三组是纯粹的对照组。

结果显示，第一组员工表现出更强的学习倾向，他们受到启发，认识到自身的不足并努力克服。他们和梅琳达之间的一些权力距离消失了——他们更有可能向梅琳达或其他高管提出批评和赞美。一名员工评论道：

> 在那段视频中，梅琳达做了一件我在基金会里从未见过的事：她打破了这层伪装。当她说“我参加了许多会议，但其中有很多内容我并不了解”时，我不得不写下来，因为她

的诚实让我感到震惊和感激。之后她笑起来，哈哈大笑，回复了那些严厉的评论，虚假面具再次掉落，她作为梅琳达·盖茨在我眼中的形象不仅分毫未损，反而成为一个更加完整和立体的人。

要想承认自身在不断进步，我们需要自信谦逊。这彰显出我们更关心自我提升而不是自我证明。[①]这种心态如果在组织中能够广泛传播，就可以给人们表达想法的自由和勇气。

然而，心态还不足以改变一个企业的文化。虽然心理安全消除了对挑战权威的恐惧，但并不一定促使我们从一开始就质疑权威。要建立一种学习的文化，还需创建特殊的责任制度，一种能引导人们重新思考工作场所最佳做法的制度。

图 10-1　质疑权威

① 如果我们还没有明确自己的能力，那么分享缺点可能是有风险的。针对寻找工作的律师和教师的研究显示，如果成绩百分位在 90% 以上，那么真实地表达自己会增加获得工作的概率，但是如果能力不足，那就会适得其反。当律师能力百分位在 50% 以下或者教师能力百分位在 25% 以下时，如果坦陈自身不足，那么他们的表现会更差。实验表明，那些尚未证明自己能力的人，如果承认自己的弱点，受到的尊重就会减少。他们不仅没有能力，似乎也不够可靠。

最佳实践的最差一面

在绩效型文化中，人们通常倾向于最佳实践。风险在于，我们一旦宣布一个做法是最好的，它就会走向僵化。我们宣扬其优点并不再质疑其缺点，不再好奇这一做法哪里有瑕疵以及如何改进。组织层面的学习应该是一项持续的活动，但最佳实践意味着学习已经到头了。与最佳实践相比，更能让我们受益的是“更好的实践”。

在美国国家航空航天局，尽管团队在模拟训练和重要运行任务后都会定期听取汇报，但有时阻碍探索更好的实践的，是一种要求人们对结果负责的绩效型文化。每次在推迟发射计划时，所有人都会面临铺天盖地的公众批评和撤资的威胁。

每次发射成功、航天飞机进入预定轨道时，人们都在鼓励工程师专注于成功发射的结果，而不是可能危及未来发射的程序错误，这使得美国国家航空航天局褒奖运气，不断重复错误做法，不去重新思考什么才是可接受的风险。出现这样的结果不是因为缺乏能力，毕竟这些人都是火箭科学家。正如埃伦·奥乔亚观察到的：“当你需要权衡的因素涉及人的生命安全时，你会遵循原有的过程。在时间紧迫的情况下，这可能是最好的解决办法，但是如果它妨碍了事后的全面评估，那就有问题了。”

聚焦结果可能有助于短期绩效的实现，但是对长期学习来讲是一个障碍。果不其然，社会学家发现，当人们只对结果负责时，他们更有可能继续采取注定失败的行动。只针对结果进行表扬和奖励是危险的，因为这会滋生人们对糟糕策略的过度自信，促使他们保持一贯的做事方法。只有某个高风险的决策导致了可怕的结果，人们才会停下来复查此前的做法。

我们不应该等到航天飞机爆炸或者宇航员差点儿溺水，才去判定这一决策是否成功。除了结果负责制，我们还可以通过评估人们在决策时考虑不同方案的谨慎程度来建立过程问责制。糟糕的决策过程往往基于肤浅的思维方式。好的决策过程以深入思考和重新思考为基础，使人们能够形成和表达独立观点。研究表明，当必须对决策背后的逻辑做出即时解释时，人们就会更具批判性地思考，更全面、深入地分析各种可能性。

过程问责制听起来可能和心理安全相反，但二者其实是相互独立的。埃米·埃德蒙森发现，当团队具备心理安全但没有问责制时，人们倾向于待在舒适区；而如果有问责制却感到不安全，人们则倾向于在焦虑区保持沉默。将两者结合起来，我们就创建了一个“学习区”。人们可以自由地在其中进行实验，并且可以故意制造难度并相互挑战，让各自的实验日臻完善，这样的组织就形成了“挑战网络”。

据我观察，亚马逊的过程问责制实施步骤是最为有效的。在亚马逊，重要的决策都不是用简单的 PPT（演示文稿）展示的。团队中的每个人都会收到一份关于某项议题长达 6 页的备忘录，列出以往考虑过的不同方法，以及提出的解决方案如何为客户服务。当会议开始时，为了避免集体思维，每个人需要默读备忘录。这样的做法并非在所有情况下都可行，但当决策议题重要且不可推翻时，该过程就是至关重要的。早在决策结果揭晓前，人们就可以根据备忘录作者思考的严谨性和创造性，以及会议讨论的情况，全面评估过程的质量。

在学习型文化中，人们仍会采用计分的方式，并将记分卡扩展到思考的过程和结果上（如图 10–2 所示）。

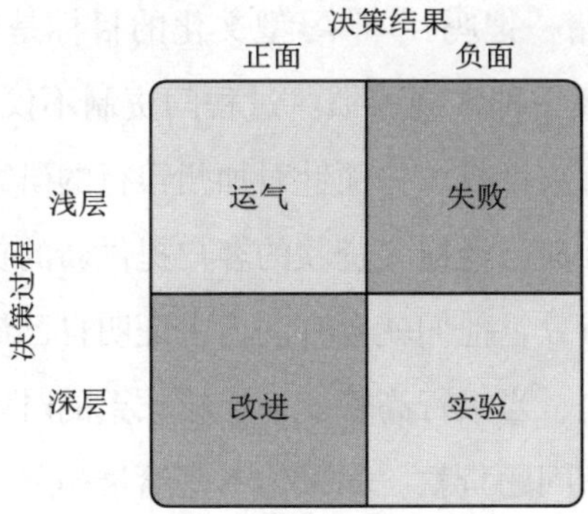

图 10-2　重新思考记分卡

即使决策结果是正面的，也不一定就称得上成功。如果决策过程是浅层的，那么正面的结果只是运气。如果决策过程是深层的，你就能视其为一种改进：你已经发现了某种更好的实践。如果决策结果是负面的，那么只有在决策过程是浅层时才是失败的。如果结果是负面的，但你对决策过程进行了深层评估，你就完成了一次明智的实验。

进行这些实验的理想时间点，是决策议题相对无关紧要或可逆的时候。在很多组织中，领导者在测试或者投资新事物之前，都会寻求对结果的保证。这就相当于告诉谷登堡，只有在有了一大批令人满意的客户后，你才会为他的印刷机提供资金。又或者向一群艾滋病研究者宣布，只有他们的治疗有效，你才会资助临床试验。

要求有证据是决策过程的敌人，这就是亚马逊这样的公司采用了“提出不同意见并配合”原则的原因。正如杰夫·贝索斯在年度股东信上解释的那样，实验的目的并不是得到令人信服的结果，而是让人们开始下注。“我知道我们在这个问题上有分歧，但你愿意跟我赌一把吗?”学习型文化的目标是欢迎这类实验，让重新思考变成一种常规习惯。过程问责制不仅仅是奖惩问题，也关系到谁拥有决策权。一项针对加州银行的研究发现，高管们通常会持续批准向已经拖欠贷款的客户提供新的贷款。由于已经批准了第一笔贷款，他们就会有动力去证明自己最初的决策是合理的。有趣的是，当银行高管变动比较频繁的时候，他们更有可能去识别并核销问题贷款。如果你不是给最初那笔贷款开绿灯的人，你就有充分的动力重新思考之前对客户的评估。如果客户已经拖欠了 19 笔贷款，那是时候该进行调整了。当我们将最初的决策人和之后的决策评估人分开时，重新思考的可能性变大了。

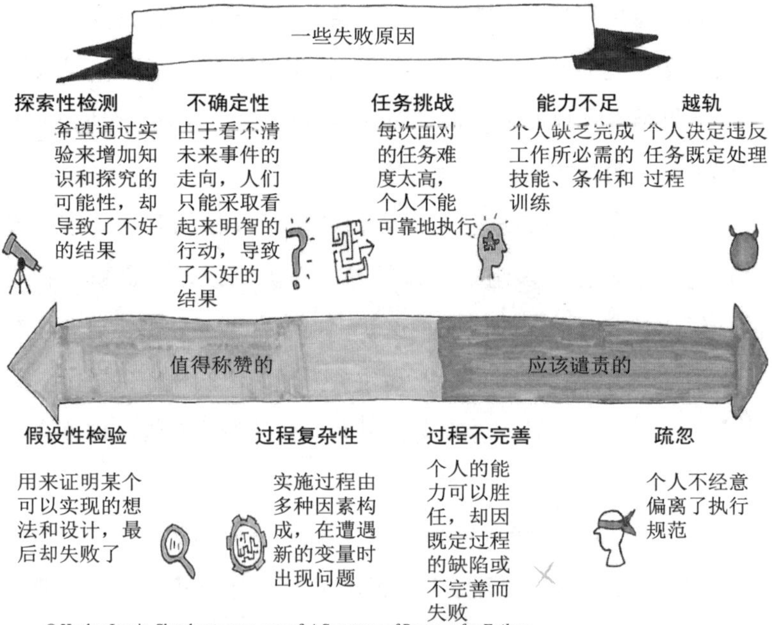

图 10-3　失败原因分类

多年来，美国国家航空航天局一直未能实现这样的分离。埃伦·奥乔亚回忆，一直以来“负责成本和进度的管理者也有权放弃技术要求。在发射日，这样的权责设置让管理者更容易自我说服”。

哥伦比亚号的灾难令美国国家航空航天局强化了学习型文化。在下一次航天飞机飞行中，一个外部发动机油箱中的传感器出了问题。在接下来的一年半里，又发生了好几次故障，但是都没有造成任何明显的问题。2006年，在进行发射倒计时那天，整个休斯敦任务控制中心进行了投票。大家一致认为，发射应该继续进行。只有一个局外人投了反对票，这个人就是埃伦·奥乔亚。

要是在过去的绩效型文化中，埃伦可能会因为害怕而不敢投出反对发射的这一票。而在新兴的学习型文化中，“我们不仅鼓励发声，还有责任发声”。埃伦解释道，“对美国国家航空航天局的认同感不仅能激发创新和提高员工忠诚度，还直接影响了人们的心理安全，因为只有感到受到了尊重和重视，人们才能轻松地说出自己的想法”。在过去，证明发射不安全是埃伦的责任。而现在，整个团队都有责任去证明发射是安全的。这意味着人们要更谦虚地对待专业知识，更多去质疑自己的决定，更加好奇所分析问题的原因和潜在后果。

投票结束后，埃伦接到美国国家航空航天局局长的电话，他对会上的多数意见表现出惊人的重新思考的兴趣。“我想了解你的想法。”他告诉她。他们推迟了发射。“一些人对我们在那一天没有发射表示不满，”埃伦回忆道，“但是大家并没有当面斥责我，或者让我感觉很糟。他们没有将责任推给我一个人。”第二天，所有的传感器都正常工作了，但是由于传感器间歇性故障，美国国家航空航天局最终还是在接下来的几个月又推迟了 3 次。基于这一故障，航天飞机项目的负责人要求，如果故障原因还未查明，那么整个团队将暂时停工。最终他们发现传感器工作正常，是低温环境导致传感器和计算机之间连接错误。

埃伦在约翰逊航天中心先后担任副主任和主任。在该项目终止前，美国国家航空航天局连续成功地执行了 19 次航天飞机飞行任务。2018 年，当埃伦从美国国家航空航天局退休时，一位高管告诉她，她在 2006 年对按时发射投的反对票对自己产生了影响。“12 年前我没有对你说过什么，”这位高管说，“但你的投票让我重新思考我是怎样应对发射日的，以及我是否做了正确的事。”

我们不能对过去的事件进行实验，当下我们只能想象与事实相反的场景。我们想知道，如果美国国家航空航天局在为时过晚前，重新思考 O 形圈失效和泡沫掉落的风险，我们是否能挽救 14 名宇航员的生命？我们想知道，为什么这些事件没有让工作人员在重新评估宇航服的问题时，和对待航天飞机一样谨慎？在学习型文化中，我们不会被这些问题压倒，我们的生活将因此减少很多遗憾。

第四部分

结论

11

避免隧道视野：
重新思考我们的完美职业生涯和生活计划

> 我到达地狱几个小时后就开始觉得不安，我想或许找点儿事干会好一些。我发现自己在地狱里有很多亲戚，托了他们的关系，我成了拔牙魔鬼的助手。这实际上不是一份正经工作，更像一份实习。但我想做。起初这还算有趣，然而没过多久，我就开始问自己：我为何下地狱？是为了给魔鬼递钳子吗？
>
> ——杰克·汉迪

长大后你想成为什么样的人？这是我小时候最讨厌的问题。我害怕与大人交谈，因为他们总是问我这个问题。而不管我怎么回答，答案他们都不喜欢。我说我长大后想成为超级英雄，他们笑了。我的下一个目标是成为 NBA 篮球运动员，尽管我曾在家里的车道上花了无数个小时练习投篮，但还是连续三年未能入选中学篮球选拔赛。我显然将目标定得太高了。

高中时，我痴迷于跳板跳水，决心成为一名跳水教练。大人们嘲笑这个计划，他们告诉我这个目标太低了。大学第一学期，我决定主修心理学，但这个决定不仅没有为我打开任何大门，反而让我失去了另一些机会。当时我知道自己不想成为一名心理治疗师（因为不够耐心）或精神病医生（我神经太脆弱，学不了医学）。仍然没有目标的我，羡慕那些有明确职业规划的人。

从幼儿园起，我堂弟瑞安就知道他长大后想成为什么样的人。他想成为一名医生。这是很多美国人的梦想，也是我们全家人的梦想。我的曾祖父母最初从俄罗斯移民美国，过着勉强糊口的生活。我的祖母是一名秘书，祖父在一家工厂工作，但工资不够养活五个孩子，所以他还兼职送牛奶。在孩子不到 13 岁时，祖父就教他们开送奶车，这样他们就可以在凌晨 4 点送完货，再去上学和上班。后来，他们的孩子都没有上医学院（也没有继续送奶），所以我的祖父母希望我们这一代能出一个“格兰特医生”，给家庭带来声望。

他们的前 7 个孙辈都没有成为医生。我是第 8 个，我打了好几份工来支付大学学费，好让自己对人生有更大的选择权。当我最终获得心理学博士学位时，祖父母感到很自豪，但他们仍然希望家中有一个真正的医生。我的堂弟瑞安是他们的第 9 个孙子，拿到医学博士几乎是他的宿命，只不过他比我晚了 4 年。

瑞安具备一名医生应有的全部特质，他不但早熟，还有很强的职业道德感。他立志成为一名神经外科医生。他充满热情，相信凭借自己的能力能够帮助他人。不管遇到任何障碍，他都会坚持下去。

在选大学的时候，瑞安来找我。当我们开始谈论专业时，他对医学预科课程表现出一丝不确定，问我他是否应该改学经济学。心理学中有一个术语概括了瑞安的个性：交谈反应性。是的，这真的是一个研究概念，是脱口而出和亲密言语的组合。当这样的“快语者”与人交流时，他们反应迅速、热情洋溢。通常快语者在外向性和冲动性方面得分较高，在羞怯和神经质方面得分较低。瑞安可以强迫自己长时间学习，但这也让他精疲力竭。他会被一些更活跃、更具社会性的事物吸引，他还有过在读医学预科时同时主修经济学的想法，但上了大学后他就放弃了这个主意。他必须保持正轨。

瑞安顺利完成了医学预科课程，本科还没毕业就成了本科生助教。在考试复习课上，当看到学生们压力非常大时，他要求他们站起来跳一会儿舞，然后带领大家开始复习。在被常春藤盟校医学院录取时，他问我是否应该参加一个医学博士和工商管理硕士联合课程项目。他并没有失去对商业的兴趣，但他害怕分散注意力。他必须保持正轨。

在医学院的最后一年，瑞安按部就班地申请了神经外科住院医师。对神经外科医生来说，他们需要有全神贯注的大脑，这样才能去切开患者的大脑。瑞安不确定他是否适合做神经外科医生，也不确定这份职业能不能给他的生活留出空间。他想知道他是否应该开一家医疗保健公司，但当他被耶鲁大学录取后，他选择去做实习医生。他认为他必须保持正轨。

在做实习住院医师期间，长时间的劳累和高强度头脑风暴让瑞安精疲力竭。他觉得即便他在当天死了，整个机构也没人真的关心，甚至注意到他。他经常因患者去世感到心痛，为恶语相向的主治医师感到头痛，这样的日子看不到尽头。虽然当医生是他童年的梦想，也是我们祖父母的梦想，但这份工作让他几乎没有时间做其他事情。他精疲力竭，开始考虑是否应该辞职。

瑞安决定不放弃。他已经走了太远，不能改变方向了，所以他完成了 7 年的神经外科学习。然而，实习的医院最终拒绝录用他，因为在提交证明文件时，他把简历上的日期放在了右边而不是左边。他受够了这个制度，出于原则，他拒绝修改。幸运的是，在与官僚主义的斗争中获胜后，瑞安又有了一个收获，他在复杂的微创脊柱手术领域获得了第 8 年的奖学金。

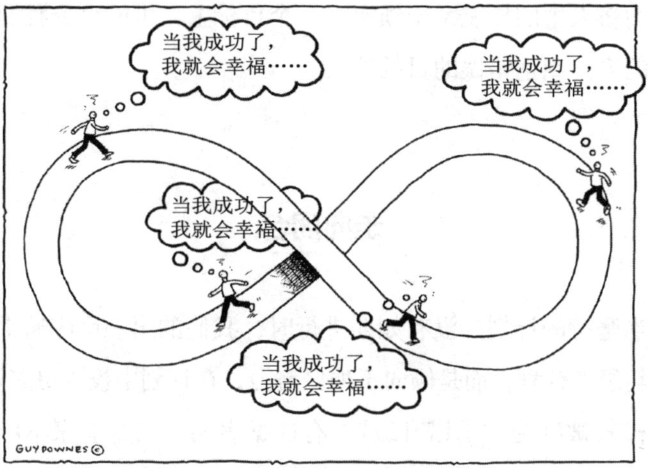

图 11-1　当我成功了，我就会幸福……

资料来源：officeguycartoons. com

现在，瑞安是一家大型医疗中心的神经外科医生。从医学院毕业超过 10 年，他已经 35 岁了，却仍然没有还完学生贷款。尽管他喜欢帮助别人和照顾患者，但超长的工作时间和繁文缛节削弱了他的热情。他告诉我，如果能重新选择，他会走另一条路。我经常想，怎样才能说服他重新思考自己选择的工作，重新思考他真正想从工作中获得什么。

对于想成为什么样的人，如何过自己的生活，我们都有自己的想法。这些想法不仅限于事业，从很小的时候起，我们就开始思考我们会住在哪里，上哪所学校，和什么样的人结婚，有几个孩子。这些憧憬可以激励我们设定更大胆的目标，引导我们走上实现目标的道路。而这些计划的危险性在于，它们会令我们的视野变得狭隘，看不到其他可能性。我们并不知道时间和环境会如何改变我们想要的东西，甚至改变我们想成为什么样的人的想法。而将人生的导航系统锁定在一个目标上，可能会令我们沿着正确的方向到达错误的目的地。

走向闭合

当坚持的计划并没有如期进行时，我们的第一反应通常不会是重新思考计划，而是倾向于加倍努力，在计划中投入更多资源。这种模式被称为“承诺升级”。有证据表明，当企业家本应该进行战略调整时，他们会坚持失败的战略；NBA 总经理和教练会跟表现不佳的选秀球员继续签订合同并给他们更多上场时间，政客们则会坚持派兵参加本不需要进行的战争。沉没成本是原因之一，但最重要的原因似乎是心理因素，而不是经济因素。承诺升级源自人们喜欢使事物合理化，不断为先验信念寻求自我辩护，以此来安抚自我，保护自身形象，验证过去的决定。

承诺升级是可预防失败的一个主要因素。具有讽刺意味的是，这可以由最著名的成功引擎之一——坚毅来推动。坚毅是激情和毅力的结合。研究表明，坚毅在激励我们实现长期目标方面发挥着重要作用。然而，当涉及重新思考时，坚毅却可能产生不利影响。实验结果显示，坚忍不拔的人更容易深陷险境，并且更愿意在注定失败的任务中坚持到底。研究结果进一步表明，坚毅的登山者更有可能在探险中丧生，因为他们下定决心不惜一切代价到达顶峰。英勇的坚持和愚蠢的固执只有一线之隔。有时，最好的坚毅是咬紧牙关选择掉头。

16 年来，瑞安不断升级他对成为医生的这个承诺。如果不那么固执，他可能早就改变方向了。很早以前，他就成为心理学家所说的“同一性拒斥”的受害者，这种受害者在没有足够研究和充分了解的情况下，过早确定了自我身份，并关闭了其他自我发展的选择。

在职业选择中，“同一性拒斥”往往始于成年人问孩子的问题：你长大后想成为什么样的人？深思这一问题，会形成对工作和自我的固化思维。米歇尔·奥巴马写道：“我认为这是成年人问孩子的最没用的问题之一。”“你长大后想成为什么样的人？就好像成长是有限的，在某个时候你变成了什么样的人，这就是结局。”①

有些孩子的梦想太小。为了家族传承，他们从未真正考虑过

① 我对这个问题还有另一个异议：它鼓励孩子们把职业作为身份的主要因素。当被问你想成为什么样的人时，社会上唯一可以接受的回答就是职业。成年人正期待着孩子们诗意地表达理想，成为像宇航员一样伟大的人物，像消防员一样的英雄，或者做个像电影制作人一样能够触动人心的人。没有人想要听到孩子只是想要一个安稳的工作，更不用说希望成为一个好父亲或好母亲，或者成为一个有爱心、求知欲强的人了。虽然我以研究工作为生，但我不认为应该用它来定义人生。

其他选择。你可能认识一些面临相反问题的人，他们的梦想太大了，好高骛远。有时，我们在专业上天赋不足，很难成就一番理想的事业；其他时候，靠一腔热血来糊口又希望渺茫。“你可以成为任何你想成为的人？！”喜剧演员克里斯·洛克打趣道，“告诉孩子们真相吧：你可以做任何你擅长的事，只要有人雇用你。”

即使孩子们对某个可以实现的职业理想感到兴奋，他们认为的“理想工作”也可能变成一场噩梦。孩子们最好把职业规划作为要采取的行动，而不是作为要具备的身份。当孩子把工作看成所做的事情而不是身份时，他们更愿意探索不同的可能性。

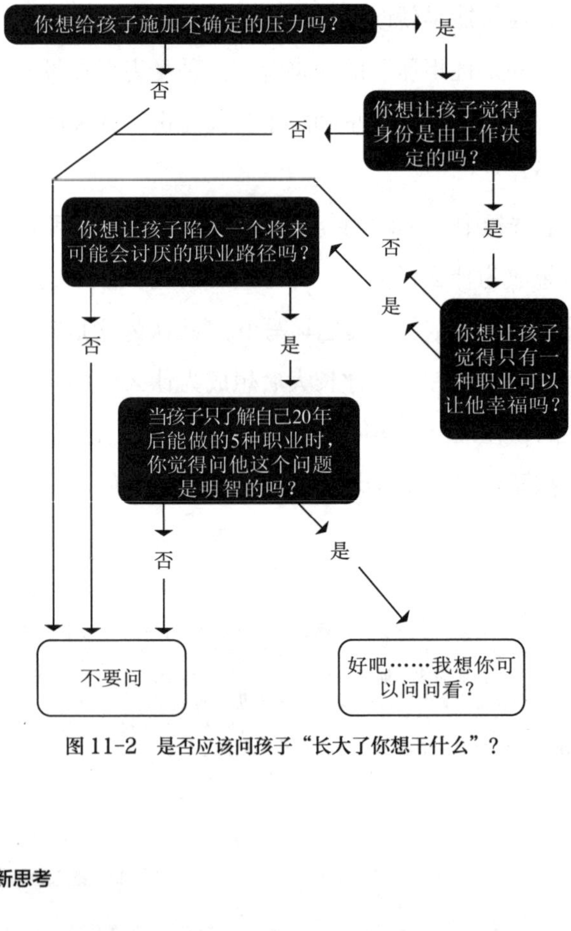

图 11-2 是否应该问孩子“长大了你想干什么”？

尽管很多孩子从小就对科学很着迷，但在小学阶段，他们往往会对自己成为科学家的潜力失去兴趣和信心。最近的研究表明，以不同的方式让孩子了解科学，可以保持他们对科学的热情。当二年级和三年级的学生学习“做科学实验”而不是“做个科学家”的时候，他们会更为兴奋地探索科学。成为一名科学家似乎遥不可及，但做科学实验是每个人都可以尝试的。即使是还没有上幼儿园的孩子，当了解到科学是自己可以做的事情而不是长大后成为谁时，也会表现出更多的兴趣。

最近，在晚餐时间，我的孩子们决定换个人去问大家长大后想成为什么样的人。我告诉他们，不需要只选择一种职业，普通人一生中会从事十几种不同的工作。工作不是一成不变的，每个人都能做很多事情。孩子们开始头脑风暴，讨论所有他们喜欢做的事情。最终他们的清单包括：设计乐高玩具、研究宇宙、创意写作、建筑设计、室内设计、当体操教练、摄影、当足球教练以及成为 You Tube 上健身视频的发布者。

选择职业与寻找灵魂伴侣并不相同。你的理想工作很可能还没有被发明出来。传统行业正在发生变化，新兴行业正在以前所未有的速度涌现：就在不久前，谷歌、优步和 Instagram 还不存在。未来的你也不存在，你的兴趣将随着时间的推移而改变。

“职业体检”时间到

我们通常很难取消生活中的各种计划，一项计划一旦得到承诺，它就成为你身份的一部分，你很难不给承诺升级。有的人因为热爱阅读而想主修英语，结果发现自己不喜欢写作。有的人决定在疫情防控期间上大学，后来才发现应该考虑休学一年。我们必须保持正轨。有的人因为不想要孩子而结束一段恋情，结果在几年后发现自己可能想要孩子。

同一性拒斥会阻碍我们发展。一项针对业余音乐家的研究显示，那些必须以音乐为生的人，在接下来的 7 年里反而更有可能忽视一位可靠顾问的职业建议。他们只顾聆听自己的心声，反而不会听导师的建议。在某些方面，同一性拒斥与身份认同危机的作用相反：我们不能接受未来身份的不确定性，因此补偿性地培养对某种身份的信念，然后投身某条职业道路。我观察发现，那些 20 岁时对自己的职业计划最有把握的学生，往往在 30 岁时最后悔自己的选择。在这一过程中，他们没有进行足够的重新思考。[①]

有时候，这是因为他们的想法太像政客，渴望得到父母和同辈的认可。他们被职业地位诱惑，却没有意识到，无论一项成就或职业身份多么引人注目，如果工作的过程让人抑郁，它都是一个糟糕的选择。在另外一些情况下，他们陷入了传教士模式，将工作视为神圣的事业。有时，他们会用检察官模式来选择职业，指责其他同学将灵魂卖给了资本主义，自己投身非营利组织，希望拯救世界。

可悲的是，他们往往对工作本身知之甚少，也对不断发展的

① 研究表明，英格兰和威尔士的大学毕业生比苏格兰的毕业生更有可能改变职业道路。这不是文化的影响，而是时间效应。在英格兰和威尔士，学生们在高中时期就不得不开始选择专业，这限制了他们在整个大学期间探索其他选择的机会；而在苏格兰，学生们直到大学三年级才可以选择专业，这给了他们更多的机会重新思考自己的计划，培养新的兴趣。他们最终更有可能主修高中没有学过的学科，也更有可能找到适合自己的学科。

自我知之甚少，以至无法做出终身承诺。他们陷入过度自信的循环，以追求职业身份为荣，令自己的周围充满了能验证自己信念的人。当意识到这是一个错误的选择时，他们觉得重新思考为时已晚。扔进去的筹码太多，不可能一走了之，薪酬、地位、技能和时间的牺牲似乎太大了。郑重声明，我认为与其浪费接下来的20年，不如丢掉过去两年的成绩。事后看来，同一性拒斥就像一个创可贴，它暂时掩盖了身份认同危机，但无法治愈这种危机。

我给学生们的建议是，向医务工作者学习。就像人们在没有问题的情况下也要体检和看牙一样，学生们也应该安排“职业体检”。我鼓励他们在日历上设置提醒，每年两次，问自己一些关键问题。你是什么时候做出你目前的职业规划的？从那以后你又是如何改变的？你是否已经在你的角色或工作中遭遇了学习停滞期，是否考虑转换领域？回答这些问题是定期启动重新思考周期的方式。这可以帮助学生们对自己预测未来的能力保持谦逊，深入思考自己计划的疑点，保持求知欲，以便发现新的可能性或重新考虑已被放弃的可能性。

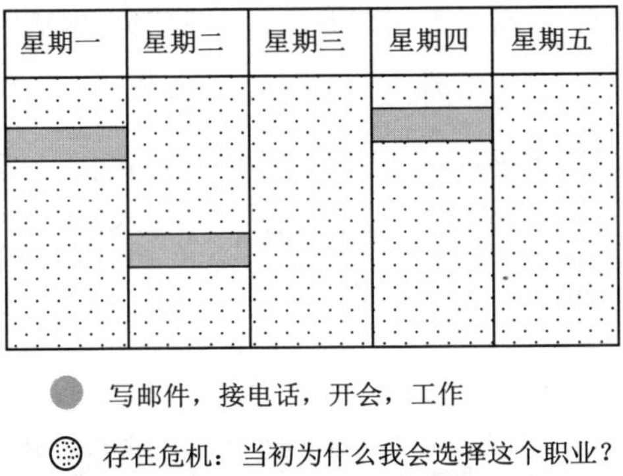

图 11-3　同一性拒斥发生后的典型工作周

我有个学生叫玛丽莎·尚德尔，她在一家著名的咨询公司找到了一份令人羡慕的工作，并计划步步晋升。她一直提前晋升，却发现自己总是夜以继日地工作，无暇他顾。她和丈夫决定每半年进行一次职业体检谈话，讨论过去一段时间公司和工作的情况，而不是继续埋头苦干。在提前晋升为高级合伙人后，玛丽莎意识到自己已经到达学习停滞期（生活上也是），她决定攻读管理学博士学位。①

通常，决定离开当前的职业发展路径比确定新的职业道路更容易。我最喜欢的应对该挑战的框架来自管理学教授埃米尼亚·伊瓦拉。她发现，当人们考虑职业选择和转型时，像科学家那样思考会有所帮助。第一步是找到自己喜欢的人：在工作领域内部和外部找出一些你欣赏的人，每天观察他们在工作中的实际表现。第二步是做出假设：新职业是如何与自己的兴趣、技能和价值观相一致的。第三步是通过实验测试不同的职业身份：通过信息化面试、实地观察和项目示例等方式，体验新工作。我们的目标不是确定一个特定的计划，而是拓宽自我全部的可能性，这会让你愿意重新思考。

这样的体检并不局限于职业，也与我们在生活中的各个领域制订的计划有关。几年前，一个我以前的学生想让我给他的恋爱一些建议。（在此声明：我可不是那种心理学家。）他和一位女士约会了一年多，尽管他认为这是有生以来令他最满意的一段感情，但他仍然怀疑两人不合适。他总是想象自己会娶一个对事业

① 我最初建议学生进行职业体检，以避免隧道视野。但据我了解，职业体检对处于重新思考光谱另一端的学生（那些“过度思考者”）也很有用。他们经常对我说，当对工作不满意时，他们知道一年两次的提醒会帮助他们抵制每天都想辞职的诱惑。

雄心勃勃或热衷于改变世界的女人，而他的女朋友似乎对生活没有那么积极，而是更为放松。

这是一个理想的“体检”时间。我问他，在形成这个关于理想伴侣的想法时，他多少岁？从那以后，他发生了多大的变化？

他说从十几岁起他就有这样的想法，从来没有重新思考过。当我们交谈时，他开始意识到，如果他和女朋友在一起很快乐，那么雄心壮志和激情对他来说可能不像过去那样重要。他也明白，之所以会产生那样的想法，是因为他受到了这些女性的激励，她们非常渴望成功，也有很强的服务精神，这正是他想要成为的人。

两年半后，他告诉我最新进展，他决定放弃对伴侣的预先设想：

> 我决定开诚布公，和她谈谈她和我想象中的那个人有什么不同。令我惊讶的是，她也有同样的想法：我也不是她想象中的那个人，过去她希望能和一个更有创造力、更合群的人结成伴侣。我们接受了彼此，继续前进。我很高兴我能抛弃旧观念，为完整的她和我们关系的全部可能性腾出空间。

在新冠肺炎疫情暴发前，他向她求婚，现在他们订婚了。

一段成功的关系需要经常定期重新思考。有时候，体贴意味着重新考虑一些简单的事情，比如我们的习惯，包括学会不轻易迟到，把一衣柜的破旧衬衫处理掉，打呼噜时背朝自己的伴侣。在其他时候，支持意味着开放思想，接受更重大的生活变化，比如搬到另一个国家、另一个社区，开始新的工作，以支持我们伴侣的优先选择。就我的学生而言，这意味着重新思考他的未婚妻会是谁，同时也要对她可能成为的人保持开放态度。他的未婚妻换了工作，对新工作和反对教育不平等的事业都满怀热忱。如果愿意更新“理想伴侣”的想法，我们就可以让这些观念不断演化，让亲密关系有发展的空间。

无论与伴侣、父母还是导师进行关系“体检”，我们都应该每年进行一两次，反思我们对彼此的期望是如何改变的。当发现生活的过往印象与未来不再相关时，我们就可以重新思考计划。这可以让我们获得幸福，只要我们不太执着于寻找幸福。

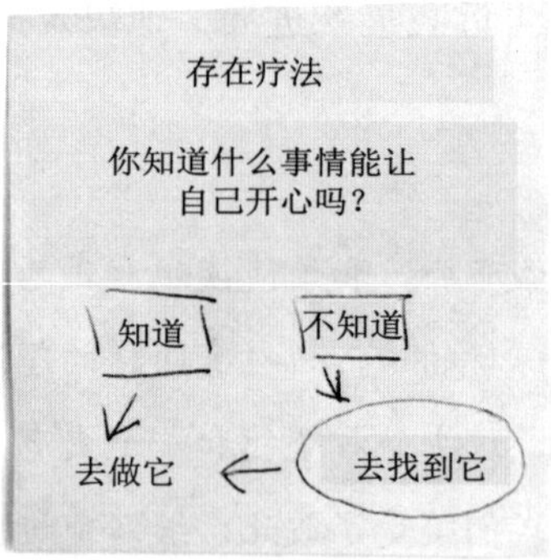

图 11-4　存在疗法

越追越远的幸福

当我们思考如何规划人生时，很少有什么比幸福更重要。不丹王国有国民幸福指数，而在美国，追求幸福是如此宝贵，甚至成为《独立宣言》中三项不可剥夺的权利之一。然而，如果我们不小心对待，追求幸福就可能成为痛苦的源泉。

心理学家发现，人们越看重幸福，生活就越不幸福。对那些天生关心幸福的人，以及在研究中被随机分配去思考幸福为何重要的人来说，确实如此。甚至有证据表明，高度重视幸福感是导致抑郁症的一个风险因素。这是为什么？

一个可能的原因是，当追寻幸福时，我们忙于评判生活而没有真正体验生活。我们不是在品味快乐时光，而是在思考为什么生活没有更快乐。第二个可能的原因是，我们花了太多时间追求幸福感的峰值，而忽视了一个事实：幸福更多地取决于积极情绪的频率，而不是其强度。第三个潜在原因是，当追求幸福时，我们以牺牲目的为代价，过分强调快乐。这一理论与研究数据一致，数据表明，意义感比幸福感对健康更有利。在工作中，有目标的人比寻找快乐的人能更成功地追求自己的激情，辞职的概率也更低。当快乐消逝时，意义往往会更持久。第四个原因是，西方社会把幸福作为个体状态的观念，让我们感到孤独。在更具集体主义的东方文化中，模式是相反的：追求幸福的人会产生更多的幸福感，因为相较于个人活动，人们优先参与社会活动。

去年秋天，一个学生到我的办公室找我寻求建议。她和我说：在选择沃顿商学院时，她太看重最好的学校，而较少关注最适合自己的学校。她希望自己选择一所文化更自由、社群意识更强的大学。现在她已经明确了自己的价值观，正考虑转到一所能让她更快乐的学校。

几周后，她告诉我，我课上的某一刻帮助她重新思考了自己的计划。这不是我们讨论的关于幸福的研究，不是她在进行的价值观调查，也不是我们做的决策练习，而是我在课上展示的《周六夜现场》中的一段喜剧小品。

这一幕由亚当·桑德勒扮演导游。在一个为公司的意大利之旅做的模拟广告中，他提到，有些游客表达了对旅游体验的失望，他借此机会提醒，假期到底能为游客做什么，不能做什么：

> 假期可以做到很多事情：帮助你放松，看到一些长相不同的松鼠，但它不能解决更深层的问题，比如你在团队中的行为。
>
> 我们可以带你去远足。但我们不能把你变成喜欢徒步旅行的人。
>
> 记住，在假期里你还是你。如果在某地你感到悲伤，然后坐上飞往意大利的飞机，在意大利的你和之前的你一样，只不过换了个新地方悲伤而已。

图 11-5　同样悲伤的你

资料来源:《周六夜现场》

我们对幸福的追求常常从改变环境开始。我们希望在更温暖的气候或更友好的宿舍里找到幸福，而任何由这些选择带来的快乐通常都是暂时的。一系列研究表明，那些通过调整生活或课程安排来改变环境的学生，很快就回到了他们原来的快乐水平。正如海明威所写，“你不能通过从一个地方搬到另一个地方来摆脱自己”。与此同时，通过加入一个新俱乐部、调整学习习惯或开始一个新项目来改变自己行为的学生，体验到了持久的快乐。我们的幸福往往更多地取决于我们在做什么，而不是我们在哪里。给我们带来意义和归属感的是我们自身的行动，而不是周围的环境。

我的学生决定不转学了。她不会再去考虑自己在哪里上学，而是会重新思考如何安排在沃顿商学院的时间。可能她无法改变整个机构的文化，但她可以创造一种新的亚文化。她开始每周与同学们一起喝咖啡、聊天，并邀请与她有共同兴趣和价值观的人每周喝茶。几个月后，她对我说，她已经和几个人建立了亲密的友谊，并对自己留下来的决定感到激动。这次决定的影响不止于此：她的品茗会成了一项传统活动，专门欢迎那些感到迷茫的学生。这些学生没有转移到新的社区，而是建立了自己的微社区。他们不再聚焦于幸福感，而是尝试着为社区做出贡献和建立联结。

生命、自由和对意义的追求

需要明确说明的是，我不鼓励任何人待在他们讨厌的身份、关系或场所中，除非他们别无选择。尽管如此，在职业生涯中，我认为与其找一份令自己最快乐的工作，不如去寻求我们能够学到最多经验、做出最大贡献的工作。

心理学家发现，激情通常不是被发现的，而是被培养出来的。一项对创业者的研究表明，他们对创业投入的精力越多，对企业的热情每周攀升得越多。随着不断获得的动力和掌控感，他们的激情与日俱增。兴趣并不总是努力和技能提高的原因，有时也是两者的结果。在投身学习和解决问题的过程中，我们可以培养自身的激情，培养完成工作需要的技能，并过上自认为有价值的生活。

随着年龄的增长，我们越来越专注于寻找意义——我们最有可能在利他行为中找到意义。我最喜欢的对工作意义感的测试是这样问的：如果这份工作不存在，人们的境况会差多少？临近中年，这个问题变得越来越重要。这个时期，无论在工作中还是在生活中，我们都觉得自己可以付出更多（而失去更少），我们特别渴望与下一代分享知识和技能。

当我的学生们谈论他们职业生涯中自尊的演变时，过程通常是这样的：

> 第一阶段：我不重要。
> 第二阶段：我很重要。
> 第三阶段：我想为一些重要的事情做出贡献。

我注意到，越早进入第三阶段的人，其影响力越大，体验到的幸福感也就越多。这让我不再把幸福看作一个目标，而是更多地把它看成掌控感和意义感的副产品。“只有那些人是幸福的，”哲学家约翰·斯图尔特·穆勒写道，“只有那些将注意力集中在让自己快乐之外的某个目标上的人，才是幸福的；为他人的幸福、为人类的进步，甚至为某种艺术或追求，都不是作为一种手段，而是作为一种理想的目标。因此，他们以自身之外的对象为目标，顺便追求幸福。”

职业、人际关系和社群被科学家称为开放系统的范例。这些系统之所以能不断变化，是因为它们没有与周围的环境隔绝。我们知道，开放系统至少受两个关键原则支配：总会有多条路径通向同一个目的（等结果性），相同起点可以通向多个不同目的（不等结果性）。我们应该小心避免过于重视一条特定的路径，甚至是一个特定的目的地。人们对成功没有统一的定义，通往幸福的道路也并不唯一。

我堂弟瑞安终于重新思考了他的职业生涯。在做神经外科住院医师 5 年后，他做了针对自身的职业体检，决定重拾创业的渴望。他和别人共同创立了一家快速增长且受风投支持的初创公司——Nomad Health，该公司创建了一个交易平台，临床医生可以在平台上买到相匹配的医疗设备。他还为数家医疗器械初创公司提供咨询，申请医疗器械专利。目前他正与多家初创公司合作，共同推动医疗条件的改善。回首往事，对于自己过早地执迷于神经外科医生的身份，并对这份事业不断承诺升级，他仍然感到遗憾。

在工作和生活中，我们能做的最好的事情，就是在接下来的一两年里为想要学习和贡献的事情做好计划，并对未来可能发生的事情保持开放态度。E.L. 多克托罗有一个比喻，为自己的生活制订一个计划，“就像在夜雾中开车，你只能看到探照灯照亮的地方，但凭着这些你就可以完成整个旅程”。

□ □ □

我们不必完全颠覆整条路，以此重新思考我们的一些计划。有些人对自己的工作领域非常满意，但对自己目前的角色不太满意。另一些人可能过于规避风险，不愿为工作或伴侣而改变居住地。对很多人来说，改变是奢侈的：经济上依赖工作，或者情感上依附大家庭可能会限制现有的可选项。无论是否有机会或愿望在生活中做出重大改变，我们都有可能以较小的调整为生活注入新的意义。

我的同事埃米·弗热斯涅夫斯基和简·达顿发现，在每个行业中，都有人能成为自己工作的积极构建者。他们通过工作规划重新思考自己的角色，通过改变日常行为更好地匹配自己的价值观、兴趣和技能。埃米和简研究的对象之一是密歇根大学的医疗保健系统。

无论你在医院的哪一层遇见癌症患者，他们都会很快就告诉你他们是多么感激康迪斯·沃克。她的使命不仅是保护患者脆弱的免疫系统，更重要的是照顾他们脆弱的情绪。她把化疗中心称为“希望之家”。

在患者接受治疗时，康迪斯通常是第一个安慰其家人的人，她会带着百吉饼和咖啡出现。她会讲述家里的猫喝她牛奶的故事，或者向他们展示她今天不小心穿了一只棕色袜子和一只蓝色袜子，以此来逗患者开心。一天，她看到一名患者在电梯的地板上痛苦地扭动着，附近的工作人员不知道该怎么办。康迪斯立即决定将这名女患者扶上轮椅，并带她乘电梯去接受紧急治疗。这位患者后来称她为“我的救世主”。

康迪斯·沃克既不是医生和护士，也不是社会工作者，而是医院的工人，她的正式工作是癌症治疗中心的清洁工。

康迪斯和她的同事原本都在做同样的工作，但他们中的一些人最终决定重新思考自己的角色。有一位负责长期重症监护病房的清洁工，她会主动定期重新整理墙上的画，希望风景的变化能够刺激昏迷患者的知觉。当被问及此事时，她说："不，这不是我工作的一部分，而是我为人的一部分。"

我们的身份是开放系统，我们的生活也是开放系统。我们不必拘泥于旧日形象：我们想去哪里，或者我们想成为谁。重新思考我们的选择，最简单的方法就是反思我们每天在做什么。

重新考虑我们过去的承诺需要谦逊，反思我们现在的决定需要怀疑精神，设想我们未来的计划需要好奇心。在这个征途上，我们的所有发现可以把我们从熟悉的环境和过去的桎梏中解放出来。重新思考解放了我们，不仅让我们更新了知识和观点，也给了我们有效的工具，让我们过上更充实的生活。

尾声

□ □ □

"我所相信的"是过程，而不是结局。

——埃玛·戈德曼

在读小说时，我最喜欢的部分一直都是结局。自我记事起，无论是《安德的游戏》这样的科幻小说，还是《威斯汀游戏》这样的悬疑故事，结局的转折都不仅仅是故事的亮点。它改变了整个故事，让我重新思考我之前读的内容。

不过，在写自己的理念时，我从来都不喜欢结论。难道最后一章就不能作为结尾吗？这是一本书，不是读书报告。即使还有什么值得说的，我也早就说过了。

我认为幽默作家理查德·布劳提根非常精妙地捕捉到了这种荒谬感："为了表达人类的需求，我一直想写一本以 mayonnaise（蛋黄酱）这个词结尾的书。"他在一本书的倒数第二章写下了这句话，并愉快地用这个词结束了这本书，但是故意把它拼错成 mayonaise 以剥夺读者想要的结尾。人类的需求没有得到满足。

结论让我最烦恼的地方就是它的终

结性。一个主题如果重要到值得用一本书来书写，就不应该结束，而应该是开放式的。

这是对《重新思考》这本书的一次挑战。我不希望用结论来结束。我希望我的思想能不断发展。为了表现这种开放性，我决定把结尾处变成空白页，我说的就是字面意思。

我的挑战网络一致拒绝了这个概念。我的两个最有洞见的学生说服了我：虽然这可能是我作为一名作家的终点，但可能是你作为一名读者的起点，一个通向新思想的跳板和通往新对话的桥梁。然后，他们提出了一种尊重这本书的精神的方式：我可以从罗恩·伯杰的课堂中得到一些启示，展示我一稿又一稿对结论的重新思考。

我喜欢这个主意。~~对于一本关于重新思考的书来说，它似乎是一个令人愉快的集锦。如同《宋飞正传》里那本关于咖啡桌的咖啡桌边书，或者瑞恩·高斯林穿着印有麦考利·卡尔金照片的衬衫，而麦考利·卡尔金穿着一件印有瑞恩·高斯林穿着那件衬衫的照片的衬衫。~~

结论部分似乎是展示一些重新思考

之前想过在书中展示我的编辑痕迹，但我不想把这种痛苦强加于你。苦读不成熟的想法和证伪的假设并不是在最好地利用你的时间。你即使是汉密尔顿的超级粉丝，可能也不会喜欢他的初稿，令你更感兴趣的是重新思考的产物而非整个过程。

太异想天开了。早期的读者希望这里更加严肃，一些人表示他们现在处理异议的方式有了不同的转变。当面对挑战自己观点的信息时，他们不是拒绝或者勉强参与其中，而是将其作为一次学习新东西的机会："或许我应该重新思考一下！"

关键时刻的完美场所，但我仍不知道该涵盖哪些内容。我再次向我的挑战网络寻求帮助，它们提出了另一种方法来综合关键论题，并帮助我更新了我现在正在重新思考的内容。

我首先想到的是，当我得知科学家已经改变了他们对所谓霸王龙家族的羽毛的看法时，核查那个事实的过程。你在第一章想象的也许是一个有羽毛的霸王龙，我也是一样的，但是目前的普遍共识是，一个典型的霸王龙全身主要被鳞片覆盖。你如果认为更新的信息令人难以置信，就请翻到目录，查找犯错的喜悦。事实上，我还有一些好消息：科学家相信，还有一种霸王龙——羽暴龙，它身上覆盖着一层鲜艳的羽毛，以保持凉爽。

挑战网络表示更新书中“有趣的事实”太琐碎了。

最近，我在思考重新思考是如何发生的。几千年来，随着时间的推移，人们的许多次重新思考都以一种无形的方式在群体中展开。在印刷机出现之前，大量的知识都是通过口头传播的。人类的历史是一场漫长的通话游戏。每个发送者都会以不同的方式记住和传达信息，而每个接收者都无法得知故事发生了怎样的变化。

当一个想法在一片土地上传播时，它可以在没人意识到的情况下被完全重新想象。随着越来越多的信息被记录在书籍和报纸上，我们开始追踪知识和信仰演变的不同方式。如今，尽管我们可以看到维基百科上的每一次修改，但做出修改的人往往会陷入编辑之争，拒绝承认其他人是对的而自己是错误的。编纂知识可以帮助我们追踪它，但是它并不一定能让我们开放固有的思想。

许多伟大的思想家认为，重新思考是每代人的任务，而不是每个人的——即使是在科学领域。正如著名物理学家马克斯·普朗克所说，“一个新的科学真理并不是通过说服反对者并让他们看到真理之光而取得胜利的，而是他们的反对者最终都会死亡”。从这个角度看，世代的更替速度远比人们改变观念的速度快得多。

我不再相信情况一定会是这样的。我们都有能力重新思考，只是不常使用它，因为我们没有经常像科学家那样思考。

这种科学方法可以追溯到几千年前，至少追溯到亚里士多德和古希腊时期。然而，我很惊讶地发现，“科学家”这个词相对较新：它直到 1833 年才被创造出来。几个世纪以来，并没有一个通用术语来形容那些通过做出假设、设计实验以及收集数据来发现知识的职业人士。我希望我们不用等上那么久就能意识到，这种思维方式适用于各行各业以及各个社会阶层。

即使这本书出版了，我也会重新思考。在提出像科学家一样思考的案例时，一些事情困扰着我。我想知道，我是否对那些宣扬、控诉或政治活动富有成效的情况关注得太少了。当需要重新思考自己的观点时，证据的重要性有利于科学家模式，因为证据给了我们最大的胜算。但是能令人打开思维的理想模式还不是十分明确，我尝试着捕捉每一种价值方法的细微差别，在与接受我们的观点或不关心某个议题的人辩论时，探究宣扬的方式是如何奏效的；如何在那些摇摆不定的观众面前将控诉传达出去；如何凭借简洁的话语说服所在的政治部落。即使回顾了这些数据，我也不确定我是否做了足够的工作来证明自己的论点。

一个尚未解决的大问题是，重新思考应该在什么时候结束？我们应该在哪里划定界限？我认为答案因人而异，因时而变，但我的感觉是，我们大多数人在（达克效应?）曲线的左边走得太远了。我看到的最相关的数据是第三章关于超级预言家的部分：他们每个问题平均更新 4 次预测，而不是 2 次。这表明其实并不需要太多的重新思考我们就能从中受益，其负面影响也很小。重新思考并不总是需要我们改变想法。正如学生们在考试中重新思考他们的答案一样，即使决定不以某个信念或决定为中心，我们也知道自己已经深思熟虑了。

然后，新冠肺炎疫情暴发了，我开始好奇领导者在危机期间是如何沟通的。

他们应该怎样给人一种在当下的安全感和对未来的希望？宣扬他们计划的优点，指责替代提案可能会减少不确定性，还是制造政治事件让人们围绕共同目标团结在一起？

对我而言，最有启发性的例子来自纽约州州长。当纽约州和国家面临前所未有的危机时，他在春天的一次演讲中宣称："采取一种方法并尝试是常识；如果失败了，坦率地承认，再尝试另一种。但最重要的是，要敢于尝试。"

《纽约时报》迅速对州长的讲话进行了删节，指出"没有明确的事物还不如没有"。其他领导者是"精确、具体、积极的"，而这位州长是"不确定、抽象、犹豫不决的"。不仅是媒体对这次演讲进行了抨击，这位州长的一个顾问也显然将其描述为一次愚蠢的政治行为。

自信的领导者的魅力显而易见：有清晰的愿景，强有力的计划以及对未来明确的预测。但是在危机时期和繁荣时期，我们更需要的是能够接受不确定性、承认错误、向他人学习并且重新思考计划的领导者。这正是我们这位州长所具备的，而且事实证明，先前人们对他提出的方案会如何施行的批评是错误的。

这并不是在新冠肺炎病毒大流行期间发生的事情，州长也不是安德鲁·科莫。这一切发生在美国上一次失业率如此之高的时期：大萧条时期。那是在1932年，纽约州州长是富兰克林·罗斯福。当他在佐治亚州一个小型大学的毕业典礼上发表演讲时，整个国家都处在大萧条中，他在这时发表了他“要敢于尝试”的理念。他在演讲最令人难忘的一句话是，“这个国家需要大胆、持续的实验”。这一原则成为他领导能力的试金石。虽然经济学家仍然在争论到底哪一项改革让美国走出了历史性大萧条，但是罗斯福制定政策的试错方法受到美国人的热烈欢迎，这使得他连任四届总统。

在那次毕业典礼演讲中，罗斯福并没有宣扬、控诉或者耍政治手段。他说话时带着一种自信的谦虚，这正是你从一个科学家身上期望看到的。关于如何传达自信的谦虚，我们还有很多不知道的地方。当对一个复杂话题（例如阻止一场大流行病或者重振经济）缺乏了解时，人们可能会接受领导人承认今天尚且不知的事情，并怀疑其昨天发表的声明。当感觉更加了解情况，问题更简单时，人们可能会将领导人承认不确定性或者像墙头草一样改变其想法的行为视为一种失败。

我仍然很好奇每种说服模式在什么时候最有效，但总的来说，我希望看到更多的人像罗斯福那样大声地宣布重新思考。尽管重新思考很有价值，但我们在生活中做得还不够，无论是在做生活中的关键决定时，还是在面对这个时代的重大难题时。流行病、气候变化、政治两极分化等复杂问题要求我们保持思维的灵活性。在面对无数未知和不断演变的威胁时，谦逊、怀疑和好奇心对新发现至关重要。大胆而持久的实验可能是我们重新思考的最佳工具。

我们在重新思考方面都有提升空间。无论我们得出怎样的结论，我都认为，如果每个人都戴上科学家的眼镜，那么世界会变得更加美好。我很好奇，你同意吗？如果不同意，什么样的证据会改变你的想法？

行动建议

□ □ □

如果你想训练自己重新思考的能力，那么不妨看看我总结的30条实用经验。

个人层面的重新思考

1. 养成重新思考的习惯

（1）**像科学家一样思考。**当开始形成一个观点时，要抵制住传教、控诉和玩手段的诱惑。把你的新观点当成一种直觉或假设，并用数据进行检验。有的企业家会把商业战略的制定当成科学实验，借鉴他们的做法，保持观点转换的灵活性。

（2）**用价值观而不是观点来定义你的身份。**如果不把过去的观念作为当前自我概念的一部分，你就更容易避免固守以往的观点。把自己看成一个看重好奇心、学习能力、思维灵活性和求知欲的人。当形成观点时，列出会改变你想法的一系列因素。

（3）**寻找与你观点相反的信息。**要积极地了解那些挑战你的想法的观点，以此对抗证真偏差，打破“过滤泡”，逃离“回音室”。即使不同意他们的观点，你也要先跟随那些能让你思考的人，这是一个简单的起点。

2. 校准你的自信

（4）**不要被困在愚昧之巅。**不要把自信和能力混为一谈。达克效应是一个很好的提醒，你越是认为自己做得好，就越有可能高估自己、停滞不前。为了防止对自身知识过于自信，请反思一下你对某个既定主题的阐释能力。

（5）**利用怀疑的好处。**当发现自己怀疑自身能力时，重新把它定义为一个成长的机会。你可以在对自己的学习能力充满信心的同时，质疑自己对当前问题的解决方案。提高专业知识的第一步是知你所未知的事情。

（6）**拥抱犯错的喜悦。**当发现自己犯错时，把它当成发现新事物的标志。不要害怕自嘲，这可以帮助你将关注点从自我证明转向自我提高。

3. 请他人质疑你的想法

（7）**从遇到的每个人身上学习新东西。**每个人都会比你更了解某一方面的知识。问问别人最近在重新思考什么问题，或者与他们谈论在过去一年中你改变想法的情况。

（8）**除了支持网络，还要构建挑战网络。**有啦啦队队长式的鼓励固然很好，但你也需要来自批评者的挑战。周围哪些人是最有想法的批评者？一旦确认，就邀请他们质疑你的观点。提前告诉他们你为什么尊重他们的反对意见，以及他们的意见在何处发挥了最大价值，这将确保他们知道，你对不同意见持开放态度。

（9）**不要回避建设性冲突。**分歧不一定让人不快。虽然关系冲突通常令人难受，但任务冲突可以帮助你重新思考。试着把观点分歧看成一场辩论，这样人们会倾向于理智地对待分歧，对事不对人。

人际层面的重新思考

1. 提出更好的问题

（10）**练习说服性倾听的艺术。**当我们试图打开别人的心扉时，倾听通常比交谈效果更好。在谈话中，如何让对方明确自身观点，并激发他们的兴趣，探索自我改变的原因？一个好的开始方式是增加提问，减少陈述。

（11）**问对方怎么做而不是追问原因。**当描述自己为什么会持有极端的观点时，人们往往会强化对观念的承诺并加倍固化其观点。而当试图解释如何将想法变成现实时，人们往往会意识到自身理解的局限性，并开始调整一些想法。

（12）**询问“什么证据会改变你的想法”。**我们不能强迫别人同意我们的意见，通常，询问他们什么能令他们敞开心扉，然后看看能否以他们的方式说服他们，这样会更有效。

（13）**询问人们的观点最初是如何形成的。**如同我们的刻板印象，我们的许多观点都是武断的；我们在没有严谨数据或深入思考的情况下形成了观点。为了帮助他人重新评估自己的想法，我们要问问他们如果出生在不同的时代或地点，他们的观念会有怎样的变化。

2. 将分歧视为舞蹈，而不是战斗

（14）**承认共同点。**辩论就像舞蹈，不像战斗。承认共性并不会使你变弱，这表明你愿意讨论什么是真相，并促使对方考虑你的观点。

（15）**记住，少就是多。**你如果列举了太多不同的论据来支持你的观点，就可能让听众产生防御心理，并可能导致他们用最不起眼的观点反对你的整个论点。与其让太多论据淡化论点，不如先从你的几个最强论点开始阐述。

（16）**强化选择自由。**有时候，人们拒绝辩论，并不是因为不屑，而是因为他们拒绝接受行为被控制的感觉。因此，你需要提醒人们，他们可以自由选择相信某种观点，从而尊重他人的自主性。

（17）**就对话的感受进行沟通。**如果对话过于情绪化，那就尝试着将讨论调回正轨。谈判专家会评价自己的感受，并检验自己对对方感受的理解是否准确。你可以借鉴这种做法，有时可以表达自己的失望或沮丧，并询问对方是否愿意分享自己的感受。

群体层面的重新思考

1. 进行更细致的对话

（18）**使有争议的话题复杂化。**每个故事都不止两面。不要像对待硬币那样对待两极化议题，要用棱镜的多个镜面进行审视。看到问题的灰度能使我们更加开放。

（19）**不要回避警告和意外事件。**承认有竞争性的观点和冲突性的结果，并不会让利益或信誉受损。这反而是吸引观众的有效方法，还能促使他们保持好奇心。

（20）**扩大你的情感范围。**想要进行富有成效的谈话，不必消除沮丧甚至愤怒的情绪，只需要将更多情绪混合在一起，你可以试着表现出一些好奇，甚至承认困惑或矛盾的心情。

2. 教孩子们重新思考

（21）**每周进行一次打破迷思的讨论，可以在晚餐时进行。**在孩子们很小的时候，揭穿错误的观念会容易得多。这也是教孩子们养成重新思考习惯的好方法。每周选择一个不同的话题（这周可能是恐龙，下周可能是外太空），由家庭成员轮流负责，带领全家讨论这个迷思话题。

（22）**让孩子们做多版草稿，多寻求他人的反馈。**创作不同版本的图画或故事，可以鼓励孩子们学习并理解修改想法的价值。从其他人那里获得反馈信息，也可以帮助孩子们持续完善自己的标准。他们可能学会了接受困惑，并在第一次尝试时不去期待一下子达到完美。

（23）**不要问孩子们长大后想做什么。**孩子们不必用职业来定义自己。单一的身份会关闭替代选择的大门。与其试图缩小孩子们的选择范围，不如帮助他们扩大可能性。这些可能性不必是单一目标，孩子们可以做到很多事情。

3. 创建学习型组织

（24）**放弃最佳实践。**一旦有了最佳实践，那就表明理想的路径已经设定好了。如果想让人们不断重新思考工作方式，那么最好采用过程问责制，促使人们不断追求更好的实践。

（25）**建立心理安全。**在学习型文化的组织中，人们相信自己可以去质疑和挑战现状，而不会因此受到惩罚。构建这样的心理安全，往往需要领导者做出示范，虚怀若谷。

（26）**用重新思考记分卡持续记录。**不要只根据结果评估决策的好坏，还要跟踪过程中对不同可选方案的思考深度。浅层的过程带来正面的结果，这只是运气。而一个深层的过程和一个负面的结果，却可能是一个聪明的实验。

4. 对重新思考未来保持开放心态

（27）**扔掉十年计划。**去年你感兴趣的事今年可能会让你厌烦，而昨天让你困惑的事明天可能会变得激动人心。激情不是被发现的，而是被不断培养的。只需要提前一步计划，你就能重新思考。

（28）**重新思考行动改变，而非环境转换。**追逐幸福可能会把幸福赶跑。换一个新环境并不足以得到幸福。快乐盛衰不定，意义却会历久弥新。采取行动建立使命感，通常可以从提高自身学习能力或者增加对他人的贡献开始。

（29）**安排一次“人生体检”。**人们很容易陷入不断承诺升级却得不到满足的境地。就像安排健康检查一样，每年做一次或两次人生体检是值得的。通过这种方法，你可以评估自己学习了多少新知识，你的观念和目标是如何演变的，下一步计划是否需要重新思考。

（30）**抽出时间重新思考。**当查看自己的日程表时，我发现大部分安排都是要做的事情。我设定了一个目标，每天花一小时思考和学习。现在我决定更进一步：我每周安排一次重新思考和“空杯”的时间。在这个时间里，我要去见挑战网络里的朋友们，了解在他们看来，我应该重新思考哪些想法和意见。最近，我的妻子阿莉森告诉我，我需要重新思考一下“蛋黄酱”这个词的发音。

致谢

表达感激之情可能需要少一些重新思考，多一些行动。我想首先感谢我的超级经纪人理查德·派因，他鼓励我重新思考我的读者群，这令我的视野不断扩大到作品之外，还有我杰出的编辑里克·科特，他相信并不断提高这些思考的潜力。一直以来，与他们俩一起工作就是美梦成真的过程，他们提供了挑战和支持的完美结合。

受益于两位专业事实核查者严谨细致的工作，这本书的准确性得以提升。保罗·德宾以敏锐的眼光审视书中的每一句话，巨细靡遗。安迪·扬仔细审阅了每一页内容，并追踪了一些关键信息的来源。

“挑战网络”中的早期读者帮助我修改了本书的内容，调整了本书的基调，让我受益匪浅。玛丽莎·尚德尔和卡伦·诺尔顿非常爽快地阅读了常人难以忍受的大量草稿，并在改进内容方面展示了不竭的才华。我非常感谢他们丰富了本书的每一部分，包括人物的线索、对流畅性的建议以及对语言的打磨。玛丽莎花了更多精力让概念更生动，并提炼出实用的总结。卡伦则精益求精，增加了分析的深度，并令观点多样化。

雷布·雷贝尔在观点和散文方面的品位是首屈一指的，他建议在开篇几章加入必需的“严厉的爱”，并给结尾补充缺失的调味料。善于指引的格雷丝·鲁宾斯坦为读者提供了睿智的指导，帮助他们看到树木之外的森林，认识到重新思考是一项随时可用又能持之以恒的习惯。丹·奥唐纳帮助我降低了对很多“死胡同”的承诺，他还写出了音乐般欢快的文字，让几个关键研究和故事变得生动有趣。

林赛·米勒相当于胼胝体的人体等效物，他让更多的对话片段和插图变得引人入胜，这些片段和插图讲述了传教士、检察官、政客和科学家是如何跳进我们的思维的。妮可·格拉内特拓展了我的思路，让我重新思考我是如何与生活的各个领域产生相关性的。谢丽尔·桑德伯格说服我在阐述组织框架之前先介绍核心理念，并强调了设置好的结尾的价值，使全书结构更加清晰。康斯坦丁诺斯·库蒂法里斯提出了我需要探讨的关键点，即在何种情况下，说教、控诉和政治化的方式是有说服力的。纳塔莉亚·维拉曼、尼尔·斯图尔特和威尔·菲尔茨分享了他们在反种族主义方面的专业知识。迈克尔·朱促使我从头再来，让我修改一个原本不通顺的章节。贾斯廷·伯格凭借其创造性的预测技巧，帮助我选出并不断改进自己最新颖、最有用的想法，还让我对反向头韵（连续的词共用最后一个字母或音节）感到满意。我的母亲苏珊·格兰特曾经是一位英语老师，她帮我纠正语法，发现拼写错误，并针对牛津逗号问题与我争吵。但是在这里我向母亲表示抱歉，因为这是我不打算重新思考的一件事。

影响力实验室再次提醒了我，教师可以从学生身上学到很多。瓦妮莎·万扬德向我发起挑战，让我思考权力失衡是如何对应该进行主要反思的群体产生影响的，并让我重点关注对消除偏见负有责任的人。阿卡什·普卢鲁大胆地删去了我薄弱的论点，并依照良好辩论的原则与我进行辩论。格雷林·曼德尔要求我提供更多信息，说明任务冲突何时以及为什么会导致关系冲突，扎克·斯威尼提出了一个扩大重新思考周期的作用的鲜活案例。乔丹·列伊促使我更深入地钻研“第一直觉谬误”，而谢恩·戈尔茨坦则率先说服我放弃采用空白页作为尾声的想法，并展示了一些编辑和旁注的示例。尼古拉斯·斯特劳克要求提供更多关于如何问好问题的背景知识，并为青蛙辩护，马德琳·费根建议更清楚地区分信念和价值观。温迪·李建议我更详细地表达自信的谦虚，肯尼·黄建议我在写作中展示一些人际层面的重新思考原则，莉齐·尤谢呼吁更多地分析人们何时以及为什么会犯错。梅格·斯雷尼瓦斯指出了一些无关的细节，阿龙·卡亨澄清了令人困惑的论点，沙希尔·米特拉建议我引用埃德加·米切尔的话。

我很幸运得到两个顶尖团队的支持：墨水池团队（我要大声说出他们的名字：亚历克西斯·赫尔利、纳撒尼尔·杰克斯和伊丽莎·罗思坦）和维京人团队（在我不写书和出书的日子里，我每周都会想念他们的好奇心）。特别感谢：卡罗琳·科尔伯恩、惠特尼·皮林、林赛·普雷维特和贝尔·班塔的宣传能力；凯特·斯塔克、莉迪娅·希尔特和玛丽·斯通的创意营销；特里西娅·康利、特丝·埃斯皮诺萨、布鲁斯·吉福德斯和法比亚纳·范阿尔斯代尔的编辑和制作；艺术指导贾森·拉米雷；卡米尔·勒布朗的争吵；布赖恩·塔特、安德烈娅·舒尔茨、马德琳·麦金托什、阿莉森·多布森和速度“恶魔”马库斯·多勒。感谢他们的持续支持。此外，与马特·雪利合作制作图表也是一件令人高兴的事。除了独有的聪明和幽默，他还表现出超常的耐心，努力确保这些图表符合本书的内容和基调。

许多同事在和我交谈的过程中为本书做出了贡献。和往常一样，丹·平克在构思想法和相关研究提示方面提供了出色的意见。沃顿商学院的同事们，特别是雷切尔·阿内特、西加尔·巴萨德、德鲁·卡顿、斯特凡妮·克里里、安杰拉·达克沃思、凯德·马西、萨米尔·努尔莫罕默德和南希·罗特巴特展示了书中的许多原则，并让我重新思考了自己提出的许多观点。我还要感谢菲利普·泰特洛克提出的“传教士—检察官—政客”框架，并将其转交给基尔斯特·莫雷尔和让－皮埃尔·贝格姆斯；伊娃·陈、特里·默里和菲利普·雷斯考伯分析了让－皮埃尔的预测；鲍勃·萨顿把布拉德·伯德引入我的雷达探测范围，非常敏锐地分析了他在《超人总动员》中的领导才能，杰米·伍尔夫和克里斯·维格姆为我打开了皮克斯的大门；卡尔·韦克向我介绍了曼恩峡谷的故事；香农·塞奇威克·戴维斯和拉伦·普尔让我与贝蒂·比贡贝取得联系并分享了她的故事背景；杰夫·阿什比和迈克·布卢姆菲尔德向我推荐了克里斯·汉森和埃伦·奥乔亚；奥恩·希伊让我联系到了哈里什·纳塔拉詹；道格拉斯·阿奇博尔德推荐了罗恩·伯杰［我们之间的那次偶然的对话还为诺厄·德维鲁（担任执行主任）所在的 Strive Challenge 项目提供了支持］。早些时候，埃里克·贝斯特向我展示了重新思考是如何帮助人们提高标准的，布赖恩·利特尔、简·达顿、理查德·哈克曼和苏·阿什福德教我将重新思考视为成为一名组织心理学家的最大乐趣之一。

父亲的角色让我明白，我们每一天都有改变想法的天赋。当我在新冠肺炎疫情防控期间写完本书时，儿子亨利想知道供水是否会受到影响，并急切地想重新思考我们从哪里获得自来水（有没有一条管道将海洋和我们的房子连在一起？我们可能会得到一只章鱼！）。我问女儿埃琳娜要如何说服我重新思考问题，她让我看到了一种我完全忽视的说服技巧（小狗般的眼神！每次都管用！）。在为这本书设计封面时，我们考虑展示各种各样的视觉错觉，当时我 12 岁的女儿乔安娜想出了一个更好的主意（把蜡烛的“火焰”设计成水而不是火怎么样？）。我开始重新思考创意想法从何而来：如果 12 岁的孩子能为本书的封面设计出完美的形象，那么孩子们能做到的事简直不可限量。我喜欢我的孩子快乐而轻松地重新思考，他们也促使我更频繁地思考。

我深深地感谢我的妻子阿莉森·斯威特·格兰特，感谢她在生活中给予我的爱、建议和幽默。和往常一样，她帮助我重新思考我的许多假设，并忍受了无数琐碎的问题、随机的请求和不必要的辩论。我仍然会把 may-o-naz（蛋黄酱）念成 man-aze，为了纠正我的发音，她提出了一个令人信服的观点，没有人会说“请把这个人递给我”，人们只会说“请把蛋黄酱递给我”。说实话，我根本不喜欢吃蛋黄酱。

参考文献

序言

1. Frank L. Schmidt and John Hunter, "General Mental Ability in the World of Work: Occupational Attainment and Job Performance," *Journal of Personality and Social Psychology* 86 (2004): 162–73.
2. David C. Geary, "Efficiency of Mitochondrial Functioning as the Fundamental Biological Mechanism of General Intelligence (G)," *Psychological Review* 15 (2018): 1028–50.
3. Neel Burton, "What Is Intelligence?," *Psychology Today*, November 28, 2018, www.psychologytoday.com/us/blog/hide-and-seek/201811/what-is-intelligence; Charles Stangor and Jennifer Walinga, *Introduction to Psychology* (Victoria, BC: BCcampus, 2014); Frank L. Schmidt, "The Role of Cognitive Ability and Job Performance: Why There Cannot Be a Debate," *Human Performance* 15 (2002): 187–210.
4. *A Systematic Approach to the GRE* (New York: Kaplan, 1999).
5. Ludy T. Benjamin Jr., Timothy A. Cavell, and William R.Shallenberger III, "Staying with Initial Answers on Objective Tests: Is It a Myth?," *Teaching of Psychology* 11 (1984): 133–41.
6. Justin Kruger, Derrick Wirtz, and Dale T. Miller, "Counterfactual Thinking and the First Instinct Fallacy," *Journal of Personality and Social Psychology* 88 (2005): 725–35.
7. Yongnam Kim, "Apples to Oranges: Causal Effects of Answer Changing in Multiple-Choice Exams," arXiv:1808.10577v4, last revised October 14, 2019, arxiv.org/abs/1808.10577.
8. Justin J. Couchman et al., "The Instinct Fallacy: The Metacognition of Answering and Revising during College Exams," *Metacognition and Learning* 11 (2016): 171–85.
9. Charles M. Slem, "The Effects of an Educational Intervention on Answer Changing Behavior," *Annual Convention of the American Psychological Association*, August 1985, eric.ed.gov/?id=ED266395.
10. Susan T. Fiske and Shelley E. Taylor, *Social Cognition: From Brains to Culture*, 2nd ed. (Los Angeles: Sage, 2013).
11. Arie W. Kruglanski and Donna M. Webster, "Motivated Closing of the Mind: 'Seizing' and 'Freezing,'" *Psychological Review* 103 (1996): 263–83.
12. James Fallows, "The Boiled-Frog Myth: Stop the Lying Now!," *The Atlantic*, September 16,

2006, www.theatlantic.com/technology/archive/2006/09/the-boiled-frog-myth-stop-the-lying-now/7446/.

13. Norman Maclean, *Young Men and Fire*, 25th anniversary ed. (Chicago: University of Chicago Press, 2017); see also www.nifc.gov/safety/mann_gulch/event_timeline/event6.htm.
14. Barry M. Staw, Lance E. Sandelands, and Jane E. Dutton, "Threat Rigidity Effects in Organizational Behavior: A Multilevel Analysis," *Administrative Science Quarterly* 26 (1981): 501–24; Karl E. Weick, "The Collapse of Sense-Making in Organizations: The Mann Gulch Disaster," *Administrative Science Quarterly* 38 (1993): 628–52.
15. Ted Putnam, "Findings from the Wildland Firefighters Human Factors Workshop," United States Department of Agriculture, Forest Service, Technology & Development Program, November 1995.
16. John N. Maclean, *Fire on the Mountain: The True Story of the South Canyon Fire* (New York: HarperPerennial, 2009).
17. Ted Putnam, "Analysis of Escape Efforts and Personal Protective Equipment on the South Canyon Fire," *Wildfire* 4 (1995): 34–39.
18. Ted Putnam, "The Collapse of Decision Making and Organizational Structure on Storm King Mountain," *Wildfire* 4 (1995): 40–45.
19. Report of the South Canyon Fire Accident Investigation Team, August 17, 1994.
20. Karl E. Weick, "Drop Your Tools: An Allegory for Organizational Studies," *Administrative Science Quarterly* 41 (1996): 301–13.
21. Elizabeth Widdicombe, "Prefrosh E-group Connected Class of '03," *Harvard Crimson*, June 5, 2003, www.thecrimson.com/article/2003/6/5/prefrosh-e-group-connected-class-of-03; Scott A. Golder, "Re: 'Alone in Annenberg? First-Years Take Heart,'" *Harvard Crimson*, September 17, 1999, www.thecrimson.com/article/1999/9/17/letters-begroup-an-important-link-connecting.
22. Nate Cohn and Kevin Quealy, "How Public Opinion Has Moved on Black Lives Matter," *New York Times*, June 10, 2020, www.nytimes.com/interactive/2020/06/10/upshot/black-lives-matter-attitudes.html.
23. Kathryn Schulz, "The Story That Tore Through the Trees," *New York Magazine*, September 9, 2014, nymag.com/arts/books/features/mann-gulch-norman-maclean-2014-9/index.html.

1. 四种思维模式：传教士、检察官、政客和科学家

1. George Bernard Shaw, *Everybody's Political What's What?* (London: Constable, 1944).
2. Jacquie McNish and Sean Silcoff, *Losing the Signal: The Untold Story behind the Extraordinary Rise and Spectacular Fall of BlackBerry* (New York: Flatiron Books, 2015).
3. "100 Fastest-Growing Companies," CNN Money, August 31, 2009, money.cnn.com/magazines/fortune/fortunefastestgrowing/2009/snapshots/1.html.
4. Richard Alleyne, "Welcome to the Information Age—174 Newspapers a Day," *Daily Telegraph*, February 11, 2011, www.telegraph.co.uk/news/science/science-news/8316534/Welcome-to-the-information-age-174-newspapers-a-day.html.
5. Peter Densen, "Challenges and Opportunities Facing Medical Education," *Transactions of the American Clinical and Climatological Association* 122 (2011): 48–58.

6. Joshua J. Clarkson, Zakary L. Tormala, and Christopher Leone, "A Self-Validation Perspective on the Mere Thought Effect," *Journal of Experimental Social Psychology* 47 (2011): 449–54.
7. Jamie Barden and Richard E. Petty, "The Mere Perception of Elaboration Creates Attitude Certainty: Exploring the Thoughtfulness Heuristic," *Journal of Personality and Social Psychology* 95 (2008): 489–509.
8. W. Ralph Eubanks, "How History and Hollywood Got 'Cleopatra' Wrong," NPR, November 1, 2010, www.npr.org/templates/story/story.php?storyId=130976125.
9. Jason Farago, "T. Rex Like You Haven' t Seen Him: With Feathers," *New York Times*, March 7, 2019, www.nytimes.com/2019/03/07/arts/design/t-rex-exhibition-american-museum-of-natural-history.html; Brigit Katz, "T. Rex Was Likely Covered in Scales, Not Feathers," *Smithsonian*, June 8, 2017, www.smithsonianmag.com/smart-news/t-rex-skin-was-not-covered-feathers-study-says-180963603.
10. Alix Spiegel and Lulu Miller, "How to Become Batman," *Invisibilia*, NPR, January 23, 2015, www.npr.org/programs/invisibilia/378577902/how-to-become-batman.
11. Sterling Haynes, "Special Feature: Tobacco Smoke Enemas," *BC Medical Journal* 54 (2012): 496–97.
12. Stephen Greenspan, "Why We Keep Falling for Financial Scams," *Wall Street Journal*, January 3, 2009, www.wsj.com/articles/SB123093987596650197.
13. Philip E. Tetlock, "Social Functionalist Frameworks for Judgment and Choice: Intuitive Politicians, Theologians, and Prosecutors," *Psychological Review* 109 (2002): 451–71.
14. Hugo Mercier and Dan Sperber, "Why Do Humans Reason? Arguments from an Argumentative Theory," *Behavioral and Brain Sciences* 34 (2011): 57–74.
15. Stephen Greenspan, "Fooled by Ponzi (and Madoff): How Bernard Madoff Made Off with My Money," eSkeptic, December 23, 2008, www.skeptic.com/eskeptic/08-12-23/#feature.
16. Greg Griffin, "Scam Expert from CU Expertly Scammed," *Denver Post*, March 2, 2009, www.denverpost.com/2009/03/02/scam-expert-from-cu-expertly-scammed.
17. George A. Kelly, *The Psychology of Personal Constructs*, vol. 1, *A Theory of Personality* (New York: Norton, 1955); Brian R. Little, *Who Are You, Really? The Surprising Puzzle of Personality* (New York: Simon & Schuster, 2017).
18. Arnaldo Camuffo et al., "A Scientific Approach to Entrepreneurial Decision Making: Evidence from a Randomized Control Trial," *Management Science* 66 (2020): 564–86.
19. Mark Chussil, "Slow Deciders Make Better Strategists," *Harvard Business Review*, July 8, 2016, hbr.org/2016/07/slow-deciders-make-better-strategists.
20. Walter Isaacson, *Einstein: His Life and Universe* (New York: Simon & Schuster, 2007).
21. David J. Lick, Adam L. Alter, and Jonathan B. Freeman, "Superior Pattern Detectors Efficiently Learn, Activate, Apply, and Update Social Stereo-types," *Journal of Experimental Psychology: General* 147 (2018): 209–27.
22. Dan M. Kahan, Ellen Peters, Erica C. Dawson, and Paul Slovic, "Motivated Numeracy and Enlightened Self-Government," *Behavioural Public Policy* 1 (2017): 54–86.
23. Raymond S. Nickerson, "Confirmation Bias: A Ubiquitous Phenomenon in Many Guises," *Review of General Psychology* 2 (1998): 175–220.
24. Ben M. Tappin, Leslie van der Leer, and Ryan T. McKay, "The Heart Trumps the Head: Desirability Bias in Political Belief Revision," *Journal of Experimental Psychology: General* 146 (2017): 1143–49; Ziva Kunda, "The Case for Motivated Reasoning," *Psychological*

Bulletin 108 (1990): 480–98.

25. Emily Pronin, Daniel Y. Lin, and Lee Ross, "The Bias Blind Spot: Perceptions of Bias in Self versus Others," *Personality and Social Psychology Bulletin* 28 (2002): 369–81.
26. Richard F. West, Russell J. Meserve, and Keith E. Stanovich, "Cognitive Sophistication Does Not Attenuate the Bias Blind Spot," *Journal of Personality and Social Psychology* 103 (2012): 506–19.
27. Keith E. Stanovich and Maggie E. Toplak, "The Need for Intellectual Diversity in Psychological Science: Our Own Studies of Actively Open-Minded Thinking as a Case Study," *Cognition* 187 (2019): 156–66; Jonathan Baron et al., "Why Does the Cognitive Reflection Test (Sometimes) Predict Utilitarian Moral Judgment (and Other Things)?," *Journal of Applied Research in Memory and Cognition* 4 (2015): 265–84.
28. Neil Stenhouse et al., "The Potential Role of Actively Open-Minded Thinking in Preventing Motivated Reasoning about Controversial Science," *Journal of Environmental Psychology* 57 (2018): 17–24.
29. Mihaly Csikszentmihalyi, *Creativity: Flow and the Psychology of Discovery and Invention* (New York: HarperCollins, 1996).
30. Donald W. Mackinnon, "The Nature and Nurture of Creative Talent," *American Psychologist* 17 (1962): 484–95.
31. Dean Keith Simonton, "Presidential IQ, Open-ness, Intellectual Brilliance, and Leadership: Estimates and Correlations for 42 U.S. Chief Executives," *Political Psychology* 27 (2006): 511–26.
32. Jane E. Dutton and Robert B. Duncan, "The Creation of Momentum for Change through the Process of Strategic Issue Diagnosis," *Strategic Management Journal* (May/June 1987): 279–95.
33. Jacquie McNish, "RIM's Mike Lazaridis Walks Out of BBC Interview," *Globe and Mail*, April 13, 2011, www.theglobeandmail.com/globe-investor/rims-mike-lazaridis-walks-out-of-bbc-interview/article1322202.
34. Sean Silcoff, Jacquie McNish, and Steve Laurantaye, "How BlackBerry Blew It," *Globe and Mail*, September 27, 2013, www.theglobeandmail.com/report-on-business/the-inside-story-of-why-blackberry-is-failing/article14563602/.
35. Jonathan S. Geller, "Open Letter to BlackBerry Bosses: Senior RIM Exec Tells All as Company Crumbles Around Him," *BGR*, June 30, 2011, bgr.com/2011/06/30/open-letter-to-blackberry-bosses-senior-rim-exec-tells-all-as-company-crumbles-around-him.
36. Personal interviews with Tony Fadell, June 1, 2020, and Mike Bell, November 14, 2019; Brian Merchant, *The One Device: The Secret History of the iPhone* (New York: Little, Brown, 2017).

2. 扶手椅四分卫和冒充者：找到自信的平衡点

1. Charles Darwin, *The Descent of Man* (London: Penguin Classics, 1871/2004).
2. Gabriel Anton, "On the Self-Awareness of Focal Drain Diseases by the Patient in Cortical Blindness and Cortical Deafness," *Archiv für Psychiatrie und Nervenkrankheiten* 32 (1899): 86–127.
3. Frederick C. Redlich and Joseph F. Dorsey, "Denial of Blindness by Patients with Cerebral Disease," *Archives of Neurology & Psychiatry* 53 (1945): 407–17.

4. Charles André, "Seneca and the First Description of Anton Syndrome," *Journal of Neuro-Ophthalmology* 38 (2018): 511–13.
5. Giuseppe Vallar and Roberta Ronchi, "Anosognosia for Motor and Sensory Deficits after Unilateral Brain Damage: A Review," *Restorative Neurology and Neuroscience* 24 (2006): 247–57; Howard C. Hughes, Robert Fendrich, and Sarah E. Streeter, "The Diversity of the Human Visual Experience," in *Perception and Its Modalities*, ed. Dustin Stokes, Moham Matthen, and Stephen Biggs (New York: Oxford University Press, 2015); David Dunning, *Self-Insight: Roadblocks and Detours on the Path to Knowing Thyself* (New York: Psychology Press, 2005); Costanza Papagno and Giuseppe Vallar, "Anosogno-sia for Left Hemiplegia: Babinski' s (1914) Cases," in *Classic Cases in Neuropsychology*, vol. 2, ed. Christopher Code et al. (New York: Psychology Press, 2003); JiannJy Chen et al., "Anton-Babinski Syndrome in an Old Patient: A Case Report and Literature Review," *Psychogeriatrics* 15 (2015): 58–61; Susan M. McGlynn, "Impaired Awareness of Deficits in a Psychiatric Context: Implications for Rehabilitation," in *Metacognition in Educational Theory and Practice*, ed. Douglas J. Hacker, John Dunlosky, and Arthur C. Graesser (Mahwah, NJ: Erlbaum, 1998).
6. Agence France Presse, "Iceland' s Crisis-Era Central Bank Chief to Run for President," Yahoo! News, May 8, 2016, www.yahoo.com/news/icelands-crisis-era-central-bank-chief-run-president-152717120.html.
7. Samantha C. Paustian-Underdahl, Lisa Slattery Walker, and David J. Woehr, "Gender and Perceptions of Leadership Effectiveness: A Meta-analysis of Contextual Moderators," *Journal of Applied Psychology* 99 (2014): 1129–45.
8. Mark R. Leary et al., "The Impostor Phenomenon: Self-Perceptions, Reflected Appraisals, and Interpersonal Strategies," *Journal of Personality* 68 (2000): 725–56; Karina K. L. Mak, Sabina Kleitman, and Maree J. Abbott, "Impostor Phe-nomenon Measurement Scales: A Systematic Review," *Frontiers in Psychology* 10 (2019): 671.
9. Improbable, "The 2000 Ig™ Nobel Prize Ceremony," October 5, 2000, www.improbable.com/ig/2000.
10. Justin Kruger and David Dunning, "Unskilled and Unaware of It: How Difficulties in Recognizing One' s Own Incompetence Lead to Inflated Self-Assessments," *Journal of Personality and Social Psychology* 77 (1999): 1121–34.
11. John D. Mayer, A. T. Panter, and David R. Caruso, "When People Estimate Their Personal Intelligence Who Is Overconfident? Who Is Accurate?," *Journal of Personality* (May 19, 2020).
12. Nicholas Bloom, Renata Lemos, Raffaella Sadun, Daniela Scur, and John Van Reenen, "JEEA-FBBVA Lecture 2013: The New Empirical Economics of Management," *Journal of the European Economic Association* 12 (2014): 835–76, https://doi.org/10.1111/jeea.12094.
13. Xavier Cirera and William F. Maloney, *The Innovation Paradox* (Washington, DC: The World Bank, 2017); Nicholas Bloom et al., "Management Practices across Firms and Countries," *Academy of Management Perspectives* 26 (2012): 12–33.
14. Michael P. Hall and Kaitlin T. Raimi, "Is Belief Superiority Justified by Superior Knowledge?," *Journal of Experimental Social Psychology* 76 (2018): 290–306.
15. Brian Resnick, "Intellectual Humility: The Importance of Knowing You Might Be Wrong," *Vox*, January 4, 2019, www.vox.com/science-and-health/2019/1/4/17989224/intellectual-humility-explained-psychology-replication.
16. John Jerrim, Phil Parker, and Nikki Shure, "Bullshitters. Who Are They and What Do We

Know about Their Lives?," IZA Institute of Labor Economics, DP No. 12282, April 2019, ftp.iza.org/dp12282.pdf; Christopher Ingra-ham, "Rich Guys Are Most Likely to Have No Idea What They' re Talking About, Study Suggests," *Washington Post*, April 26, 2019, www.washingtonpost.com/business/2019/04/26/rich-guys-are-most-likely-have-no-idea-what-theyre-talking-about-study-finds.

17. Nina Strohminger (@NinaStrohminger), January 8, 2019, twitter.com/NinaStrohminger/status/1082651708617039875?s=20.
18. Mark L. Wolraich, David B. Wilson, and J. Wade White, "The Effect of Sugar on Behavior and Cognition in Children: A Meta-analysis," *Journal of the American Medical Association* 274 (1995): 1617–21; see also Konstantinos Mantantzis et al., "Sugar Rush or Sugar Crash? A Meta-analysis of Carbohydrate Effects on Mood," *Neuroscience & Biobehavioral Reviews* 101 (2019): 45–67.
19. Oliver J. Sheldon, David Dunning, and Daniel R. Ames, "Emotionally Unskilled, Unaware, and Uninterested in Learning More: Reactions to Feedback about Deficits in Emotional Intelligence," *Journal of Applied Psychology* 99 (2014): 125–37.
20. Gilles E. Gignac and Marcin Zajenkowski, "The Dunning-Kruger Effect Is (Mostly) a Statistical Artefact: Valid Approaches to Testing the Hypothesis with Individual Differences Data," *Intelligence* 80 (2020): 101449; Tal Yarkoni, "What the Dunning-Kruger Effect Is and Isn' t," July 7, 2010, www.talyarkoni.org/blog/2010/07/07/what-the-dunning-kruger-effect-is-and-isnt.
21. Joyce Ehrlinger et al., "Why the Unskilled Are Unaware: Further Explorations of (Absent) Self-Insight among the Incompetent," *Organizational Behavior and Human Decision Processes* 105 (2008): 98–121.
22. Spencer Greenberg and Seth Stephens-Davidowitz, "You Are Not as Good at Kissing as You Think. But You Are Better at Dancing," *New York Times*, April 6, 2019, www.nytimes.com/2019/04/06/opinion/sunday/overconfidence-men-women.html.
23. Carmen Sanchez and David Dunning, "Overconfidence among Beginners: Is a Little Learning a Dangerous Thing?," *Journal of Personality and Social Psychology* 114 (2018): 10–28.
24 John Q. Young et al., "'July Effect': Impact of the Academic Year-End Changeover on Patient Outcomes," *Annals of Internal Medicine* 155 (2011): 309–15; Sarah Kliff, "The July Effect Is Real: New Doctors Really Do Make Hospitals More Dangerous," *Vox*, July 13, 2014, www.vox.com/2014/7/13/5893653/the-july-effect-is-real-new-doctors-really-do-make-hospitals-more.
25. Roger Boyes, *Meltdown Iceland: Lessons on the World Financial Crisis from a Small Bankrupt Island* (New York: Bloomsbury, 2009).
26. Boyes, *Meltdown Iceland*; "Cracks in the Crust," *Economist*, December 11, 2008, www.economist.com/briefing/2008/12/11/cracks-in-the-crust; Heather Farmbrough, "How Iceland' s Banking Collapse Created an Opportunity," *Forbes*, December 23, 2019, www.forbes.com/sites/heatherfarmbrough/2019/12/23/how-icelands-banking-collapse-created-an-opportunity/#72693f035e97; "25 People to Blame for the Financial Crisis," *Time*, February 10, 2009, content.time.com/time/specials/packages/article/0,28804,1877351_1877350_1877340,00.html; John L. Campbell and John A. Hall, *The Paradox of Vulnerability: States, Nationalism & the Financial Crisis* (Princeton, NJ: Princeton University Press, 2017); Robert H. Wade and Silla Sigurgeirsdottir, "Iceland' s Meltdown:

The Rise and Fall of International Banking in the North Atlantic," *Brazilian Journal of Political Economy* 31 (2011): 684–97; Report of the Special Investigation Commission, April 12, 2010, www.rna.is/eldri-nefndir/addragandi-og-orsakir-falls-islensku-bankanna-2008/skyrsla-nefndarinnar/english; Daniel Chartier, *The End of Iceland's Innocence: The Image of Iceland in the Foreign Media during the Financial Crisis*(Ottawa, ON: University of Ottawa Press, 2011); "Excerpts: Iceland' s Oddsson," *Wall Street Journal*, October 17, 2008, www.wsj.com/articles/SB122418335729241577; Geir H. Haarde, "Icelandic Leaders Accused of Negligence," *Financial Times*, April 12, 2010, www.ft.com/content/82bb2296-4637-11df-8769-00144feab49a; "Report on Iceland' s Bank-ing Collapse Blasts Ex-Officials," *Wall Street Journal*, April 13, 2010, www.wsj.com/articles/SB10001424052702303828304575179722049591754.

27. Tim Urban, "The Thinking Ladder," *Wait but Why* (blog), September 27, 2019, waitbutwhy.com/2019/09/thinking-ladder.html.
28. Dov Eden, "Means Efficacy: External Sources of General and Specific Subjective Efficacy," in *Work Motivation in the Context of a Globalizing Economy*, ed. Miriam Erez, Uwe Kleinbeck, and Henk Thierry (Mahwah, NJ: Erlbaum, 2001); Dov Eden et al., "Augmenting Means Efficacy to Boost Performance: Two Field Experiments," *Journal of Management* 36 (2008): 687–713.
29. Personal interview with Sara Blakely, September 12, 2019; see also Clare O' Connor, "How Sara Blakely of Spanx Turned $5,000 into $1 Billion," *Forbes*, March 26, 2012, www.forbes.com/global/2012/0326/billionaires-12-feature-united-states-spanx-sara-blakely-american-booty.html; "How Spanx Got Started," *Inc.*, January 20, 2012, www.inc.com/sara-blakely/how-sara-blakley-started-spanx.html.
30. Tenelle Porter, "The Benefits of Admitting When You Don' t Know," *Behavioral Scientist*, April 30, 2018, behavioralscientist.org/the-benefits-of-admitting-when-you-dont-know.
31. Thomas Gatzka and Benedikt Hell, "Openness and Post-Secondary Academic Performance: A Meta-analysis of Facet-, Aspect-, and Dimension-Level Correlations," *Journal of Educational Psychology* 110 (2018): 355–77.
32. Tenelle Porter et al., "Intellectual Humility Predicts Mastery Behaviors When Learning," *Learning and Individual Differences* 80 (2020): 101888.
33. Bradley P. Owens, Michael D. Johnson, and Terence R.Mitchell, "Expressed Humility in Organizations: Implications for Performance, Teams, and Leadership," *Organization Science* 24 (2013): 1517–38.
34. Mark R. Leary et al., "Cognitive and Interpersonal Features of Intellectual Humility," *Personality and Social Psychology Bulletin* 43 (2017): 793–813.
35. Samantha A. Deffler, Mark R. Leary, and Rick H. Hoyle, "Knowing What You Know: Intellectual Humility and Judgments of Recognition Memory," *Personality and Individual Differences* 96 (2016): 255–59.
36. Bradley P. Owens, Angela S. Wallace, and David A. Waldman, "Leader Narcissism and Follower Outcomes: The Counterbalancing Effect of Leader Humility," *Journal of Applied Psychology* 100 (2015): 1203–13; Hongyu Zhang et al., "CEO Humility, Narcissism and Firm Innovation: A Paradox Perspective on CEO Traits," *Leadership Quarterly* 28 (2017): 585–604.
37. Personal interview with Halla Tómasdóttir, February 27, 2019.
38. Jaruwan Sakulku, "The Impostor Phenomenon," *International Journal of Behavioral*

Science 6 (2011): 75–97.

39. Dena M. Bravata et al., "Prevalence, Predictors, and Treatment of Impostor Syndrome: A Systematic Review," *Journal of General Internal Medicine* 35 (2020): 1252–75.
40. Basima Tewfik, "Workplace Impostor Thoughts: Theoretical Conceptualization, Construct Measurement, and Relationships with Work-Related Outcomes," *Publicly Accessible Penn Dissertations* (2019): 3603.
41. Adam M. Grant and Amy Wrzesniewski, "I Won't Let You Down . . . or Will I? Core Self-Evaluations, Other-Orientation, Anticipated Guilt and Gratitude, and Job Performance," *Journal of Applied Psychology* 95 (2010): 108–21.
42. See Christine L. Porath and Thomas S. Bateman, "Self-Regulation: From Goal Orientation to Job Performance," *Journal of Applied Psychology* 91 (2006): 185–92; Samir Nurmohamed, "The Underdog Effect: When Low Expectations Increase Performance," *Academy of Management Journal* (July 26, 2020), doi.org/10.5465/amj.2017.0181.
43. See Albert Bandura and Edwin A. Locke, "Negative Self-Efficacy and Goal Effects Revisited," *Journal of Applied Psychology* 88 (2003): 87–99.
44. Elizabeth J. Krumrei-Mancuso et al., "Links between Intellectual Humility and Acquiring Knowledge," *Journal of Positive Psychology* 15 (2020): 155–70.
45. Danielle V. Tussing, "Hesitant at the Helm: The Effectiveness-Emergence Paradox of Reluctance to Lead" (Ph.D. diss., University of Pennsylvania, 2018).
46. Edwin A. Locke and Gary P. Latham, "Building a Practically Useful Theory of Goal Setting and Task Motivation: A 35-Year Odyssey," *American Psychologist* 57 (2002): 705–17; M. Travis Maynard et al., "Modeling Time-Lagged Psychological Empowerment-Performance Relationships," *Journal of Applied Psychology* 99 (2014): 1244–53; Dana H. Lindsley, Daniel J. Brass, and James B. Thomas, "Efficacy-Performance Spirals: A Multilevel Perspective," *Academy of Management Review* 20 (1995): 645–78.

3. 犯错的喜悦：为不相信所思所想而激动

1. *Frasier*, season 2, episode 12, "Roz in the Doghouse," January 3, 1995, NBC.
2. Henry A. Murray, "Studies of Stressful Interpersonal Disputations," *American Psychologist* 18 (1963): 28–36.
3. Richard G. Adams, "Unabomber," *The Atlantic*, September 2000, "Letters," www.theatlantic.com/magazine/archive/2000/09/letters/378379.
4. Alston Chase, *A Mind for Murder: The Education of the Unabomber and the Origins of Modern Terrorism* (New York: W. W. Norton, 2004).
5. Murray S. Davis, "That' s Interesting!:Toward a Phenom-enology of Sociology and a Sociology of Phenomenology," *Philosophy of Social Science* 1 (1971): 309–44.
6. Sarah T. Stewart, "Where Did the Moon Come From? A New Theory," TED Talks, February 2019, www.ted.com/talks/sarah_t_stewart_where_did_the_moon_come_from_a_new_theory.
7. Lesley Evans Ogden, "The Tusks of Narwhals Are Actually Teeth That Are Inside-Out," BBC, October 26, 2015, www.bbc.com/earth/story/20151026-the-tusks-of-narwhals-are-actually-teeth-that-are-inside-out.
8. Anthony G. Greenwald, "The Totalitarian Ego: Fabrication and Revision of Personal History," *American Psychologist* 35 (1980): 603–18.

9. Richard P. Feynman, *"Surely You're Joking, Mr. Feynman!": Adventures of a Curious Character* (New York: W. W. Norton, 1985), and "Cargo Cult Science," Caltech Commencement, 1974, calteches.library.caltech.edu/51/2/CargoCult.htm.
10. "Text of Unabomber Manifesto," *New York Times*, May 26, 1996, archive.nytimes.com/www.nytimes.com/library/national/unabom-manifesto-1.html.
11. Jonas T. Kaplan, Sarah I. Gimbel, and Sam Harris, "Neural Correlates of Maintaining One' s Political Beliefs in the Face of Counterevidence," *Scientific Reports* 6 (2016): 39589.
12. Joseph LeDoux, *The Emotional Brain: The Mysterious Underpinnings of Emotional Life* (New York: Simon & Schuster, 1998); Joseph Cesario, David J. Johnson, and Heather L. Eisthen, "Your Brain Is Not an Onion with a Tiny Reptile Inside," *Current Directions in Psychological Science* 29 (2020): 255–60.
13. Elizabeth Kolbert, "Why Facts Don' t Change Our Minds," *New Yorker*, February 27, 2017, www.newyorker.com/magazine/2017/02/27 /why-facts-dont-change-our-minds.
14. Eli Pariser, *The Filter Bubble: How the New Personalized Web Is Changing What We Read and How We Think* (New York: Penguin, 2011).
15. ideas42 Behavioral Summit, New York, NY, October 13, 2016.
16. Personal interview with Daniel Kahneman, June 13, 2019.
17. Corey Lee M. Keyes, "Subjective Change and Its Consequences for Emotional Well-Being," *Motivation and Emotion* 24 (2000): 67–84.
18. Anthony L. Burrow et al., "Derailment: Conceptualization, Mea-surement, and Adjustment Correlates of Perceived Change in Self and Direction," *Journal of Personality and Social Psychology* 118 (2020): 584–601.
19. Michael J. Chandler et al., "Personal Persistence, Identity Development, and Suicide: A Study of Native and Non-Native North American Adoles-cents," *Monographs of the Society for Research in Child Development* 68 (2003): 1–138.
20. Kaylin Ratner et al., "Depression and Derailment: A Cyclical Model of Mental Illness and Perceived Identity Change," *Clinical Psychological Science* 7 (2019): 735–53.
21. Personal interview with Ray Dalio, October 11, 2017; "How to Love Criticism," *WorkLife with Adam Grant, February* 28, 2018.
22. Personal interviews with Jean-Pierre Beugoms, June 26 and July 22, 2019.
23. Nate Silver, "How I Acted Like a Pundit and Screwed Up on Donald Trump," FiveThirtyEight, May 18, 2016, fivethirtyeight.com/features/how-i-acted-like-a -pundit-and-screwed-up-on-donald-trump.
24. Andrew Sabisky, "Just-World Bias Has Twisted Media Coverage of the Donald Trump Campaign," *International Business Times,* March 9, 2016, www.ibtimes.co.uk/just-world-bias-has-twisted-media- coverage- donald-trump-campaign-1547151.
25. Daryl R. Van Tongeren et al., "Religious Residue: Cross-Cultural Evidence That Religious Psychology and Behavior Persist Following Deidentification," *Journal of Personality and Social Psychology* (March 12, 2020).
26. Jean-Pierre Beugoms, "Who Will Win the Republican Party Nomination for the U.S. Presidential Election?," Good Judgment Open, No-vember 18, 2015, www.gjopen.com/comments/44283.
27. Philip E. Tetlock and Dan Gardner, *Superforecasting: The Art and Science of Prediction* (New York: Random House, 2015); Philip E. Tetlock, *Expert Political Judgment: How Good Is It? How Can We Know*? (Princeton, NJ: Princeton University Press, 2005).

28. Uriel Haran, Ilana Ritov, and Barbara A. Mellers, "The Role of Actively Open-Minded Thinking in Information Acquisition, Accuracy, and Calibration," *Judgment and Decision Making* 8 (2013): 188–201.
29. Barbara Mellers et al., "The Psychology of Intelligence Analysis:Drivers of Prediction Accuracy in World Politics," *Journal of Experimental Psychology: Applied* 21 (2015): 1–14.
30. Barbara Mellers et al., "Identifying and Cultivating Superforecasters as a Method of Improving Probabilistic Predictions," *Perspectives on Psychological Science* 10 (2015): 267–81.
31. Kathryn Schulz, *Being Wrong: Adventures in the Margin of Error* (New York: HarperCollins, 2010).
32. Keith E. Stanovich and Richard F. West, "Reasoning Independently of Prior Belief and Individual Differences in Actively Open-Minded Thinking," *Journal of Educational Psychology* 89 (1997): 342–57.
33. *Seinfeld*, season 6, episode 16, "The Beard," February 9, 1995, NBC.
34. Personal interview with Kjirste Morrell, May 21, 2019.
35. Asher Koriat, Sarah Lichtenstein, and Baruch Fisch-hoff, "Reasons for Confidence," *Journal of Experimental Psychology: Human Learning and Memory* 6 (1980): 107–18.
36. "Self-Defeating Humor Promotes Psychological Well-Being, Study Reveals," *ScienceDaily*, February 8, 2018, www.sciencedaily.com/releases/2018/02/180208104225.htm.
37. Mark Sullivan, "Jeff Bezos at re:MARS," *Fast Company*, June 6, 2019, www.fastcompany.com/90360687/jeff-bezos-business-advice-5-tips-from-amazons-remars?_ga=2.101831750.679949067.1593530400-358702464.1558396776.
38. Jonathan B. Evans et al., "Gender and the Evaluation of Humor at Work," *Journal of Applied Psychology* 104 (2019): 1077–87.
39. John Noble Wilford, "Astronomer Retracts His Discovery of Planet," *New York Times*, January 16, 1992, www.nytimes.com/1992/01/16/us/astronomer-retracts-his-discovery-of-planet.html.
40. Michael D. Lemonick, "When Scientists Screw Up," *Slate*, October 15, 2012, slate.com/technology/2012/10/scientists-make-mistakes-how-astronomers-and-biologists-correct-the-record-when-theyve-screwed-up.html.
41. Adam K. Fetterman and Kai Sassenberg, "The Reputational Consequences of Failed Replications and Wrongness Admission Among Scientists," *PLoS ONE* 10 (2015): e0143723.
42. Adam K. Fetterman et al., "On the Willingness to Admit Wrongness: Validation of a New Measure and an Exploration of Its Correlates," *Personality and Individual Differences* 138 (2019): 193–202.
43. Will Smith, "Fault vs Responsibility," YouTube, January 31, 2018, www.youtube.com/watch?v=USsqkd-E9ag.
44. Chase, *A Mind for Murder*.
45. See James Q. Wilson, "In Search of Madness," *New York Times*, January 15, 1998, www.nytimes.com/1998/01/15/opinion/in-search-of-madness.html.

4. 有益的“搏击俱乐部”：建设性冲突的心理学原理

1. Oscar Wilde, "The Remarkable Rocket," in *The Happy Prince and Other Stories*, ed. L. Carr

(London: Heritage Illustrated Publishing, 1888/2014).

2. David McCullough, *The Wright Brothers* (New York: Simon & Schuster, 2015); Tom D. Crouch, *The Bishop's Boys: A Life of Wilbur and Orville Wright*(New York: W. W. Norton, 2003); James Tobin, *To Conquer the Air* (New York: Free Press, 2003); Peter L. Jakab and Rick Young, eds., *The Published Writings of Wilbur and Orville Wright* (Washington, DC: Smithsonian, 2000); Fred Howard, *Wilbur and Orville: A Biography of the Wright Brothers* (New York: Ballantine, 1988).
3. Jesse David Fox, "The History of Tina Fey and Amy Poehler' s Best Friendship," *Vulture*, December 15, 2015, www.vulture.com/2013/01/history-of-tina-and-amys-best-friendship.html.
4. Michael Gallucci, "The Day John Lennon Met Paul McCartney," Ultimate Classic Rock, July 6, 2015, ultimateclassicrock.com/john-lennon-meets-paul-mccartney.
5. Rosanna Greenstreet, "How We Met:Ben Cohen and Jerry Greenfield," *Independent*, May 28, 1995, www.independent.co.uk/arts-entertainment/how-we-met-ben-cohen-and-jerry-greenfield-1621559.html.
6. Karen A. Jehn, "A Multimethod Examination of the Benefits and Detriments of Intragroup Conflict," *Administrative Science Quarterly* 40 (1995): 256–82.
7. Penelope Spheeris et al., *The Little Rascals*, directed by Penelope Spheeris, Universal Pictures, 1994.
8. William Goldman, *The Princess Bride*, directed by Rob Reiner, 20th Century Fox, 1987.
9. David Mickey Evans and Robert Gunter, *The Sandlot*, directed by David Mickey Evans, 20th Century Fox, 1993.
10. Frank R. C. de Wit, Lindred L. Greer, and Karen A. Jehn, "The Paradox of Intragroup Conflict: A Meta-analysis," *Journal of Applied Psychology* 97 (2012): 360–90.
11. Jiing-Lih Farh, Cynthia Lee, and Crystal I. C. Farh, "Task Conflict and Creativity: A Question of How Much and When," *Journal of Applied Psychology* 95 (2010): 1173–80.
12. Carsten K. W. De Dreu, "When Too Little or Too Much Hurts: Evidence for a Curvilinear Relationship between Task Conflict and Innova-tion in Teams," *Journal of Management* 32 (2006): 83–107.
13. Robert S. Dooley and Gerald E. Fryxell, "Attaining Decision Quality and Commitment from Dissent: The Moderating Effects of Loyalty and Competence in Strategic Decision-Making Teams," *Academy of Management Journal* 42 (1999): 389–402.
14. Kathleen M. Eisenhardt, Jean L. Kahwajy, and L. J. Bourgeois III, "How Management Teams Can Have a Good Fight," *Harvard Business Review*, July–August 1997, 77–85.
15. Kathleen McCoy, E. Mark Cummings, and Patrick T. Davies, "Constructive and Destructive Marital Conflict, Emotional Security and Children' s Prosocial Behavior," *Journal of Child Psychology and Psychiatry* 50 (2009): 270–79.
16. Donald W. Mackinnon, "Personality and the Realization of Creative Potential," *American Psychologist* 20 (1965): 273–81.
17. Paula Olszewski, Marilynn Kulieke, and Thomas Buescher, "The Influence of the Family Environment on the Development of Talent: A Literature Review," *Journal for the Education of the Gifted* 11 (1987): 6–28.
18. Robert S. Albert, ed., *Genius & Eminence* (Oxford: Pergamon Press, 1992).
19. Lauri A. Jensen-Campbell, Jennifer M. Knack, and Haylie L. Gomez, "The Psychology of Nice People," *Social and Personality Psychology Compass* 4 (2010): 1042–56; Robert R.

McCrae and Antonio Terraciano, "National Character and Personality," *Current Directions in Psychological Science* 15 (2006): 156–61.

20. Bryor Snefjella, Daniel Schmidtke, and Victor Kuper-man, "National Character Stereotypes Mirror Language Use: A Study of Canadian and American Tweets," *PLoS ONE* 13 (2018): e0206188.
21. Henk T. van der Molen, Henk G. Schmidt, and Gerard Kruisman, "Personality Characteristics of Engineers," *European Journal of Engineering Education* 32 (2007): 495–501; Gidi Rubinstein, "The Big Five among Male and Female Students of Different Faculties," *Personality and Individual Differences* 38 (2005): 1495–503.
22. Stéphane Côté and D. S. Moskowitz, "On the Dynamic Covariation between Interpersonal Behavior and Affect: Prediction from Neuroticism, Extraversion, and Agreeableness," *Journal of Personality and Social Psychology* 75 (1998): 1032–46.
23. Personal interviews with Brad Bird, November 8, 2018, and April 28, 2020; Nicole Grindle, October 19, 2018, and March 17, 2020; and John Walker, November 21, 2018, and March 24, 2020; "The Creative Power of Misfits," *WorkLife with Adam Grant,* March 5, 2019; Hayagreeva Rao, Robert Sutton, and Allen P. Webb, "Innovation Lessons from Pixar: An Interview with Oscar-Winning Director Brad Bird," *McKinsey Quarterly,* April 1, 2008, www.mckinsey.com/business-functions/strategy-and-corporate-finance/our-insights/innovation-lessons-from-pixar-an-interview-with-oscar-winning-director-brad-bird; *The Making of "The Incredibles,"* directed by Rick Butler, Pixar, 2005; Alec Bojalad, "*The Incredibles* 2: Brad Bird on Family, Blu-Ray Extras, and More," Den of Geek, October 24, 2018, www.denofgeek.com/tv/the-incredibles-2-brad-bird-on-family-blu-ray-extras-and-more.
24. Jeffery A. LePine and Linn Van Dyne, "Voice and Cooperative Behavior as Contrasting Forms of Contextual Performance: Evidence of Differential Relationships with Big Five Personality Characteristics and Cogni-tive Ability," *Journal of Applied Psychology* 86 (2001): 326–36.
25. Samuel T. Hunter and Lily Cushenbery, "Is Being a Jerk Necessary for Originality? Examining the Role of Disagreeableness in the Sharing and Utilization of Original Ideas," *Journal of Business and Psychology* 30 (2015): 621–39.
26. Leslie A. DeChurch and Michelle A. Marks, "Maximizing the Benefits of Task Conflict: The Role of Conflict Management," *International Journal of Conflict Management* 12 (2001): 4–22.
27. Jing Zhou and Jennifer M. George, "When Job Dissatisfaction Leads to Creativity: Encouraging the Expression of Voice," *Academy of Management Journal* 44 (2001): 682–96.
28. Amir Goldberg et al., "Fitting In or Standing Out? The Tradeoffs of Structural and Cultural Embeddedness," *American Sociological Review* 81 (2016): 1190–222.
29. Joeri Hofmans and Timothy A. Judge, "Hiring for Culture Fit Doesn't Have to Undermine Diversity," *Harvard Business Review,* September 18, 2019, hbr.org/2019/09/hiring-for-culture-fit-doesnt-have-to-undermine-diversity.
30. Sun Hyun Park, James D. Westphal, and Ithai Stern, "Set Up for a Fall: The Insidious Effects of Flattery and Opinion Conformity toward Corporate Leaders," *Administrative Science Quarterly* 56 (2011): 257–302.
31. Francesca Gino, "Research: We Drop People Who Give Us Critical Feedback," *Harvard Business Review,* September 16, 2016, hbr.org/2016/09/research-we-drop-people-who-

give-us-critical-feedback.
32. William Safire, "On Language: Murder Board at the Skunk Works," *New York Times*, October 11, 1987, www.nytimes.com/1987/10/11/magazine/on-language-murder-board-at-the-skunk-works.html.
33. Derek Thompson, "Google X and the Science of Radical Creativity," *The Atlantic*, November 2017, www.theatlantic.com/magazine/archive/2017/11/x-google-moonshot-factory/540648.
34. *The Cambridge Companion to Hemingway*, ed. Scott Donaldson (Cambridge: Cambridge University Press, 1996).
35. David Yeager et al., "Breaking the Cycle of Mistrust: Wise Interventions to Provide Critical Feedback across the Racial Divide," *Journal of Experimental Psychology: General* 143 (2014): 804–24.
36. Elizabeth W. Morrison, "Employee Voice Behavior: Integration and Directions for Future Research," *Academy of Management Annals* 5 (2011): 373–412; Charlan Jeanne Nemeth, *In Defense of Troublemakers: The Power of Dissent in Life and Business* (New York: Basic Books, 2018).
37. Jennifer A. Chatman and Sigal G. Barsade, "Personality, Organizational Culture, and Cooperation: Evidence from a Business Simulation," *Administrative Science Quarterly* 40 (1995): 423–43.
38. De Wit, Greer, and Jehn, "The Paradox of Intragroup Conflict."
39. Ming-Hong Tsai and Corinne Bendersky, "The Pursuit of Information Sharing: Expressing Task Conflicts as Debates vs. Disagreements Increases Perceived Receptivity to Dissenting Opinions in Groups," *Organization Science* 27 (2016): 141–56.
40. Philip M. Fernbach et al., "Political Extremism Is Sup-ported by an Illusion of Understanding," *Psychological Science* 24 (2013): 939–46.
41. Leonid Rozenblit and Frank Keil, "The Misunderstood Limits of Folk Science:An Illusion of Explanatory Depth," *Cognitive Science* 26 (2002): 521–62.
42. Matthew Fisher and Frank Keil, "The Curse of Expertise: When More Knowledge Leads to Miscalibrated Explanatory Insight," *Cognitive Science* 40 (2016): 1251–69.
43. Dan R. Johnson, Meredith P. Murphy, and Riley M. Messer, "Reflecting on Explanatory Ability: A Mechanism for Detecting Gaps in Causal Knowledge," *Journal of Experimental Psychology: General* 145 (2016): 573–88.

5. 与对手共舞：如何赢得辩论和影响他人

1. Tim Kreider, *We Learn Nothing: Essays* (New York: Simon & Schuster, 2012).
2. Personal interview with Harish Natarajan, May 23, 2019; "Live De-bate: IBM Project Debater," IntelligenceSquared Debates, YouTube, February 11, 2019, www.youtube.com/watch?v=m3u-1yttrVw.
3. Nicholas Kristof, "Too Small to Fail," *New York Times*,June 2, 2016, www.nytimes.com/2016/06/02/opinion/building-childrens-brains.html.
4. George Lakoff and Mark Johnson, *Metaphors We Live By* (Chicago: University of Chicago Press, 1980).
5. Neil Rackham, "The Behavior of Successful Nego-tiators," in *Negotiation: Readings, Exercises, and Cases*, ed. Roy Lewicki, Bruce Barry, and David Saunders (New York:

McGraw-Hill, 1980/2007).
6. Femke S. Ten Velden, Bianca Beersma, and Carsten K. W. De Dreu, "It Takes One to Tango: The Effects of Dyads' Epistemic Motiva-tion Composition in Negotiations," *Personality and Social Psychology Bulletin* 36 (2010): 1454–66.
7. Maria Popova, "How to Criticize with Kindness: Philosopher Daniel Dennett on the Four Steps to Arguing Intelligently," BrainPickings, March 28, 2014, www.brainpickings.org/2014/03/28/daniel-dennett-rapoport-rules-criticism.
8. Fabrizio Butera, Nicolas Sommet, and Céline Darnon, "Sociocognitive Conflict Regulation: How to Make Sense of Diverging Ideas," *Current Directions in Psychological Science* 28 (2019): 145–51.
9. IBM Research Editorial Staff, "Think 2019 Kicks Off with Live Debate between Man and Machine," *IBM Research Blog*, February 12, 2019, www.ibm.com/blogs/research/2019/02/ai-debate-recap-think-2019; Paul Teich, "IBM Project Debater Speaks to the Future of AI," The Next Platform, March 27, 2019, www.nextplatform.com/2019/03/27/ibm-project-debater-speaks-to-the-future-of-ai; Dieter Bohn, "What It' s Like to Watch an IBM AI Successfully Debate Humans," The Verge, June 18, 2018, www.theverge.com/2018/6/18/17477686/ibm-project-debater-ai.
10. Conor Friedersdorf, "The Highest Form of Disagreement," *The Atlantic*, June 26, 2017, www.theatlantic.com/politics/archive/2017/06/the-highest-form-of-disagreement/531597.
11. Kate A. Ranganath, Barbara A. Spellman, and Jennifer A. Joy-Gaba, "Cognitive 'Category-Based Induction' Research and Social 'Persuasion' Re-search Are Each about What Makes Arguments Believable: A Tale of Two Literatures," *Perspectives on Psychological Science* 5 (2010): 115–22.
12. Richard E. Petty and Duane T. Wegener, "The Elaboration Likelihood Model: Current Status and Controversies," in *Dual-Process Theories in Social Psychology*, ed. Shelly Chaiken and Yaacov Trope (New York: Guilford, 1999).
13. John Biondo and A. P. MacDonald Jr., "Internal-External Locus of Control and Response to Influence Attempts," *Journal of Personality* 39 (1971): 407–19.
14 Daniel C. Feiler, Leigh P. Tost, and Adam M. Grant, "Mixed Reasons, Missed Givings: The Costs of Blending Egoistic and Altruistic Reasons in Donation Requests," *Journal of Experimental Social Psychology* 48 (2012): 1322–28.
15. Rachel (Penny) Breuhaus, "Get in the Game: Comparing the Effects of Self-Persuasion and Direct Influence in Motivating Attendance at UNC Men' s Basketball Games" (honors thesis, University of North Carolina at Chapel Hill, 2009).
16. Elliot Aronson, "The Power of Self-Persuasion," *American Psychologist* 54 (1999): 875–84.
17. David G. Allen, Phillip C. Bryant, and James M. Vardaman, "Retaining Talent: Replacing Misconceptions with Evidence-Based Strategies," *Academy of Management Perspectives* 24 (2017): 48–64.
18. Paul Graham, "How to Disagree," PaulGraham.com, March 2008, www.paulgraham.com/disagree.html.
19. Aaron Kozbelt, "Longitudinal Hit Ratios of Classical Composers: Reconciling 'Darwinian' and Expertise Acquisition Perspectives on Lifespan Creativity," *Psychology of Aesthetics, Creativity, and the Arts* 2 (2008): 221–35; Adam Grant, "The Surprising Habits of Original Thinkers," TED Talk, February 2016, www.ted.com/talks/adam_grant_the_surprising_habits_of_original_thinkers.

20. See Michael Natkin, "Strong Opinions Loosely Held Might Be the Worst Idea in Tech," *The Glowforge Blog*, May 1, 2019, blog.glowforge.com/strong-opinions-loosely-held-might-be-the-worst-idea-in-tech.
21. Robert J. Cramer, Stanley L. Brodsky, and Jamie DeCoster, "Expert Witness Confidence and Juror Personality: Their Impact on Credibility and Persuasion in the Courtroom," *Journal of the American Academy of Psychiatry and Law*37 (2009) 63–74; Harvey London, Dennis McSeveney, and Richard Tropper, "Confidence, Overconfidence and Persuasion," *Human Relations* 24 (1971): 359–69.
22. Personal interview with Michele Hansen, February 23, 2018; "The Problem with All-Stars," *WorkLife with Adam Grant*, March 14, 2018.
23. Mike Allen, "Meta-analysis Comparing the Persuasiveness of One-Sided and Two-Sided Messages," *Western Journal of Speech Communication* 55 (1991): 390–404.
24. *The Office, season* 3, episode 23, "Beach Games," May 10, 2007, NBC.
25. *Seinfeld*, season 5, episode 22, "The Opposite," May 19, 1994, NBC.
26. Ovul Sezer, Francesca Gino, and Michael I. Norton, "Humblebragging: A Distinct—and Ineffective—Self-Presentation Strat-egy," *Journal of Personality and Social Psychology* 114 (2018): 52–74.

6. 钻石上的仇怨：动摇刻板印象，减少偏见

1. Doris Kearns Goodwin, *MLB Pro Blog*, doriskearnsgoodwin.mlblogs.com.
2. Personal communications with Daryl Davis, April 10, 2020; Daryl Davis, "What Do You Do When Someone Just Doesn' t Like You?," TEDxCharlottesville, November 2017, www.ted.com/talks/daryl_davis_what_do_you_do_when_someone_just_doesn_t_like_you; Dwane Brown, "How One Man Convinced 200 Ku Klux Klan Members to Give Up Their Robes," NPR, August 20, 2017, www.npr.org/transcripts/544861933; Craig Phillips, "Reformed Racists: Is There Life after Hate for Former White Supremacists?," PBS, February 9, 2017, www.pbs.org/independentlens/blog/reformed-racists-white-supremacists-life-after-hate; *The Joe Rogan Experience*, #1419, January 30, 2020; Jeffrey Fleishman, "A Black Man' s Quixotic Quest to Quell the Racism of the KKK, One Robe at a Time," *Los Angeles Times*, December 8, 2016, www.latimes.com/entertainment/movies/la-ca-film-accidental-courtesy-20161205-story.html.
3. Amos Barshad, "Yankees Suck! Yankees Suck!" *Grantland*, September 1, 2015, http://grantland.com/features/yankees-suck-t-shirts-boston-red-sox.
4. Steven A. Lehr, Meghan L. Ferreira, and Mahzarin R. Banaji, "When Outgroup Negativity Trumps Ingroup Positivity: Fans of the Boston Red Sox and New York Yankees Place Greater Value on Rival Losses Than Own-Team Gains," *Group Processes & Intergroup Relations* 22 (2017): 26–42.
5. Mina Cikara and Susan T. Fiske, "Their Pain, Our Pleasure: Stereotype Content and Schadenfreude," *Annals of the New York Academy of Sciences* 1299 (2013): 52–59.
6. Eduardo Gonzalez, "Most Hated Baseball Team on Twitter?," *Los Angeles Times*, July 1, 2019, www.latimes.com/sports/mlb/la-sp-most-hated-mlb-teams-twitter-yankees-cubs-dodgers-20190701-story.html.
7. Hannah Schwär, "Puma and Adidas' Rivalry Has Divided a Small German Town for 70 Years—Here' s What It Looks Like Now," *Business Insider Deutschland*, October 1, 2018;

Ellen Emmerentze Jervell, "Where Puma and Adidas Were Like Hatfields and McCoys," *Wall Street Journal*, December 30, 2014, www.wsj.com/articles/where-adidas-and-pumas-were-like-hatfields-and-mccoys-1419894858; Allan Hall, "Adidas and Puma Bury the Hatchet after 60 Years of Brothers' Feud after Football Match," *Daily Telegraph*, September 22, 2009, www.telegraph.co.uk/news/worldnews/europe/germany/6216728/Adidas-and-Puma-bury-the-hatchet-after-60-years-of -brothers-feud-after-football-match.html.

8. Kimberly D. Elsbach and C. B. Bhattacharya, "Defining Who You Are by What You' re Not: Organizational Disidentification and the National Rifle Association," *Organization Science* 12 (2001): 393–413.
9. Gavin J. Kilduff et al., "Whatever It Takes to Win:Rivalry In-creases Unethical Behavior," *Academy of Management Journal* 59 (2016): 1508–34.
10. Michael Diehl, "The Minimal Group Paradigm: Theoretical Explanations and Empirical Findings," *European Review of Social Psychology* 1 (1990): 263–92.
11. Dave Hauser (@DavidJHauser), December 5, 2019, twitter.com/DavidJHauser/status/1202610237934592000.
12. Philip Furley, "What Modern Sports Competitions Can Tell Us about Human Nature," *Perspectives on Psychological Science* 14 (2019): 138–55.
13. Robert B. Cialdini et al., "Basking in Reflected Glory: Three (Football) Field Studies," *Journal of Personality and Social Psychology* 34 (1976): 366–75.
14. Gavin J. Kilduff, Hillary Anger Elfenbein, and Barry M. Staw, "The Psychology of Rivalry: A Relationally Dependent Analysis of Competition," *Academy of Management Journal* 53 (2010): 943–69.
15. Seth Stephens-Davidowitz, "They Hook You When You' re Young," *New York Times*, April 19, 2014, www.nytimes.com/2014/04/20/opinion/sunday/they-hook-you-when-youre-young.html; J. Clement, "Major League Baseball Teams with the Most Facebook Fans as of June 2020," Statista, June 16, 2020, www.statista.com/statistics/235719/facebook-fans-of-major-league-baseball-teams.
16. John K. Ashton, Robert Simon Hudson, and Bill Gerrard, "Do National Soccer Results Really Impact on the Stock Market?," *Applied Economics* 43 (2011): 3709–17; Guy Kaplanski and Haim Levy, "Exploitable Predictable Irrationality: The FIFA World Cup Effect on the U.S. Stock Market," *Journal of Financial and Quantitative Analysis* 45 (2010): 535–53; Jerome Geyer-Klingeberg et al., "Do Stock Markets React to Soccer Games? A Meta-regression Analysis," *Applied Economics* 50 (2018): 2171–89.
17. Panagiotis Gkorezis et al., "Linking Football Team Performance to Fans' Work Engagement and Job Performance: Test of a Spillover Model," *Journal of Occupational and Organizational Psychology* 89 (2016): 791–812.
18. George A. Kelly, *The Psychology of Personal Constructs*, vol. 1, A *Theory of Personality* (New York: Norton, 1955).
19. Daniel J. Isenberg, "Group Polarization: A Critical Review and Meta-analysis," *Journal of Personality and Social Psychology* 50 (1986): 1141–51.
20. Robert M. Bray and Audrey M. Noble, "Authoritarianism and Decision in Mock Juries: Evidence of Jury Bias and Group Polarization," *Journal of Personality and Social Psychology* 36 (1978): 1424–30.
21. Cass R. Sunstein and Reid Hastie, *Wiser: Getting Beyond Groupthink to Make Groups Smarter* (Boston: Harvard Business Review Press, 2014).

22. Liran Goldman and Michael A. Hogg, "Going to Extremes for One' s Group: The Role of Prototypicality and Group Acceptance," *Journal of Applied Social Psychology* 46 (2016): 544–53; Michael A. Hogg, John C. Turner, and Barbara Davidson, "Polarized Norms and Social Frames of Reference: A Test of the Self-Categorization Theory of Group Polarization," *Basic and Applied Social Psychology* 11 (1990): 77–100.
23. Johannes Berendt and Sebastian Uhrich, "Rivalry and Fan Aggression: Why Acknowledging Conflict Reduces Tension between Rival Fans and Downplaying Makes Things Worse," *European Sport Management Quarterly* 18 (2018): 517–40.
24. Peter Suedfeld, Katya Legkaia, and Jelena Brcic, "Changes in the Hierarchy of Value References Associated with Flying in Space," *Journal of Personality*78 (2010): 1411–36.
25. "Edgar Mitchell' s Strange Voyage," *People*, April 8, 1974, people.com/archive/edgar-mitchells-strange-voyage-vol-1-no-6.
26. Personal interview with Jeff Ashby, January 12, 2018; "How to Trust People You Don' t Like," *WorkLife with Adam Grant*, March 28, 2018.
27. Mark Levine et al., "Identity and Emergency Intervention: How Social Group Membership and Inclusiveness of Group Boundaries Shape Helping Behavior," *Personality and Social Psychology Bulletin* 31 (2005): 443–53.
28. Herbert C. Kelman, "Group Processes in the Resolution of International Conflicts: Experiences from the Israeli-Palestinian Case," *American Psychologist* 52 (1997): 212–20.
29. Alison R. Fragale, Karren Knowlton, and Adam M. Grant, "Feeling for Your Foes: Empathy Can Reverse the In-Group Helping Preference" (working paper, 2020).
30. Myron Rothbart and Oliver P. John, "Social Categorization and Behavioral Episodes: A Cognitive Analysis of the Effects of Intergroup Contact," *Journal of Social Issues* 41 (1985): 81–104.
31. ESPN College Football, www.espn.com/video/clip/_/id/18106107.
32. *Seinfeld*, season 6, episode 12, "The Label Maker," January 19, 1995, NBC.
33. Tim Kundro and Adam M. Grant, "Bad Blood on the Diamond: Highlighting the Arbitrariness of Acrimony Can Reduce Animosity toward Rivals" (work-ing paper, 2020).
34. Kai Epstude and Neal J. Roese, "The Functional Theory of Counterfactual Thinking," *Personality and Social Psychology Review* 12 (2008): 168–92.
35. Lee Jussim et al., "The Unbearable Accuracy of Stereotypes," in *Handbook of Prejudice, Stereotyping, and Discrimination, ed. Todd D. Nelson* (New York: Psychology Press, 2009).
36. Lee Jussim, Jarret T. Crawford, and Rachel S. Rubinstein, "Stereotype (In)accuracy in Perceptions of Groups and Individuals," *Current Directions in Psychological Science* 24 (2015): 490–97.
37. Jackson G. Lu et al., "Disentangling Stereotypes from Social Reality: Astrological Stereotypes and Discrimination in China," *Journal of Personality and Social Psychology* (2020), psycnet.apa.org/record/2020-19028-001.
38. Gregory R. Maio and James M. Olson, "Values as Truisms: Evidence and Implications," *Journal of Personality and Social Psychology* 74 (1998): 294–311.
39. Paul H. P. Hanel, Gregory R. Maio, and Antony S. R. Manstead, "A New Way to Look at the Data: Similarities between Groups of People Are Large and Important," *Journal of Personality and Social Psychology* 116 (2019): 541–62.
40. Thomas F. Pettigrew and Linda R. Tropp, "A Meta-analytic Test of Intergroup Contact Theory," *Journal of Personality and Social Psychology* 90 (2006): 751–83.

41. Jennifer R. Overbeck and Vitaliya Droutman, "One for All: Social Power Increases Self-Anchoring of Traits, Attitudes, and Emotions," *Psychological Science* 24 (2013): 1466–76.
42. Leigh Plunkett Tost, Francesca Gino, and Richard P. Larrick, "When Power Makes Others Speechless," *Academy of Management Journal* 56 (2013): 1465–86.

7. 疫苗耳语者和温和的询问者：如何用正确的倾听方式促使人们做出改变

1. See Eric Boodman, "The Vaccine Whis-perers: Counselors Gently Engage New Parents Before Their Doubts Harden into Certainty," STAT, August 5, 2019, www.statnews.com/2019/08/05/the-vaccine-whisperers-counselors-gently-engage-new-parents-before-their-doubts-harden-into-certainty.
2. Nick Paumgarten, "The Message of Measles," *New Yorker*, August 26, 2019, www.newyorker.com/magazine/2019/09/02/the-message-of-measles; Leslie Roberts, "Why Measles Deaths Are Surging—and Coronavirus Could Make It Worse," Nature, April 7, 2020, www.nature.com/articles/d41586-020-01011-6.
3. Helen Branswell, "New York County, Declaring Emergency over Measles, Seeks to Ban Unvaccinated from Public Places," STAT, March 26, 2019, www.statnews.com/2019/03/26/rockland-county-ny-declares-emergency-over-measles; Tyler Pager, "'Monkey, Rat and Pig DNA': How Misinformation Is Driving the Measles Outbreak among Ultra-Orthodox Jews," *New York Times*, April 9, 2019, www.nytimes.com/2019/04/09/nyregion/jews-measles-vaccination.html.
4. Matthew J. Hornsey, Emily A. Harris, and Kelly S. Fielding, "The Psychological Roots of Anti-Vaccination Attitudes: A 24-Nation Investiga-tion," *Health Psychology* 37 (2018): 307–15.
5. Cornelia Betsch and Katharina Sachse, "Debunking Vaccination Myths: Strong Risk Negations Can Increase Perceived Vaccination Risks," *Health Psychology* 32 (2013): 146–55.
6. Brendan Nyhan et al., "Effective Messages in Vaccine Promotion: A Randomized Trial," *Pediatrics* 133 (2014): e835–42.
7. Zakary L. Tormala and Richard E. Petty, "What Doesn' t Kill Me Makes Me Stronger: The Effects of Resisting Persuasion on Attitude Certainty," *Journal of Personality and Social Psychology* 83 (2002): 1298–313.
8. William J. McGuire, "Inducing Resistance to Persuasion: Some Contemporary Approaches," *Advances in Experimental Social Psychology* 1 (1964): 191–229.
9. John A. Banas and Stephen A. Rains, "A Meta-analysis of Re-search on Inoculation Theory," *Communication Monographs* 77 (2010): 281–311.
10. Personal communications with Bill Miller, Sep-tember 3 and 6, 2019.
11. William R. Miller and Stephen Rollnick, *Motivational Interviewing: Helping People Change*, 3rd ed. (New York: Guilford, 2012).
12. Personal interview with Arnaud Gagneur, October 8, 2019.
13. Arnaud Gagneur et al., "A Postpartum Vaccination Promotion Intervention Using Motivational Interviewing Techniques Improves Short-Term Vaccine Coverage: PromoVac Study," *BMC Public Health* 18 (2018): 811.
14. Thomas Lemaître et al., "Impact of a Vaccination Promotion Intervention Using Motivational Interview Techniques on Long-Term Vaccine Coverage: The PromoVac Strategy," *Human Vaccines & Immunotherapeutics* 15 (2019): 732–39.

15. Carolyn J. Heckman, Brian L. Egleston, and Makary T. Hof-mann, "Efficacy of Motivational Interviewing for Smoking Cessation: A Systematic Review and Meta-analysis," Tobacco Control 19 (2010): 410–16.
16. Brad W. Lundahl et al., "A Meta-analysis of Motivational Interviewing: Twenty-Five Years of Empirical Studies," *Research on Social Work Practice* 20 (2010): 137–60.
17. Brian L. Burke, Hal Arkowitz, and Marisa Menchola, "The Efficacy of Motivational Interviewing: A Meta-analysis of Controlled Clinical Trials," *Journal of Consulting and Clinical Psychology* 71 (2003): 843–61.
18. Pam Macdonald et al., "The Use of Motivational Interviewing in Eating Disorders: A Systematic Review," Psychiatry Research 200 (2012): 1–11.
19. Marni J. Armstrong et al., "Motivational Interviewing to Improve Weight Loss in Overweight Patients: A Systematic Review and Meta-analysis of Randomized Controlled Trials," *Obesity Reviews* 12 (2011): 709–23.
20. Jonathan Rhodes et al., "Enhancing Grit through Functional Imagery Training in Professional Soccer," *Sport Psychologist* 32 (2018): 220–25.
21. Neralie Cain, Michael Gradisar, and Lynette Moseley, "A Motivational School-Based Intervention for Adolescent Sleep Problems," *Sleep Medicine* 12 (2011): 246–51.
22. Conrado J. Grimolizzi-Jensen, "Organizational Change: Effect of Motivational Interviewing on Readiness to Change," *Journal of Change Management* 18 (2018): 54–69.
23. Angelica K. Thevos, Robert E. Quick, and Violet Yanduli, "Motivational Interviewing Enhances the Adoption of Water Disinfection Practices in Zambia," *Health Promotion International* 15 (2000): 207–14.
24. Florian E. Klonek et al., "Using Motivational Interviewing to Reduce Threats in Conversations about Environmental Behavior," *Frontiers in Psychology* 6 (2015): 1015; Sofia Tagkaloglou and Tim Kasser, "Increasing Collaborative, Pro-Environmental Activism: The Roles of Motivational Interviewing, Self-Determined Motivation, and Self-Efficacy," *Journal of Environmental Psychology* 58 (2018): 86–92.
25. Joshua L. Kalla and David E. Broockman, "Reducing Exclusionary Attitudes through Interpersonal Conversation: Evidence from Three Field Experiments," *American Political Science Review* 114 (2020): 410–25.
26. Megan Morris, W. Kim Halford, and Jemima Petch, "A Randomized Controlled Trial Comparing Family Mediation with and without Motivational Interviewing," *Journal of Family Psychology* 32 (2018): 269–75.
27. Sune Rubak et al., "Motivational Interviewing: A Systematic Review and Meta-analysis," *British Journal of General Practice* 55 (2005): 305–12.
28. Anna Goldfarb, "How to Give People Advice They'll Be Delighted to Take," N*ew York Times*, October 21, 2019, www.nytimes.com/2019/10/21/smarter-living/how-to-give-better-advice.html.
29. Molly Magill et al., "A Meta-analysis of Motivational Interviewing Process: Technical, Relational, and Conditional Process Models of Change," *Journal of Consulting and Clinical Psychology* 86 (2018): 140–57; Timothy R. Apodaca et al., "Which Individual Therapist Behaviors Elicit Client Change Talk and Sustain Talk in Motivational Interviewing?," *Journal of Substance Abuse Treatment* 61 (2016): 60–65; Molly Magill et al., "The Technical Hypothesis of Motivational Interviewing: A Meta-analysis of MI's Key Causal Model," *Journal of Consulting and Clinical Psychology* 82 (2014): 973–83.

30. Theresa Moyers, "Change Talk," *Talking to Change with Glenn Hinds & Sebastian Kaplan.*
31. Marian Friestad and Peter Wright, "The Per-suasion Knowledge Model: How People Cope with Persuasion Attempts," *Journal of Consumer Research* 21 (1994): 1–31.
32. Personal interviews with Betty Bigombe, March 19 and May 8, 2020; see also "Betty Bigombe: The Woman Who Befriended a Warlord," BBC, August 8, 2019, www.bbc.com/news/world-africa-49269136.
33. David Smith, "Surrender of Senior Aide to Joseph Kony Is Major Blow to Lord's Resistance Army," *Guardian*, January 7, 2015, www.theguardian.com/global-development/2015/jan/07/surrender-aide-joseph-kony-blow-lords-resistancearmy.
34. Kate Murphy, "Talk Less. Listen More. Here's How," *New York Times*, January 9, 2010, www.nytimes.com/2020/01/09/opinion/listening-tips.html.
35. Guy Itzchakov et al., "The Listener Sets the Tone: High-Quality Listening Increases Attitude Clarity and Behavior-Intention Consequences," *Personality and Social Psychology Bulletin* 44 (2018): 762–78; Guy Itzchakov, Avraham N. Kluger, and Dotan R. Castro, "I Am Aware of My Inconsistencies but Can Tolerate Them: The Effect of High Quality Listening on Speakers' Attitude Ambivalence," *Personality and Social Psychology Bulletin* 43 (2017): 105–20.
36. Guy Itzchakov and Avraham N. Kluger, "Can Holding a Stick Improve Listening at Work? The Effect of Listening Circles on Employees' Emotions and Cognitions," *European Journal of Work and Organizational Psychology* 26 (2017): 663–76.
37. Guy Itzchakov and Avraham N. Kluger, "The Power of Listening in Helping People Change," *Harvard Business Review*, May 17, 2018, hbr.org/2018/05/the-power-of-listening-in-helping-people-change.
38. E. M. Forster, *Aspects of the Novel* (New York: Houghton Mifflin, 1927/1956); see also Graham Wallas, *The Art of Thought* (Kent, England: Solis Press, 1926/2014).
39. Wendy Moffat, *E. M. Forster: A New Life* (London: Bloomsbury, 2011).
40. Judi Brownell, "Perceptions of Effective Listeners: A Management Study," *International Journal of Business Communication* 27 (1973): 401–15.
41. "Poll: 1 in 3 Women Say Pets Listen Better Than Husbands," *USA Today*, April 30, 2010, usatoday30.usatoday.com/life/lifestyle/pets/2010-04 -30-pets-vs-spouses_N.htm.
42. Naykky Singh Ospina et al., "Eliciting the Patient's Agenda: Secondary Analysis of Recorded Clinical Encounters," *Journal of General Internal Medicine* 34 (2019): 36–40.
43. M. Kim Marvel et al., "Soliciting the Patient's Agenda: Have We Improved?," *Journal of the American Medical Association* 281 (1999): 283–87.

8. 激烈的对话：消除分歧的讨论

1. Amanda Ripley, "Complicating the Narratives," *Solutions Journalism*, June 27, 2018, thewholestory.solutionsjournalism.org/complicating-the-narratives-b91ea06ddf63.
2. Peter T. Coleman, *The Five Percent: Finding Solutions to Seemingly Impossible Conflicts* (New York: PublicAffairs, 2011).
3. Katharina Kugler and Peter T. Coleman, "Get Complicated: The Effects of Complexity on Conversations over Potentially Intractable Moral Conflicts," *Negotiation and Conflict Management Research* (2020), onlinelibrary.wiley.com/doi/full/10.1111/ncmr.12192.
4. Matthew Fisher and Frank C. Keil, "The Binary Bias: A Systematic Distortion in the

Integration of Information," *Psychological Science* 29 (2018): 1846–58.
5. "The Most Popular Book of the Month," *Vanity Fair*, Febru-ary 1920, babel.hathitrust.org/cgi/pt?id=mdp.39015032024203&view=1up&seq=203&q1 =divide%20the%20world.
6. Walt Whitman, *Leaves of Grass*, in *Walt Whitman: The Complete Poems*, ed. Francis Murphy (London: Penguin Classics, 1855/2005).
7. Ripley, "Complicating the Narratives."
8. Mike DeBonis and Emily Guskin, "Americans of Both Parties Overwhelmingly Support 'Red Flag' Laws, Expanded Background Checks for Gun Buyers, Washington Post–ABC News Poll Finds," *Washington Post*, September 9, 2019, www.washingtonpost.com/politics/americans-of-both-parties-overwhelmingly-support-red-flag-laws-expanded-gun-background- checks-washington-post-abc-news-poll-finds/2019/09/08/97208916-ca75-11e9-a4f3-c081a126de70_story.html; Domenico Mon-tanaro, "Poll: Most Americans Want to See Congress Pass Gun Restrictions," NPR, September 10, 2019, www.npr.org/2019/09/10/759193047/poll-most-americans-want-to-see-congress-pass-gun-restrictions.
9. Moira Fagan and Christine Huang, "A Look at How People around the World View Climate Change," Pew Research Center, April 18, 2019, www.pewresearch.org/fact-tank/2019/04/18/a-look-at-how-people-around-the-world-view-climate-change.
10. "Environment," Gallup, news.gallup.com/poll/1615/environment.aspx; "About Six in Ten Americans Think Global Warming Is Mostly Human-Caused," Yale Program on Climate Change, December 2018, climatecommunication.yale.edu/wp-content/uploads/2019/01/climate_change_american_mind_december_2018_1-3.png.
11. Ben Tappin, Leslie Van Der Leer, and Ryan Mckay, "You' re Not Going to Change Your Mind," *New York Times*, May 27, 2017, www.nytimes.com/2017/05 /27/opinion/sunday/youre-not-going-to-change-your-mind.html.
12. Lawrence C. Hamilton, "Education, Politics and Opin-ions about Climate Change: Evidence for Interaction Effects," *Climatic Change* 104 (2011): 231–42.
13. Al Gore, "The Case for Optimism on Climate Change," TED, February 2016, www.ted.com/talks/al_gore_the_case_for_optimism_on_climate_change.
14. Steven Levy, "We Are Now at Peak TED," *Wired*, February 19, 2016, www.wired.com/2016/02/we-are-now-at-peak-ted.
15. Al Gore, "We Can' t Wish Away Climate Change," *New York Times*, February 27, 2010, www.nytimes.com/2010/02/28/opinion/28gore.html.
16. "Global Warming' s Six Americas," Yale Program on Climate Change Communication, climatecommunication.yale.edu/about/projects/global-warmings-six-americas.
17. Alexander Michael Petersen, Emmanuel M. Vincent, and Anthony LeRoy Westerling, "Discrepancy in Scientific Authority and Media Visibility of Climate Change Scientists and Contrarians," N*ature Communications* 10 (2019): 3502.
18. Matto Mildenberger and Dustin Tingley, "Beliefs about Climate Beliefs: The Importance of Second-Order Opinions for Climate Politics," *British Journal of Political Science* 49 (2019): 1279–307.
19. Philipp Schmid and Cornelia Betsch, "Effective Strategies for Rebutting Science Denialism in Public Discussions," *Nature Human Behavior* 3 (2019): 931–39.
20. Anne Marthe van der Bles et al., "The Effects of Communicating Uncertainty on Public Trust in Facts and Numbers," *PNAS* 117 (2020): 7672–83.

21. Uma R. Karmarkar and Zakary L. Tormala, "Believe Me, I Have No Idea What I'm Talking About: The Effects of Source Certainty on Consumer Involvement and Persuasion," *Journal of Consumer Research* 36 (2010): 1033–49.
22. Tania Lombrozo, "In Science Headlines, Should Nuance Trump Sensation?," NPR, August 3, 2015, www.npr.org/sections/13.7/2015/08/03/428984912/in -science-headlines-should-nuance-trump-sensation.
23. Vincenzo Solfrizzi et al., "Coffee Consumption Habits and the Risk of Mild Cognitive Impairment: The Italian Longitudinal Study on Aging," *Journal of Alzheimer's Disease* 47 (2015): 889–99.
24. Ariana Eunjung Cha, "Yesterday' s Coffee Science: It' s Good for the Brain. Today: Not So Fast . . .*" *Washington Post*, August 28, 2015, www.washingtonpost.com/news/to-your-health/wp/2015/07/30/yesterdays-coffee-science-its-good-for-the-brain-today-not-so-fast.
25. "Do Scientists Agree on Climate Change?," NASA, https://climate.nasa.gov/faq/17/do-scientists-agree-on-climate-change; John Cook et al., "Consensus on Consensus: A Synthesis of Consensus Estimates on Human-Caused Global Warming," *Environmental Research Letters* 11 (2016): 048002; David Herring, "Isn' t There a Lot of Disagreement among Climate Scientists about Global Warming?," *ClimateWatch Magazine*, February 3, 2020, www.climate.gov/news-features/climate-qa/isnt-there-lot-disagreement-among-climate-scientists-about-global-warming.
26. Carolyn Gramling, "Climate Models Agree Things Will Get Bad. Capturing Just How Bad Is Tricky," *ScienceNews*, January 7, 2020, www.science news.org/article/why-climate-change-models-disagree-earth-worst-case-scenarios.
27. Paul G. Bain et al., "Co-Benefits of Addressing Climate Change Can Motivate Action around the World," *Nature Climate Change* 6 (2016): 154–57.
28. Matthew Feinberg and Robb Willer, "The Moral Roots of Environmental Attitudes," *Psychological Science* 24 (2013): 56–62.
29. Christopher Wolsko, Hector Ariceaga, and Jesse Seiden, "Red, White, and Blue Enough to Be Green: Effects of Moral Framing on Climate Change Attitudes and Conservation Behaviors," *Journal of Experimental Social Psychology* 65 (2016): 7–19.
30. Troy H. Campbell and Aaron C. Kay, "Solution Aversion: On the Relation between Ideology and Motivated Disbelief," *Journal of Personality and Social Psychology* 107 (2014): 809–24.
31. Mary Annaise Heglar, "I Work in the Environmental Movement. I Don' t Care If You Recycle," *Vox*, May 28, 2019, www.vox.com/the-highlight/2019/5/28 /18629833/climate-change-2019-green-new-deal; Bob Berwyn, "Can Planting a Trillion Trees Stop Climate Change? Scientists Say It' s a Lot More Complicated," *Inside Climate News*, May 27, 2020, insideclimatenews.org/news/26052020/trillion-trees-climate-change?gclid=EAIaIQobChMIrb6n1qHF6gIVFInICh2kggWNEAAYAiAAEgI-sPD_BwE.
32. Lewis Bott et al., "Caveats in Science-Based News Stories Communicate Caution without Lowering Interest," *Journal of Experimental Psychology: Applied* 25 (2019): 517–42.
33. See, for example, Ute Hülsheger, Neil R. Anderson, and Jesus F. Salgado, "Team-Level Predictors of Innovation at Work: A Comprehensive Meta-analysis Spanning Three Decades of Research," *Journal of Applied Psychology* 94 (2009): 1128–45; Cristian L. Dezsö and David Gaddis Ross, "Does Female Representation in Top Management Improve Firm Performance? A Panel Data Investigation," *Strategic Management Journal* 33 (2012): 1072–

89; Samuel R. Sommers, "On Racial Diversity and Group Decision Making: Identifying Multiple Effects of Racial Composition on Jury Deliberations," *Journal of Personality and Social Psychology* 90 (2006): 597–612; Denise Lewin Loyd et al., "Social Category Diversity Promotes Premeeting Elaboration: The Role of Relationship Focus," *Organization Science* 24 (2013): 757–72.

34. Elizabeth Mannix and Margaret A. Neale, "What Differences Make a Difference? The Promise and Reality of Diverse Teams in Organizations," *Psychological Science in the Public Interest* 6 (2005): 31–55.

35. Lisa Leslie, "What Makes a Workplace Diversity Program Successful?," *Center for Positive Organizations*, January 22, 2020, positiveorgs.bus.umich.edu/news/what-makes-a-workplace-diversity-program-successful.

36. Edward H. Chang et al., "The Mixed Effects of Online Diversity Training," *PNAS* 116 (2019): 7778–83.

37. Julian Matthews, "A Cognitive Scientist Explains Why Humans Are So Susceptible to Fake News and Misinformation," NiemanLab, April 17, 2019, www.niemanlab.org/2019/04/a-cognitive-scientist-explains-why-humans-are-so -susceptible-to-fake-news-and-misinformation.

38. Daniel Goleman, *Emotional Intelligence: Why It Can Matter More Than IQ* (New York: Bantam Books, 1995) and "What Makes a Leader?," *Harvard Business Review*, January 2004; Jordan B. Peterson, "There Is No Such Thing as EQ," Quora, August 22, 2019, www.quora.com/What-is-more-beneficial-in-all-aspects-of-life-a-high-EQ-or-IQ-This-question-is-based-on-the- assumption-that- only-your-EQ-or-IQ-is-high-with-the-other-being-average-or-below-this-average.

39. Dana L. Joseph and Daniel A. Newman, "Emotional Intelligence: An Integrative Meta-analysis and Cascading Model," *Journal of Applied Psychology* 95 (2010): 54–78; Dana L. Joseph et al., "Why Does Self-Reported EI Predict Job Performance? A Meta-analytic Investigation of Mixed EI," *Journal of Applied Psychology*100 (2015): 298–342.

40. Ella Miron-Spektor, Francesca Gino, and Linda Argote, "Paradoxical Frames and Creative Sparks: Enhancing Individual Creativity through Conflict and Integration," *Organizational Behavior and Human Decision Processes* 116 (2011): 229–40; Dustin J. Sleesman, "Pushing Through the Tension While Stuck in the Mud: Paradox Mindset and Escalation of Commitment," *Organizational Behavior and Human Decision Processes* 155 (2019): 83–96.

41. Joseph and Newman, "Emotional Intelligence."

42. Adam Grant, "Emotional Intelligence Is Overrated," LinkedIn, September 30, 2014, www.linkedin.com/pulse/20140930125543-69244073-emotional-intelligence-is-overrated.

43. Olga Khazan, "The Myth of 'Learning Styles,'" *The Atlantic*, April 11, 2018, www.theatlantic.com/science/archive/2018/04/the-myth-of-learning-styles/557687.

44. Harold Pashler et al., "Learning Styles: Concepts and Evidence," *Psychological Science in the Public Interest* 9 (2008): 105–19.

45. Adam Grant, "Can We End the Meditation Madness?," *New York Times*, October 9, 2015, www.nytimes.com/2015/10/10/opinion/can-we-end-the-meditation-madness.html.

46 Adam Grant, "MBTI, If You Want Me Back, You Need to Change Too," Medium, November 17, 2015, medium.com/@AdamMGrant/mbti-if -you-want-me-back-you-need-to-change-too-c7f1a7b6970; Adam Grant, "Say Goodbye to MBTI, the Fad That Won' t Die," LinkedIn, September 17, 2013, www.linkedin.com/pulse/20130917155206-

69244073-say-goodbye-to-mbti-the-fad-that-won-t-die.
47.Adam Grant, "The Fine Line between Helpful and Harmful Authenticity," *New York Times*, April 10, 2020, www.nytimes.com/2020/04/10/smarter-living/the-fine-line-between-helpful-and-harmful-authenticity.html; Adam Grant, "Unless You' re Oprah, 'Be Yourself' Is Terrible Advice," *New York Times*, June 4, 2016, www.nytimes.com/2016/06/05/opinion/sunday/unless-youre-oprah-be-yourself-is-terrible-advice.html.
48. John Rawls, *A Theory of Justice* (Cambridge, MA: Belknap Press, 1971).
49. Rhia Catapano, Zakary L. Tormala, and Derek D. Rucker, "Perspective Taking and Self-Persuasion: Why 'Putting Yourself in Their Shoes' Reduces Openness to Attitude Change," *Psychological Science* 30 (2019): 424–35.
50. Tal Eyal, Mary Steffel, and Nicholas Epley, "Perspec-tive Mistaking: Accurately Understanding the Mind of Another Requires Getting Perspective, Not Taking Perspective," *Journal of Personality and Social Psychology* 114 (2018): 547–71.
51.Yascha Mounk, "Republicans Don' t Understand Democrats—and Democrats Don' t Understand Republicans," *The Atlantic*, June 23, 2019, www.theatlantic.com/ideas/archive/2019/06/republicans-and-democrats-dont-understand-each-other/592324.
52. Julian J. Zlatev, "I May Not Agree with You, but I Trust You: Caring about Social Issues Signals Integrity," *Psychological Science* 30 (2019): 880–92.
53 Corinne Bendersky, "Resolving Ideological Conflicts by Affirming Opponents' Status: The Tea Party, Obamacare and the 2013 Government Shutdown," *Organizational Behavior and Human Decision Processes* 53 (2014): 163–68.
54. Patti Williams and Jennifer L. Aaker, "Can Mixed Emotions Peacefully Coexist?," *Journal of Consumer Research* 28 (2002): 636–49.
55. Beca Grimm, "11 Feelings There Are No Words for in English," *Bustle*, July 15, 2015, www.bustle.com/articles/97413-11-feelings-there-are-no -words-for-in-english-for-all-you-emotional-word-nerds-out.
56. Bill Demain et al., "51 Wonderful Words with No English Equivalent," *Mental Floss*, December 14, 2015, www.mentalfloss.com/article/50698/38-wonderful-foreign-words-we-could-use-english.
57. Kate Bratskeir, "'Kummerspeck,' or Grief Bacon, Is the German Word for What Happens When You Eat When You' re Sad," *Mic*, December 19, 2017, www.mic.com/articles/186933/kummerspeck-or-grief-bacon-is-the-german-word-for-eating-when-sad.
58. Ibram X. Kendi, *How to Be an Antiracist* (New York: One World, 2019).
59. Don Lemon, "She Called Police on Him in Central Park. Hear His Response," CNN, May 27, 2020, www.cnn.com/videos/us/2020/05/27/christian-cooper-central-park-video-lemon-ctn-sot-intv-vpx.cnn.

9. 重写教科书：教会学生质疑知识

1. Grant Allen [pseud. Olive Pratt Rayner], *Rosalba: The Story of Her Development* (London: G. P. Putnam' s Sons, 1899).
2. Personal interview with Erin McCarthy, January 14, 2020; Scott Anderson, "Wisconsin National Teacher of the Year Nominee Is from Green-dale," Patch, August 20, 2019, patch.com/wisconsin/greendale/wisconsin-national-teacher-year-nominee-greendale.
3. Deborah Kelemen, "The Magic of Mechanism: Explanation-Based Instruction on

Counterintuitive Concepts in Early Childhood," *Perspectives on Psychological Science* 14 (2019): 510–22.

4. Sam Wineburg, Daisy Martin, and Chauncey Monte-Sano, *Reading Like a Historian* (New York: Teachers College Press, 2013).
5. "Teacher Materials and Resources," Historical Thinking Matters, http://historicalthinkingmatters.org/teachers.
6. Elizabeth Emery, "Have Students Interview Someone They Disagree With," Heterodox Academy, February 11, 2020, heterodoxacademy.org/viewpoint-diversity-students-interview-someone.
7. Annabelle Timsit, "In the Age of Fake News, Here' s How Schools Are Teaching Kids to Think Like Fact-Checkers," Quartz, February 12, 2019, qz.com/1533747/in-the-age-of-fake-news-heres-how-schools-are-teaching-kids-to-think-like-fact-checkers.
8. Rose Troup Buchanan, "King Tutankhamun Did Not Die in Chariot Crash, Virtual Autopsy Reveals," *Independent*, October 20, 2014, www.independent.co.uk/news/science/king-tutankhamun-did-not-die-in-chariot- crash-virtual-autopsy-reveals-9806586.html.
9. Brian Resnick, "Farts: Which Animals Do, Which Don' t, and Why," *Vox*, October 19, 2018, www.vox.com/science-and-health/2018/4/3/17188186/does-it-fart-book-animal-farts-dinosaur-farts.
10. Louis Deslauriers et al., "Measuring Actual Learning versus Feeling of Learning in Response to Being Actively Engaged in the Classroom," *PNAS* 116 (2019): 19251–57.
11. Scott Freeman et al., "Active Learning Increases Student Performance in Science, Engineering, and Mathematics," *PNAS* 111 (2014): 8410–15.
12. Jochen I. Menges et al., "The Awestruck Effect: Followers Suppress Emotion Expression in Response to Charismatic but Not Individually Considerate Leader-ship," *Leadership Quarterly* 26 (2015): 626–40.
13. Adam Grant, "The Dark Side of Emotional Intelligence," *The Atlantic*, January 2, 2014, www.theatlantic.com/health/archive/2014/01/the-dark-side-of-emotional-intelligence/282720.
14. M. Stains et al., "Anatomy of STEM Teaching in North American Universities," *Science* 359 (2018): 1468–70.
15. Grant Wiggins, "Why Do So Many HS History Teachers Lecture So Much?," April 24, 2015, grantwiggins.wordpress.com/2015/04/24/why-do-so-many-hs -history-teachers-lecture-so-much.
16. Guido Schwerdt and Amelie C. Wupperman, "Is Traditional Teaching Really All That Bad? A Within-Student Between-Subject Approach," *Economics of Education Review* 30 (2011): 365–79.
17. Robert Nozick, *Anarchy, State, and Utopia* (New York: Basic Books, 1974).
18. Asahina Robert, "The Inquisitive Robert Nozick," *New York Times*, September 20, 1981, www.nytimes.com/1981/09/20/books/the-inquisitive-robert-nozick.html.
19. Ken Gewertz, "Philosopher Nozick Dies at 63," *Harvard Gazette*, January 17, 2002, news.harvard.edu/gazette/story/2002/01/philosopher-nozick-dies-at-63; see also Hilary Putnam et al., "Robert Nozick: Memorial Minute," *Harvard Gazette*, May 6, 2004, news.harvard.edu/gazette/story/2004/05/robert-nozick.
20. Felipe De Brigard, "If You Like It, Does It Matter If It' s Real?," *Philosophical Psychology* 23 (2010): 43–57.

21. Joachim Stoeber and Kathleen Otto, "Positive Conceptions of Perfectionism: Approaches, Evidence, Challenges," *Personality and Social Psychology Review* 10 (2006): 295–319.
22. Dana Harari et al., "Is Perfect Good? A Meta-analysis of Perfectionism in the Workplace," *Journal of Applied Psychology* 103 (2018): 1121–44.
23. Philip L. Roth et al., "Meta-analyzing the Relation-ship between Grades and Job Performance," *Journal of Applied Psychology* 81 (1996): 548–56.
24. Adam Grant, "What Straight-A Students Get Wrong," *New York Times*, December 8, 2018, www.nytimes.com/2018/12/08/opinion/college-gpa-career-success.html.
25. Donald W. Mackinnon, "The Nature and Nurture of Creative Talent," *American Psychologist* 17 (1962): 484–95.
26. Karen Arnold, *Lives of Promise: What Becomes of High School Valedictorians* (San Francisco: Jossey-Bass, 1995).
27. Mike Kaiser, "This Wharton Senior' s Letter Writing Project Gets Global Attention," Wharton School, February 17, 2016, www.wharton.upenn.edu/story/wharton-seniors-letter-writing-project-gets-global-attention.
28. Aloysius Wei Lun Koh, Sze Chi Lee, and Stephen Wee Hun Lim, "The Learning Benefits of Teaching: A Retrieval Practice Hypothesis," *Applied Cognitive Psychology* 32 (2018): 401–10; Logan Fiorella and Richard E. Mayer, "The Relative Benefits of Learning by Teaching and Teaching Expectancy," *Contemporary Educational Psychology* 38 (2013): 281–88; Robert B. Zajonc and Patricia R. Mullally, "Birth Order: Reconciling Conflicting Effects," *American Psychologist* 52 (1997): 685–99; Peter A. Cohen, James A. Kulik, and Chen-Lin C. Kulik, "Educational Outcomes of Tutoring: A Meta-analysis of Findings," *American Educational Research Journal* 19 (1982): 237–48.
29. Personal interview with Ron Berger, October 29, 2019; Ron Berger, *An Ethic of Excellence: Building a Culture of Craftsmanship with Students* (Portsmouth, NH: Heinemann, 2003); Ron Berger, Leah Rugen, and Libby Woodfin, Leaders of Their Own *Learning: Transforming Schools through Student-Engaged Assessment* (San Francisco: Jossey-Bass, 2014).
30 Kirill Fayn et al., "Confused or Curious? Openness/Intellect Predicts More Positive Interest-Confusion Relations," *Journal of Personality and Social Psychology* 117 (2019): 1016–33.
31. Eleanor Duckworth, *The Having of Wonderful Ideas* (New York: Teachers College Press, 2006).
32. Elisabeth Vogl et al., "Surprised-Curious-Confused: Epistemic Emotions and Knowledge Exploration," *Emotion* 20 (2020): 625–41.
33. Ron Berger, "Critique and Feedback—The Story of Austin' s Butterfly," December 8, 2012, www.youtube.com/watch?v=hqh1MRWZjms.

10. 这不是我们的一贯做法：在工作中构建学习型文化

1. Kurt Vonnegut, *Player Piano* (New York: Dial Press, 1952/2006).
2. Tony Reichhardt, "The Spacewalk That Almost Killed Him," *Air & Space Magazine*, May 2014, www.airspacemag.com/space/spacewalk-almost-killed-him-180950135/?all.
3. Matej Cerne et al., "What Goes Around Comes Around: Knowledge Hiding, Perceived Motivational Climate, and Creativity," *Academy of Management Journal* 57 (2014): 172–92;

Markus Baer and Michael Frese, "Innovation Is Not Enough: Climates for Initiative and Psychological Safety, Process Innova-tions, and Firm Performance," *Journal of Organizational Behavior* 24 (2003): 45–68.

4. Anita L. Tucker and Amy C. Edmondson, "Why Hospitals Don' t Learn from Failures: Organizational and Psychological Dynamics That Inhibit System Change," *California Management Review* 45 (2003): 55–72; Amy C. Edmondson, "Learning from Mistakes Is Easier Said Than Done: Group and Organizational Influences on the Detection and Correction of Human Error," *Journal of Applied Behavioral Science* 40 (1996): 5–28.
5. William A. Kahn, "Psychological Conditions of Personal Engagement and Disengagement at Work," *Academy of Management Journal* 33 (1990): 692–724.
6. Julia Rozovsky, "The Five Keys to a Successful Google Team," re:Work, November 17, 2015, rework.withgoogle.com/blog/five-keys-to -a-successful-google-team.
7. Amy C. Edmondson, "How Fearless Organizations Succeed," strategy+business, November 14, 2018, www.strategy-business.com/article/How-Fearless-Organizations-Succeed.
8. Amy Edmondson, "Psychological Safety and Learning Behavior in Work Teams," *Administrative Science Quarterly* 44 (1999): 350–83.
9. Paul W. Mulvey, John F. Veiga, and Priscilla M. Elsass, "When Teammates Raise a White Flag," *Academy of Management Perspectives* 10 (1996): 40–49.
10. Howard Berkes, "30 Years after Explosion, *Challenger* Engineer Still Blames Himself," NPR, January 28, 2016, www.npr.org/sections/thetwo-way/2016/01/28/464744781/30-ye-ars-after-disaster-challenger-engineer-still-blames-himself.
11. Joel Bach, "Engineer Sounded Warnings for *Columbia*," ABC News, January 7, 2006, abcnews.go.com/Technology/story?id=97600&page=1.
12. Personal interview with Ellen Ochoa, December 12, 2019.
13. Personal interview with Chris Hansen, November 12, 2019.
14. Constantinos G. V. Coutifaris and Adam M. Grant, "Taking Your Team Behind the Curtain: The Effects of Leader Feedback-Sharing, Feedback-Seeking, and Humility on Team Psychological Safety Over Time" (working paper, 2020).
15. Wharton Follies, "Mean Reviews: Professor Edition," March 22, 2015, www.youtube.com/watch?v=COOaEVSu6ms&t=3s.
16. Celia Moore et al., "The Advantage of Being Oneself: The Role of Applicant Self-Verification in Organizational Hiring Decisions," *Journal of Applied Psychology* 102 (2017): 1493–513.
17. Kerry Roberts Gibson, Dana Harari, and Jennifer Carson Marr, "When Sharing Hurts: How and Why Self-Disclosing Weakness Undermines the Task-Oriented Relationships of Higher-Status Disclosers," *Organizational Behavior and Human Decision Processes* 144 (2018): 25–43.
18. Itamar Simonson and Barry M. Staw, "Deescalation Strategies: A Comparison of Techniques for Reducing Commitment to Losing Courses of Action," *Journal of Applied Psychology* 77 (1992): 419–26; Jennifer S. Lerner and Philip E. Tetlock, "Accounting for the Effects of Accountability," *Psychological Bulletin* 125 (1999): 255–75.
19. Amy C. Edmondson, "The Competitive Imperative of Learning," *Harvard Business Review*, July-August 2008, hbr.org/2008/07/the-competitive-imperative-of-learning.
20. Jeff Bezos, "2016 Letter to Shareholders," www.sec.gov/Archives/edgar/data/1018724/0001193125 17120198/d373368dex991.htm.

21. Barry M. Staw, Sigal G. Barsade, and Kenneth W. Koput, "Escalation at the Credit Window: A Longitudinal Study of Bank Executives' Recognition and Write-Off of Problem Loans," *Journal of Applied Psychology* 82 (1997): 130–42.

11. 避免隧道视野：重新思考我们的完美职业生涯和生活计划

1. Jack Handey, "My First Day in Hell," *New Yorker*, October 23, 2006, www.newyorker.com/magazine/2006/10/30/my-first-day-in-hell.
2. William B. Swann Jr. and Peter J. Rentfrow, "Blirtatiousness: Cognitive, Behavioral, and Physiological Consequences of Rapid Responding," *Journal of Personality and Social Psychology* 81 (2001): 1160–75.
3. Locke and Latham, "Building a Practically Useful Theory."
4. Peter M. Gollwitzer, "Implementation Intentions: Strong Effects of Simple Plans," *American Psychologist* 54 (1999): 493–503.
5. James Y. Shah and Arie W. Kruglanski, "Forgetting All Else: On the Antecedents and Consequences of Goal Shielding," *Journal of Personality and Social Psychology* 83 (2002): 1261–80.
6. Barry M. Staw and Jerry Ross, "Understanding Behavior in Escalation Situations," *Science* 246 (1989): 216–20.
7. Dustin J. Sleesman et al., "Putting Escalation of Commitment in Context: A Multilevel Review and Analysis," *Academy of Management Annals* 12 (2018): 178–207.
8. Colin F. Camerer and Roberto A. Weber, "The Econometrics and Behavioral Economics of Escalation of Commitment:A Re-examination of Staw and Hoang' s NBA Data," *Journal of Economic Behavior & Organization* 39 (1999): 59–82.
9. Glen Whyte, "Escalating Commitment in Individual and Group Decision Making:A Prospect Theory Approach," *Organizational Behavior and Human Decision Processes* 54 (1993): 430–55.
10. Joel Brockner, "The Escalation of Commitment to a Failing Course of Action: Toward Theoretical Progress," *Academy of Management Review* 17 (1992): 39–61.
11. Dustin J. Sleesman et al., "Cleaning Up the Big Muddy: A Meta-analytic Review of the Determinants of Escalation of Commitment," *Academy of Management Journal* 55 (2012): 541–62.
12. Jon M. Jachimowicz et al., "Why Grit Requires Perseverance and Passion to Positively Predict Performance," *PNAS* 115 (2018): 9980–85; Angela Duckworth and James J. Gross, "Self-Control and Grit: Related but Separable Determinants of Success," *Current Directions in Psychological Science* 23 (2014): 319–25.
13. Larbi Alaoui and Christian Fons-Rosen, "Know When to Fold ' Em: The Grit Factor," *Universitat Pompeu Fabra: Barcela GSE Working Paper Series* (2018).
14. Gale M. Lucas et al., "When the Going Gets Tough: Grit Predicts Costly Perseverance," *Journal of Research in Personality* 59 (2015): 15–22; see also Henry Moon, "The Two Faces of Conscientiousness: Duty and Achievement Striving in Escalation of Commitment Dilemmas," *Journal of Applied Psychology* 86 (2001): 533–40.
15. Lee Crust, Christian Swann, and Jacquelyn Allen-Collinson, "The Thin Line: A Phenomenological Study of Mental Toughness and Decision Making in Elite High-Altitude Mountaineers," *Journal of Sport and Exercise Psychology* 38 (2016): 598–611.

16. Wim Meeus et al., "Patterns of Adolescent Identity Development: Review of Literature and Longitudinal Analysis," *Developmental Review* 19 (1999): 419–61.
17. Otilia Obodaru, "The Self Not Taken: How Alternative Selves Develop and How They Influence Our Professional Lives," *Academy of Management Review* 37 (2017): 523–53.
18. Michelle Obama, *Becoming* (New York: Crown, 2018).
19. Shoshana R. Dobrow, "Dynamics of Callings: A Longitudinal Study of Musicians," *Journal of Organizational Behavior* 34 (2013): 431–52.
20. Justin M. Berg, Adam M. Grant, and Victoria Johnson, "When Callings Are Calling: Crafting Work and Leisure in Pursuit of Unanswered Occupational Callings," *Organization Science* 21 (2010): 973–94.
21. Chris Rock, *Tamborine*, directed by Bo Burnham, Netflix, 2018.
22. Ryan F. Lei et al., "Children Lose Confidence in Their Potential to 'Be Scientists,' but Not in Their Capacity to 'Do Science,'" *Developmental Science* 22 (2019): e12837.
23. Marjorie Rhodes, Amanda Cardarelli, and Sarah-Jane Leslie, "Asking Young Children to 'Do Science' Instead of 'Be Scientists' Increases Science Engagement in a Randomized Field Experiment," *PNAS* 117 (2020): 9808–14.
24. Alison Doyle, "How Often Do People Change Jobs during a Lifetime?," The Balance Careers, June 15, 2020, www.thebalancecareers.com/how-often-do-people-change-jobs-2060467.
25. Shoshana R. Dobrow and Jennifer Tosti-Kharas, "Listen to Your Heart? Calling and Receptivity to Career Advice," *Journal of Career Assessment* 20 (2012): 264–80.
26. Ian McGregor et al., "Compensatory Conviction in the Face of Personal Uncertainty: Going to Extremes and Being Oneself," *Journal of Personality and Social Psychology* 80 (2001): 472–88.
27. Ofer Malamud, "Breadth Versus Depth: The Timing of Specialization in Higher Education," *Labour* 24 (2010): 359–90.
28. Herminia Ibarra, *Working Identity: Unconventional Strategies for Reinventing Your Career* (Boston: Harvard Business School Press, 2003).
29. Herminia Ibarra, "Provisional Selves: Experimenting with Image and Identity in Professional Adaptation," *Administrative Science Quarterly* 44 (1999): 764–91.
30. Iris B. Mauss et al., "Can Seeking Happiness Make People Unhappy? Paradoxical Effects of Valuing Happiness," *Emotion* 11 (2011): 807–15.
31. Brett Q. Ford et al., "Desperately Seeking Happiness: Valuing Happiness Is Associated with Symptoms and Diagnosis of Depression," *Journal of Social and Clinical Psychology* 33 (2014): 890–905.
32. Lucy McGuirk et al., "Does a Culture of Happiness Increase Rumination Over Failure?," *Emotion* 18 (2018): 755–64.
33. Ed Diener, Ed Sandvik, and William Pavot, "Happiness Is the Frequency, Not the Intensity, of Positive versus Negative Affect," in *Subjective Well-Being: An Interdisciplinary Perspective*, ed. Fritz Strack, Michael Argyle, and Norbert Schwartz (New York: Pergamon, 1991).
34. Barbara L. Fredrickson et al., "A Functional Genomic Perspective on Human Well-Being," *PNAS* 110 (2013): 13684–89; Emily Esfahani Smith, "Meaning Is Healthier Than Happiness," *The Atlantic*, August 1, 2013, www.theatlantic.com/health/archive/2013/08/meaning-is-healthier-than-happiness/278250.

35. Jon M. Jachimowicz et al., "Igniting Passion from Within: How Lay Beliefs Guide the Pursuit of Work Passion and Influence Turnover," PsyArXiv 10.31234/osf.io/qj6y9, last revised July 2, 2018, https://psyarxiv.com/qj6y9/.
36. Brett Q. Ford et al., "Culture Shapes Whether the Pursuit of Happiness Predicts Higher or Lower Well-Being," *Journal of Experimental Psychology: General* 144 (2015): 1053–62.
37. *Saturday Night Live*, season 44, episode 19, "Adam Sandler," May 4, 2019, NBC.
38. Elizabeth W. Dunn, Timothy D. Wilson, and Daniel T. Gilbert, "Location, Location, Location: The Misprediction of Satis-faction in Housing Lotteries," *Personality and Social Psychology Bulletin* 29 (2003): 1421–32; Kent C. H. Lam et al., "Cultural Differences in Affective Forecasting: The Role of Focalism," *Personality and Social Psychology Bulletin* 31 (2005): 1296–309.
39. Ernest Hemingway, *The Sun Also Rises* (New York: Scribner, 1926/2014).
40. Kennon M. Sheldon and Sonja Lyubomirsky, "Achieving Sustainable Gains in Happiness: Change Your Actions, Not Your Circumstances," *Journal of Happiness Studies* 7 (2006): 55–86; Kennon M. Sheldon and Sonja Lyubomirsky, "Change Your Actions, Not Your Circumstances: An Experimental Test of the Sustainable Happiness Model," in *Happiness, Economics, and Politics: Towards a Multi-disciplinary Approach*, ed. Amitava Krishna Dutt and Benjamin Radcliff (Cheltenham, UK: Edward Elgar, 2009).
41. Jane E. Dutton and Belle Rose Ragins, *Exploring Positive Relationships at Work: Building a Theoretical and Research Foundation* (Mahwah, NJ: Erlbaum, 2007).
42. Paul A. O' Keefe, Carol S. Dweck, and Gregory M. Walton, "Implicit Theories of Interest: Finding Your Passion or Developing It?," *Psychological Science* 29 (2018): 1653–64.
43 Michael M. Gielnik et al., "'I Put in Effort, Therefore I Am Passionate': Investigating the Path from Effort to Passion in Entrepre-neurship," *Academy of Management Journal* 58 (2015): 1012–31.
44. Adam M. Grant, "The Significance of Task Significance: Job Performance Effects, Relational Mechanisms, and Boundary Conditions," *Journal of Applied Psychology* 93 (2008): 108–24; Stephen E. Humphrey, Jennifer D. Nahrgang, and Frederick P. Morgeson, "Integrating Motivational, Social, and Contextual Work Design Features: A Meta-analytic Summary and Theoretical Extension of the Work Design Literature," *Journal of Applied Psychology* 92 (2007): 1332–56; Brent D. Rosso, Kathryn H. Dekas, and Amy Wrzesniewski, "On the Meaning of Work: A Theoretical Integration and Review," *Research in Organizational Behavior* 30 (2010): 91–127.
45. Dan P. McAdams, "Generativity in Midlife," *Handbook of Midlife Development*, ed. Margie E. Lachman (New York: Wiley, 2001).
46. John Stuart Mill, *Autobiography* (New York: Penguin Classics, 1883/1990).
47. Ludwig von Bertalanffy, *General System Theory: Foundations, Development, Applications* (New York: Braziller, 1969).
48. Arie W. Kruglanski et al., "The Architecture of Goal Systems: Multifinality, Equifinality, and Counterfinality in Means-Ends Relations," *Advances in Motivation Science* 2 (2015): 69–98; Dante Cicchetti and Fred A. Rogosch, "Equifinality and Multifinality in Developmental Psychopathology," *Development and Psychopathology* 8 (1996): 597–600.
49. Nancy Groves, "EL Doctorow in Quotes: 15 of His Best," *Guardian*, July 21, 2015, www.theguardian.com/books/2015/jul/22/el-doctorow-in -quotes-15-of-his-best.
50. Amy Wrzesniewski and Jane E. Dutton, "Crafting a Job: Revisioning Employees as Active

Crafters of Their Work," *Academy of Management Review* 26 (2001): 179–201.
51. Amy Wrzesniewski and Jane Dutton, "Having a Calling and Crafting a Job: The Case of Candice Billups," William Davidson Institute, University of Michigan, November 12, 2009.
52. Amy Wrzesniewski, Jane E. Dutton, and Gelaye Debebe, "Interpersonal Sensemaking and the Meaning of Work," *Research in Organizational Behavior* 25 (2003): 93–135.
53. "A World without Bosses," *WorkLife with Adam Grant*, April 11, 2018.

尾声

1. Candace Falk, Barry Pateman, and Jessica Moran, eds., *Emma Goldman, vol. 2, A Documentary History of the American Years* (Champaign: University of Illinois Press, 2008).
2. Richard Brautigan, *Trout Fishing in America* (New York: Delta, 1967).
3. Max K. Planck, *Scientific Autobiography and Other Papers* (New York: Greenwood, 1950/1968).
4. "Societies Change Their Minds Faster Than People Do," *Economist*, October 31, 2019, www.economist.com/graphic-detail/2019/10/31/societies-change-their-minds-faster-than-people-do.
5. William Whewell, *The Philosophy of the Inductive Sciences* (New York: Johnson, 1840/1967); "William Whewell," *Stanford Encyclopedia of Philosophy*, December 23, 2000, last revised September 22, 2017, plato.stanford.edu/entries/whewell.
6. Franklin D. Roosevelt, "Address at Oglethorpe University," May 22, 1932, www.presidency.ucsb.edu/documents/address-oglethorpe-university-atlanta-georgia.
7. "Hoover and Roosevelt," *New York Times*, May 24, 1932, www.nytimes.com/1932/05/24/archives/hoover-and-roosevelt.html.
8. Paul Stephen Hudson, "A Call for 'Bold Persistent Experimentation': FDR's Oglethorpe University Commencement Address, 1932," *Georgia Historical Quarterly* (Summer 1994), https://georgiainfo.galileo.usg.edu/topics/history/related_article/progressive-era-world-war-ii-1901-1945/background-to-fdrs-ties-to-georgia/a-call-for-bold-persistent-experimentation-fdrs-oglethorpe-university-comme.